高等学校计算机科学与技术教材

Java EE 程序设计

张　玮　栾尚敏　编著

清华大学出版社
北京交通大学出版社
·北京·

内 容 简 介

企业级应用程序的体系结构经历了从两层结构到三层结构再到多层结构的发展过程，为了满足开发多层体系结构的企业级应用的需求，Sun 公司在早期的 J2SE 基础上，提出了 Java EE。Java EE 既是一个规范，又是一种标准中间件体系结构，它为企业分布式应用系统的开发和部署提供了一个环境，提供了对 EJB、Servlet、JSP、XML 等技术的全面支持，其最终目标是成为一个支持企业级应用开发的体系结构，简化企业解决方案的开发、部署和管理等复杂问题。本书讲述 Java EE 的规范、技术及开发模型，主要包括 Java EE 规范、应用程序分层模型及其技术。本书还介绍了一些企业开发的满足 Java EE 规范的流行框架，包括持久层的 Mybatis、事务管理层的 Spring 和表示层的 Spring MVC。完成本书的学习后，读者应该能够运用 Java EE 技术及主流框架实现企业级应用程序的开发。

本书可以作为计算机类各专业本科生的教材使用，也可以作为工程技术人员的参考书使用。

图书在版编目（CIP）数据

Java EE 程序设计 /张玮，栾尚敏编著．—北京：北京交通大学出版社：清华大学出版社，2023.10

ISBN 978-7-5121-5040-9

Ⅰ.①J…　Ⅱ.①张…　②栾…　Ⅲ.①JAVA 语言-程序设计-高等学校-教材　Ⅳ.①TP312.8

中国国家版本馆 CIP 数据核字（2023）第 129949 号

Java EE 程序设计
Java EE CHENGXU SHEJI

责任编辑：谭文芳

出版发行：清 华 大 学 出 版 社　　邮编：100084　　电话：010-62776969　　http://www.tup.com.cn
　　　　　北京交通大学出版社　　邮编：100044　　电话：010-51686414　　http://www.bjtup.com.cn

印 刷 者：北京鑫海金澳胶印有限公司

经　　销：全国新华书店

开　　本：185 mm×260 mm　　印张：19.75　　字数：502 千字

版 印 次：2023 年 10 月第 1 版　　2023 年 10 月第 1 次印刷

定　　价：59.00 元

本书如有质量问题，请向北京交通大学出版社质监组反映。对您的意见和批评，我们表示欢迎和感谢。

投诉电话：010-51686043，51686008；传真：010-62225406；E-mail：press@bjtu.edu.cn。

前　言

计算机刚诞生的时候，只能被专家使用，软件开发也是以个人作品的形式呈现。随着计算机的普及应用，软件的开发以作坊的形式呈现。随着软件规模的增大和复杂程度的增强，爆发了软件危机。为了解决软件危机，人们做了各种努力，其中最重要的途径就是采用工程化的思想和方法来进行软件开发，从而产生了软件工程这门学科。

目前，企业级应用程序开发成为一个重要的方向。所谓企业级应用程序，是指那些应用规模巨大，集成了很多应用功能，需要处理巨量数据的应用程序。企业级应用程序一般具有以下特点：①基于网络的应用，而不是基于单机的应用；②需要进行巨量的数据集成；③需要高度的安全性；④需要具备可扩展性。

描述软件系统的功能构件和构件之间的相互连接、接口和关系的规范称为软件体系结构。企业级软件开发的体系结构主要有 C/S 体系结构和 B/S 体系结构。C/S 体系结构由客户端（client）和服务器端（server）两部分构成。用户想要使用这个系统，首先必须先安装客户端，比如手机里的 QQ、微信、电商的 App 等软件，它负责人机界面的交互及业务控制方面的操作；服务器主要负责数据的交互和保存。其优点是系统安全性高，通信效率高，能处理大量数据，交互性强。B/S 体系结构由浏览器（browser）和服务器（server）组成。浏览器只是起到了“浏览”的作用，它仅仅把程序需要传递的页面在浏览器中呈现出来，本身不对数据做任何处理。在这种体系结构中，服务器内部进行了一个分层，应用服务器负责实现业务处理和控制，可以近似认为代替了 C/S 体系结构中客户端的部分功能，数据库服务器负责对数据库的管理和对数据的具体交互。其优点是不需要安装客户端，只需要一个浏览器，而且服务器的分层有效地使程序和数据分离，提高了独立性。

本书介绍的 Java EE 是针对 B/S 体系结构提出的企业级软件开发的软件体系结构。

本书共分为 4 章，第 1 章是 Java EE 简介，介绍了 Java EE 框架的主要内容和思想，包括 Java EE 的发展历史、Java EE 平台的体系结构、Java EE 规范第 8 版的新特性、Java EE 的组件/容器的编程思想、Java EE 容器的种类及其服务、Java EE 规范定义的组件种类，以及分布式多层应用模型等。此外，还简单介绍了本书中所使用的集成环境和配置。第 2 章对 MyBatis 的基本原理进行了介绍，用实例演示了 Eclipse 和 Maven 搭建简单的实验环境和在 Java Web Project 中使用 MyBatis 的基本方法和步骤，介绍了 MyBatis 中的 Mapper，并配合例子帮助读者快速学习映射器、动态 SQL 语句的具体用法。本章最后部分对 MyBatis Generator 插件和 MyBatis 的缓存机制做了介绍。第 3 章介绍了 Spring 框架。首先对 Spring 框架的 IoC 进行介绍，然后对 Spring 中 Bean 的装配过程进行了较为深入的探讨，接着通过一个简单的例子引出了 AOP 的基本概念，并对 Spring AOP 机制进行了讨论，并介绍了 Spring 框架中常用的 JdbcTemplate，并用实例介绍了将 MyBatis 整合到 Spring 框架中进行数据库读写的具体方法，最后介绍了 Spring 中的事务管理。第 4 章介绍了 Spring MVC。首先介绍了 Spring MVC 处理用户请求的流程和基本用法，然后通过示例详细介绍了控制器的开发细节和异常处理机制，最后对 Spring MVC 中的消息转换、视图及其解析器、拦截器、国际化、文件上传等高级应用进行了介绍。

本书具有如下特点：

（1）注重原理和实践的结合，不仅介绍了 Java EE 的规范及其涉及的主要技术，还介绍了 IT 企业开发的满足 Java EE 规范的典型框架。

（2）注重知识的完整性，介绍了涉及 B/S 体系结构的软件开发所需要掌握的内容，包含前端和后端、数据的处理、数据库的连接等。

（3）注重时效性，所介绍的框架都是比较新的成果，有的是近些年才兴起，也是被广泛应用的成果，如 Mybatis 和 Spring MVC。

本书可以用作信息领域相关专业本科生的教材，特别是计算机类相关专业“Java EE 编程技术”等课程的教材，也可供想了解 Java EE 规范及应用情况的人员参考。

本书第 1 章由栾尚敏撰写，第 2、3、4 章由张玮撰写，全书由栾尚敏统稿，并进行了修正和校对。作者在此感谢本书责任编辑谭文芳老师，她不仅在格式、文字、图表、符号方面给予了很多指导，还在书稿该包含的内容方面提出了很好的建议，正是她的努力才使本书得以顺利出版。

限于作者水平，书中会有一些错误和不足，希望读者指正。

作　者

于河北燕郊

2023 年 3 月

目　　录

第 1 章　Java EE 简介

本章主要内容

Java EE 是一种思想，是一套规范，也是一种企业级应用的软件架构。本章将概要叙述 Java EE 的思想、规范和架构。具体的内容包括 Java EE 的发展历史，Java EE 平台的体系结构，Java EE 规范第 8 版的新特性，Java EE 的组件/容器的编程思想，Java EE 容器的种类及服务，Java EE 规范定义的组件种类，以及分布式多层应用模型等。本章还简单介绍了本书中所使用的集成环境和配置。

1.1　Java EE 的产生及定义

1.1.1　Java 的产生

自从 1946 年第一台计算机诞生，软件开发就成了一个重要的主题，因为一项任务的完成需要一定的控制流程和运算步骤来实现。早期的软件开发需要专业背景很强的专家来完成，后来随着计算机应用的普及和编程语言的发展，开始了作坊式的软件开发，这个时期主要实现小规模的软件系统。从程序设计方法学的角度来看，在软件开发的道路上出现了结构化程序设计、面向对象程序设计等。随着软件系统的广泛应用、软件开发规模的增加，导致了软件危机的爆发。人们试图用工程化的方法来解决这个问题，从而出现了软件工程这门学科。随着网络的出现，特别是互联网的出现，人们的生产和生活方式有了很大改变，很多企业借机通过向客户、合作伙伴、员工和供应商提供易于访问的服务的方式来扩大业务范围、降低成本、缩短响应时间等。通常，提供这些服务的应用程序必须整合现有的企业信息系统（enterprise information system，EIS），并增加新业务功能来为更广泛的用户提供服务。这些服务需要满足以下要求：

① 高度可用性，以满足全球商业环境的需要；

② 安全性，以保护用户的隐私和企业数据的完整性；

③ 可靠性和可扩展性，以确保业务交易准确且可扩展，并且处理迅速。

人们把这样的系统称为企业级应用程序，也就是指那些应用规模巨大、集成了很多应用功能、需要处理巨量数据的软件开发项目，一般具有以下特点：

① 是基于网络的应用，而不是基于单机的；

② 巨量的数据集成；

③ 高度的安全性；

④ 具备可扩展性。

目前软件开发中，有基于 C/S（client/server，客户-服务器）体系结构的软件开发和基于 B/S（browse/server，浏览器-服务器）体系结构的软件开发两个方向。基于 C/S 体系结构的系统由客户端（client）和服务器端（server）两部分构成。用户想要使用这个系统，首先必须先安装它的客户端，比如手机里的 QQ 等软件。客户端负责人机界面的交互及业务控制方面的操作，服务器端主要负责数据的交互和保存。这种系统的优点是系统安全性高，通信效率高，能处理大量数据，交互性强。基于 B/S 体系结构的系统由浏览器（browser）和服务器（server）组成。浏览器只是起到了“浏览”的作用，它仅仅把程序需要传递的页面在浏览器中呈现出来，本身不对数据做任何处理。在这种体系结构中，服务器内部进行了一个分层，应用服务器负责实现业务处理和控制，可以近似认为代替了 C/S 中客户端的部分功能，数据库服务器负责对数据库的管理和对数据的具体交互。这种系统的优点就是客户只需要一个浏览器，不需要安装客户端，而且服务器的分层有效地使程序和数据分离，提高了独立性。

软件开发的过程是一个不断标准化、专业化、抽象化的过程。作为企业级的软件系统开发也需要一个规范化的标准，以便于系统开发。Java EE 就是为了实现这个目标而产生的，也为了适应这一目标在不断地改进。从面向对象到 Java EE，对开发过程中的应用对象作了进一步抽象，对开发过程中各个组件的接口进行了统一，给出了基于 B/S 结构的软件系统开发应遵循的规范，并且定义了用于开发的组件。Java EE 是基于 Java 语言的一种软件设计体系结构。所谓软件体系结构，也就是一个抽象的系统规范，主要包括用其行为来描述的功能构件和构件之间的相互连接、接口和关系，更准确地说是一种标准中间件体系结构。中间件一种独立的系统软件或服务程序，位于 C/S 的操作系统之上，管理计算机资源和网络通信，是连接两个独立应用程序或独立系统的软件。即使相互连接的系统具有不同的接口，它们之间仍能通过中间件进行信息交换。应用程序可以通过中间件在多平台或 OS 环境中运行。

表 1-1 展示了 Java EE 的发展历程及一些改进。

表 1-1　Java EE 的发展史

时　间	版　本	新增和改进特性
1999 年 12 月	J2EE 1.2	EJB，Servlets，JSP，JMS
2001 年 8 月	J2EE 1.3	CMP，JCA
2003 年 11 月	J2EE 1.4	JAX/RPC，Management API，部署（deployment）
2006 年 5 月	Java EE 5	JSF 1.2，JPA，Annotations，JAXB，JAX-WS，EJB 3.0
2009 年 12 月	Java EE 6	JAX-RS，CDI，依赖注入，Bean Validation，JASPIC，EJB，Servlets 3.0，JSF，Web Profile
2013 年 5 月	Java EE 7	面向 Java 平台的批处理应用，面向 Java EE 的并发工具，用于 JSON 处理的 JavaAPI，WebSocket Java API，EJB 组件，Servlet，JSF 组件，Java 消息服务
2017 年 8 月	Java EE 8	用于 JSON 绑定的 Java API，Java EE 安全 API，JSON 处理的对象模型，RESTful web 服务，Servlets，JSF 组件，上下文和依赖注入，JavaBean 有效验证

多年来，Java EE 一直是企业级应用程序开发的主要平台。为了加速云本地的业务应用开发，多家软件供应商共同协作于 2017 年 9 月把 Java EE 技术迁移到 Eclipse 基金会，并更名为 JakartaEE，致力于指定一组规范，使得全球的 Java 开发者能够在云本地（cloud native）Java 企业应用上开展工作。第一个版本就是 Jakarta EE 8，它基于从 Oracle 转移到 Eclipse 基金会的 Java EE 8 技术。2020 年 9 月份，Eclipse 基金会发布了 Jakarta EE 9.0 版本，是 Eclipse 基金会的首个正式版本，命名空间从 javax.*迁移到 jakarta.*；所有模块都进行了升级，如 Servlet 4.0.2 升级为 Servlet 5。于 2021 年 9 月份又发布了 Jakarta EE 9.1 版本，此版本主要提供对 Java

SE 11 的运行支持，没有新的 API。

尽管 Eclipse 基金会已经接管了 Java EE，并且已经更名为 Jakarta EE，但在一个时期内，Java EE 仍然会在企业级应用系统的开发占据重要的位置。

1.1.2 Java EE 的定义

1．Java EE 是一个应用程序模型

Java EE 是用于支持客户、员工、供应商、合作伙伴和其他提出要求的人或者对企业有贡献的人完成企业服务活动的应用程序。这类应用程序本身就具有很强的复杂性，需要潜在地访问各种来源的数据，并将应用程序分发到各种客户。

为了更好地控制和管理这些应用程序，Java EE 将企业应用程序划分为多个不同的层，并在每一层上都定义对应的组件来实现。对不同用户的事务管理在中间层实现。中间层是一个由企业信息技术部门紧密控制的环境，通常在专用服务器硬件上运行，并且能访问企业的所有服务。

Java EE 应用程序通常依赖 EIS 层来存储企业的关键业务数据，这些数据和管理这些数据的系统是企业的核心。最初，两层 C/S 应用程序模型为改进可扩展性和功能带来了希望，很遗憾的是，直接向每一位用户传送 EIS 服务的复杂性，以及在每台用户机器上安装和维护事务逻辑带来的管理问题，已被证明了是这种结构的主要局限。

通过将企业服务划分为多层应用程序，可以避免这种两层结构的局限性。多层应用程序提供了现在企业的所有要素都需要的更高的可访问性。这一转变大大驱动了在中间件开发上的投资。

开发多层服务的难度在于同时开发服务事务功能和更复杂的需要去访问数据库和其他系统资源的基础代码。因为每个多层服务器产品有自己的应用模式，很难招聘和培训有经验的开发人员。此外，随着服务量的增加，通常需要更改整个多层基础架构，导致大量的移植成本，从而导致延期。

Java EE 应用程序模型定义了实现服务的多层应用程序的体系结构，可避免如上问题，并提供所需的可扩展性、可访问性和可管理性。

Java EE 应用程序模型把需要完成多层服务的工作划分为两部分：由开发人员实现的事务和表示逻辑，以及 Java EE 平台提供的标准系统服务。开发人员可以依靠该平台为开发中间层服务的硬件系统级别的问题提供解决方案。

Java EE 应用程序模型为多层应用程序提供了一次编写、随时随地运行的可移植性和可扩展性的优点。这个标准模型减少了开发人员培训的成本，同时提供企业在 Java EE 服务器和开发工具方面更广泛的选择。

关于多层应用程序模型将在 1.8 节“企业级应用程序体系结构”中进一步介绍。

2．Java EE 是企业分布式应用程序开发的一组规范

Java EE 给出了企业级应用程序开发的规范，主要包含以下内容。

① Java EE 平台的 Java 技术标准。Java EE 平台的主要组成部分包含所有 Java EE 产品都需要支持的 Java 技术标准。由于 Java EE 平台聚焦的是企业解决方案的端到端开发，它不仅仅要求支持每个 Java API，而且要求每个 API 必须完全集成到平台中，确保平台为 Java EE 应

用的部署提供一致的端到端环境。

② Java EE 平台的 CORBA 技术标准。对象管理组（object management group，OMG）与 Sun 共同制定了 RMI-IIOP 规范。该标准定义了 Java 远程方法调用工具如何使用 CORBA IIOP 协议。EJB 规范使用 RMI-IIOP 的应用程序映射作为调用 EJB 的标准。Java EE 平台强烈支持使用 RMI-IIOP。

③ Java EE 平台的 IETF 标准。互联网的出现对企业应用程序的开发产生了重大影响。这场革命是基于互联网工程任务组（Internet Engineering Task Force，IETF）制定的标准，包括 HTML、HTTP，以及 XML 和通信结构化数据的 Internet 标准。

Java 程序设计语言跟随着 IETF 标准一起成长，并成为人们编写应用程序的首选方式。Java EE 应用程序模型和 Java EE 平台延续了这一趋势。Java EE 平台支持 HTML 和 HTTP 客户端，以及 XML 客户端。此外，Java EE 部署描述符利用 XML 以独立于平台的方式提供应用程序信息。

④ Java EE 部署规范。这是一个定义通用部署方式的标准。Java EE 应用程序被打包成一个或多个标准单元，以便部署到任何符合 Java EE 兼容性平台的系统上。每个单元包含一个功能组件或多个组件（企业 Bean、JSP 页面、Servlet、Applet 等）；一个标准部署描述符，用以描述其内容和由应用程序开发人员和汇编器描述的 Java EE 声明。部署通常涉及使用平台的部署工具来指定特定位置信息，例如可以访问它的本地用户列表和本地数据库的名称。一旦在本地平台上部署完毕，应用程序就准备运行了。

开发人员可以从网址 https://jcp.org/en,jsr:detai?d=366 下载最新的 Java EE 8 规范，它包含了 32 个具体的标准。

需要强调的是，Java EE 规范只是一个标准，它不定义组件和容器的具体实现。容器由第三方厂商来实现（如 Oracle、IBM 等），这通常被称为应用服务器。而组件由开发人员根据具体的业务需求来实现，各种不同类型的组件部署在容器里，最终构成 Java EE 企业应用系统。

尽管不同的厂商由不同的容器产品实现，但它们都遵循 Java EE 规范，因此遵循 Java EE 标准的组件，可以自由部署在这些由不同厂商生产、但又相互兼容的 Java EE 容器环境中，企业级系统的开发由此变得简单高效。

3．Java EE 兼容性测试套件

Java EE 平台供应商需要验证其实现是否符合 Java EE 平台规范。为了达到这个目的，Sun Microsystems 公司授权平台供应商使用 Java EE 兼容性测试套件（compatibility test suite，CTS）。

开发商通过其 GUI 框架将此测试套件部署、配置和运行他们的平台实现上。该套件包含多个测试，以确保实现了 Java EE API。测试将验证 Java EE 组件技术是可用的，并且能够正确地协同工作。该套件还包括一套功能齐全的 Java EE 应用程序，以验证所有平台都能够协调地部署和运行它们。

4．Java EE 参考实现

Java EE 参考实现完成了多个角色。它的主要角色就是 Java EE 平台可操作的定义。在这个角色中，它是供应商将其用作 Java EE 平台的必需标准，以确定其实现必须在一组特定的应用环境下进行。它也被开发人员用来验证应用程序的可移植性。最重要的是，它用作运行 Java EE 兼容性测试套件的标准平台。

参考实现的第二个角色是可用于推广 Java EE 平台（企业版）的平台。虽然不是商业产品，其许可条款将禁止其商业用途，它将以二进制形式免费提供，用于演示、原型设计和测试学术研究。参考实现也以源代码形式提供。

1.2 Java EE 平台的体系结构

图 1-1 展示了 Java EE 平台体系结构中各元素之间满足的关系。此图展示的是元素间的逻辑关系，它并不代表这些元素在物理上划分为不同的机器、进程、地址空间或虚拟机。

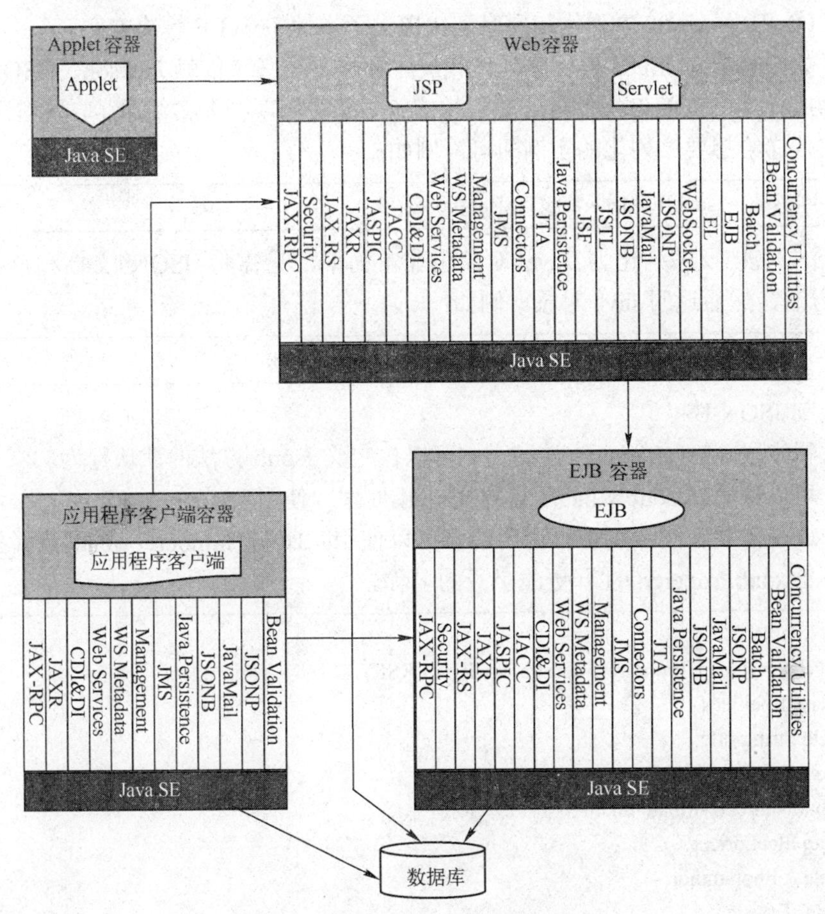

图 1-1 Java EE 平台体系结构示意图

容器由独立矩形表示，它是 Java EE 运行环境，为矩形框上半部分中描述的应用组件提供必需的服务，提供的服务在矩形的下半部分的格子中进行了标注。例如，应用程序客户端容器向应用程序客户端提供 Java 消息服务（Java meseage service，JMS）的 API 接口，其他服务也是如此。箭头描述了 Java EE 平台中的一部分对其他部分必需的访问。应用程序客户端容器提供了直接访问 Java EE 必需的数据库的 Java API 接口，JDBC™ API。类似地，对数据库的访问还应该由 Web 容器提供给 JSP 页面、JSF 应用和 Servlet，以及由 EJB 容器提供给 EJB。

Java™ 平台标准版（Java SE）的 API 给每种类型应用组件提供了 Java SE 运行环境。

1.3 Java EE 8 的新特性

Java EE 8 平台的主要目标是使云和微服务环境中的企业 Java 基础设施现代化，强调

HTML5 和 HTTP/2 支持，通过新的上下文和依赖注入功能增强开发的易用性，并进一步增强平台的安全性和可靠性。相较以往的版本，Java EE 8 平台增加了以下新功能。

1.3.1 新增加的技术

1．用于 JSON 绑定的 Java API：JSON-Binding 1.0 API (JSON-B)

（1）JSON-B 为 JSON 序列化和反序列化提供了本地 Java EE 解决方案

以前，如果想要对 JSON 进行序列化和反序列化，就必须依赖 Jackson、GSON 等第三方 API，现在可以使用 JSON-B。从 Java 对象生成 JSON 文档现在非常简单了，只需调用 toJson() 方法并将它传递给想要序列化的实例即可。例如：

```
String bookJson = JsonbBuilder.create().toJson(book);
```

将 JSON 文档反序列化为 Java 对象也非常简单，只需将 JSON 文档和目标类传递给 fromJson()方法，然后返回 Java 对象。例如：

```
Book book = JsonbBuilder.create().fromJson(bookJson, Book.class);
```

（2）定制 JSON-B

通过注释字段、JavaBeans 方法和类，可以自定义 Jsonb 方法的默认行为。

例如，可以使用@JsonbNillable 自定义 null 处理；使用@JsonbPropertyOrder 注释自定义属性顺序，这是需要在类级别进行说明的。可以使用@JsonbNumberFormat()注释指定数字格式，并使用@JsonbProperty()注释更改字段的名称。

```
@JsonbNillable
@JsonbPropertyOrder(PropertyOrderStrategy.REVERSE)
public class Booklet {
    private String title;
    @JsonbProperty("cost")
    @JsonbNumberFormat("#0.00")
    private Float price;
    private Author author;
    @JsonbTransient
    public String getTitle() {
        return title;
    }
    @JsonbTransient
    public void setTitle(String title) {
        this.title = title;
    }
    // price and author getters/setter removed for brevity
}
```

或者选择使用运行时配置生成器 JsonbConfig 处理自定义。

```
JsonbConfig jsonbConfig = new JsonbConfig()
    .withPropertyNamingStrategy(PropertyNamingStrategy.LOWER_CASE_WITH_DASHES)
```

```
    .withNullValues(true).withFormatting(true);
Jsonb jsonb = JsonbBuilder.create(jsonbConfig);
```

无论哪种方式，JSON 绑定 API 都为 Java 对象的序列化和反序列化提供了解决方案。

（3）开源绑定（open source binding）

下面的程序说明了如何配置实现开源绑定。

```
JsonBuilder builder = JsonBuilder.newBuilder("aProvider");
```

2．Java EE 安全 API：Java EE Security 1.0 API

Java EE 8 中增加的最有意义的新特征就是新的安全 API。引入新的 Java EE 安全 API 是为了修正在 servlet 容器之间实现安全问题的不一致性。这个问题在 JavaWeb 配置文件中特别明显，主要是因为 Java EE 只要求完整的 Java EE 配置文件必须实现标准 API。新规范引入了 CDI 等新功能。Java EE 安全 API 规范解决了如下三个关键问题。下面对它们做简单介绍。

（1）注释驱动的身份验证

Java EE 已经为验证 Web 应用程序用户制定了两种机制：Java Servlet 规范 3.1（JSR-340）为应用程序配置制定了声明性机制，而容器的 Java 身份认证服务提供者接口（Java authentication service provider interface for containers，JASPIC）定义了一个称为 ServerAuthModule 的 SPI，它支持处理任何证件类型的身份验证模块的开发。

这两种机制都是有意义和有效的，但从 Web 应用程序开发人员的角度来看，每种机制都是有限制的。servlet 容器机制仅限于支持一小部分可信类型。尽管 JASPIC 非常强大和灵活，但它的使用也相当复杂。

Java EE 安全 API 试图通过一个新接口 HttpAuthenticationMechanism 解决这些问题。本质上，它是 JASPIC 的 ServerAuthModule 接口的一个简化的 servlet 容器变种，它提升了现有的机制，同时降低了它们的限制。

HttpAuthenticationMechanism 类型的一个实例是一个 CDI Bean，它可用于容器注入，并且仅适用于 servlet 容器，明确排除了 EJB 和 JMS 等其他容器。

HttpAuthenticationMechanism 接口定义了三种方法：validateRequest()、secureResponse() 和 cleanSubject()。这些方法与 JASPIC ServerAuth 接口的声明方法非常相似，唯一需要重写的方法是 validateRequest()；所有其他方法都有默认实现。

HttpAuthenticationMechanism 接口，带有三个内置的启用 CDI 的实现，每个实现代表 Web 安全性可配置的三种方式之一。3 个新注释如下。

```
@BasicAuthenticationMechanismDefinition（基本身份认证机制定义）;
@FormAuthenticationMechanismDefinition（表单身份认证机制定义）;
@CustomFormAuthenticationMechanismDefinition（自定义表单身份认证机制定义）。
```

例如，要启用基本身份认证，需要做的是将 BasicAuthenticationMechanismDefinition 注释添加到 Servlet 中，如下面的程序所示。

```
@BasicAuthenticationMechanismDefinition(realmName="${'user-realm'}")
@WebServlet("/user")
@DeclareRoles({ "admin", "user", "demo" })
@ServletSecurity(@HttpConstraint(rolesAllowed = "user"))
```

```
public class UserServlet extends HttpServlet {
//其他代码
}
```

（2）身份存储抽象

身份存储是一个存储用户身份数据的数据库，例如用户名、组成员身份和用于验证凭证的信息。新的 Java EE 安全 API 提供了一个名为 IdentityStore 的身份存储抽象，用于与身份存储交互以验证用户身份和检索组成员身份，类似于 JAAS LoginModule 接口。设计 IdentityStore 的目的是为了接口 HttpAuthenticationMechanism 的实现，并且大多数应用场景也推荐同时使用 IdentityStore 和 HttpAuthenticationMechanism，使得应用程序能够以可移植的标准方式控制身份存储验证。但 IdentityStore 也可以独立使用，并由应用程序开发人员希望的任何其他身份验证机制使用。可以通过实现 IdentityStore 接口来实现自己的身份存储，也可以将内置的 IdentityStore 实现之一用于 LDAP 和关系数据库。通过将配置详细信息传递给适当的注释@LdapIdentityStoreDefinition 或@DataBaseIdentityStoreDefinition 实现初始化。

下面的例子说明了内置身份存储的使用方法。最简单的身份存储是数据库存储，通过@DataBaseIdentityStoreDefinition 注释进行配置，如下面的程序所示。

```
@DatabaseIdentityStoreDefinition(
    dataSourceLookup = "${'java:global/permissions_db'}",
    callerQuery = "#{'select password from caller where name = ?'}",
    groupsQuery = "select group_name from caller_groups where caller_name = ?",
    hashAlgorithm = PasswordHash.class,
    priority = 10
)
@ApplicationScoped
@Named
public class ApplicationConfig {
//其他代码
}
```

请注意优先级设置为 10。这用于运行时找到多个身份存储的情况，并确定相对于其他存储的迭代顺序时使用。数字越小，优先级越高。

（3）安全上下文（security context）

安全上下文的目标是跨 servlet 和 EJB 容器提供对安全上下文的一致访问。目前，这些容器实现的安全上下文对象是不一致。例如，servlet 容器提供了一个 HttpServletRequest 实例，在该实例上调用 getUserPrincipal()方法以获取用户主体，而 EJB 容器提供了不同名称的 EJBContext 实例，在该实例上调用了相同的命名方法。同样，为了测试用户是否属于某个角色，在 HttpServletRequest 实例上调用方法 isUserRole()，在 EJBContext 实例上调用 isCallerRole()。

SecurityContext 为跨 Servlet 和 EJB 容器获取此类信息提供了一致性。它有五个方法，并且都没有默认实现。

第一种方法是 Principal getCallerPrincipal()，返回当前已验证用户名表示的特定平台主体，如果当前调用方未被授权，则返回 null。

第二种方法是<T extends principal> Set <T> getPrincipalsByType(Class<T>pType)，从经过身份验证的调用方的主题返回给定类型的所有主体。如果找不到 pType 类型或当前用户未通过身份验证，则返回空集。

第三种方法是 Boolean IsCallerRole(String role)，确定调用方是否包含在指定角色中。如果用户未经授权，则返回 false。

第四种方法是 bollean hasAccessTowereSource(String resource, string, …methods)，确定调用方是否可以通过提供的方法访问给定的 Web 资源。

第五种方法是 AuthenticationStatus authenticate(HttpServletRequest req, HttpServletResponse res, AuthenticationParameters param)，通知容器应启动或继续与调用方进行基于 HTTP 的身份验证对话。此方法仅在 servlet 容器中使用，因为它依赖于 HttpServletRequest 和 HttpServletResponse 实例。

SecurityContext 是 CDI Bean，因此可以注入 servlet 和 EJB 容器中的任何类。

```
@Inject
private SecurityContext securityContext;
```

有了 SecurityContext 实例，就可以调用任何方法来访问上下文感知的安全信息。

```
boolean hasAccess = securityContext.hasAccessToWebResource("/secretServlet", "GET");
```

1.3.2　改进的技术

1．Servlet 的新特性

Java EE 8 中给出了 Servlet 4.0 规范，做了一些改进，具体如下所述。

（1）服务器推送

Servlet 4.0 规范中定义了服务器推送功能，以便与 HTTP/2 协议保持一致。

服务器推送是 HTTP/2 协议中的新特性之一，旨在通过将服务器端的资源推送到浏览器的缓存中来预测客户端的资源需求，以便当客户端发送网页请求并接收来自服务器的响应时，它需要的资源已经在缓存中。这是一项提高网页加载速度的性能增强的功能。

在 Servlet 4.0 中，服务器推送功能是通过 PushBuilder 实例实施的，此实例是从 HttpServletRequest 实例中获取的。

由下面这个代码片段可以看到 header.png 的路径通过 path()方法设置在 PushBuilder 实例上，并通过调用 push()方法被推送到客户端。当方法返回时，路径和条件报头将被清除，为构建器重用做好准备。然后推送 menu.css 文件，接着是推送 ajax.js 这个 JavaScript 文件。

```
protected void doGet(HttpServletRequest request, HttpServletResponse response) {
    PushBuilder pushBuilder = request.newPushBuilder();
    pushBuilder.path("images/header.png").push();
    pushBuilder.path("css/menu.css").push();
    pushBuilder.path("js/ajax.js").push();
    // Do some processing and return JSP that requires these resources
}
```

当 Servlet 的 doGet()方法执行完毕后，资源将会到达浏览器。从 JSP 生成的 HTML 需要这些资源，但不需要从服务器请求它们，因为它们已经在浏览器的缓存中。

（2）servlet 映射的运行时发现

Servlet 4.0 提供了一个用于 URL 映射的运行时发现的新 API。HttpServletMapping 接口的目标是更容易确定导致 servlet 被激活的映射。在 API 内部，从 HttpServletRequest 实例获得 Servlet 映射有以下 4 种方法。

① getMappingMatch()：返回 match 的类型。

② getPattern()：返回激活 servlet 请求的 URL 模式。

③ getMatchValue()：返回匹配的字符串。

④ getServletName()：返回请求激活的 servlet 类的完全限定名。

下面是一个示例。

```
HttpServletMapping mapping = request.getHttpServletMapping();
String mapping = mapping.getMappingMatch().name();
String value = mapping.getMatchValue();
String pattern = mapping.getPattern();
String servletName = mapping.getServletName();
```

除了上面的更新，Servlet 4.0 还对内务管理做了少量更新，并提供了对 HTTP trailer 的支持。新的 GenericFilter 和 HttpFilter 类简化了编写过滤器的工作，并实现了对 Java SE 8 的全面升级。

2．Bean 验证

Bean 验证规范定义了一个元数据模型和 API，用于验证 JavaBeans 组件中的数据。可以在一个位置定义验证约束，并在不同的层之间共享这些约束，而不是在多个层（如浏览器和服务器端）上分发数据验证。在 Java EE 8 平台中，新的 Bean 验证功能包括以下内容。

（1）支持 Java SE 8 中的新特性，如日期时间 API 等

更新后的 Bean 验证 API 提升了 Java SE 8 的日期和时间类型，并提供了对 Java.util.Optional 的支持，如下所示。

```
Optional<@Size(min = 10) String> title;
private @PastOrPresent Year released;
private @FutureOrPresent LocalDate nextVersionRelease;
private @Past LocalDate publishedDate;
```

（2）添加新的内置 Bean 验证约束

BeanValidation 2.0 通过一系列新特性得到了增强，其中许多特性是 Java 开发人员社区要求的。Bean 验证是一个多方关注的问题，因此 2.0 规范通过对字段、返回值和方法参数中的值使用约束来确保从客户端到数据库的数据完整性。

增强的功能包括验证电子邮件地址、确保数字为正数或负数、测试日期是否为过去或现在，以及测试字段是否为空或 null。它们是：@Email、@Positive、@PositiveOrZero、@Negative、@NegativeOrZero、@PastOrPresent、@FutureOrPresent、@NotEmpty 和@NotBlank。约束现在也可以在更广泛的地方发挥作用，例如，它们可以继续参数化类型的变量。增加支持按类型参数验证容器元素，如下所示。

```
private List<@Size(min = 30) String> chapterTitles;
```

（3）容器的级联验证

用@Valid 注释容器的任何类型参数将导致在验证父对象时验证每个元素。在下面的程序中，每个 String 和 Book 元素都将进行验证。

```
Map<@Valid String, @Valid Book> otherBooksByAuthor;
```

Bean 验证还可以通过插入值提取器来增加对自定义容器类型的支持。内置约束被标记为可重复的，参数名使用反射检索，默认方法是 ConstraintValidator#initialize()。

3．上下文和依赖注入的新特性

上下文和依赖项注入 API（contexts and dependency injection，CDI）自第 6 版在 Java EE 中使用后就成为一种重要技术。从那时起，它因为使用方便而成为 Java EE 的主要特征。CDI 2.0 还对观察器（observers）、事件行为（events behave）和交互方式（interact）进行了重要修正。

（1）CDI 2.0 中的观察器和事件行为

在 CDI 1.1 中，当一个事件被触发时，观察器被同步调用，没有机制来定义它们的执行顺序。此行为的问题在于，如果观察器抛出异常，则不会调用所有后续观察器，并且观察器链停止。在 CDI 2.0 中，通过引入@Priority 注释，在一定程度上缓解了这种情况，该注释指定了调用观察器的顺序，首先调用优先级较小的观察器。

下面的程序显示了一个事件触发和两个优先级不同的观察器的情况，在观察器 AuditEventReceiveR2（优先级 100）之前调用观察器 AuditEventReceiveR1（优先级 10）。

```
@Inject
private Event<AuditEvent> event;
public void send(AuditEvent auditEvent) {    event.fire(auditEvent); }
// AuditEventReciever1.class
public void receive(@Observes @Priority(10) AuditEvent auditEvent) {
    // react to event
}
// AuditEventReciever2.class
public void receive(@Observes @Priority(100) AuditEvent auditEvent) {
// react to event
}
```

需要注意的是，具有相同优先级的观察器以不可预测的顺序被调用，默认顺序是 javax.interceptor.interceptor.priority.APPLICATION+500。

（2）异步事件

观察器的另一个附加功能是异步触发事件的能力。新添加的触发方法（fireAsync()）和相应的观察器注释（@ObservesAsync）用以支持此功能。下面的程序说明了被异步触发的 AuditEvent，以及接收事件通知的观察器方法。

```
@Inject
private Event<AuditEvent> event;
public CompletionStage<AuditEvent> sendAsync(AuditEvent auditEvent) {
```

```
        return event.fireAsync(auditEvent);
    }
    // AuditEventRecieverl.class
    public void receiveAsync(@ObservesAsync AuditEvent auditEvent) {}
    // AuditEventReciever2.class
    public void receiveAsync(@ObservesAsync AuditEvent auditEvent) {}
```

如果任何观察器引发异常，则 CompletionStage 将在 CompletionException 中完成。此实例包含对观察器调用期间抛出的所有抑制异常的引用。下面的程序展示了如何管理这种情况。

```
public CompletionStage<AuditEvent> sendAsync(AuditEvent auditEvent) {
    System.out.println("Sending async");
    CompletionStage<AuditEvent> stage = event.fireAsync(auditEvent)
            .handle((event, ex) -> {
                if (event != null) {
                    return event;
                } else {
                    for (Throwable t : ex.getSuppressed()) {}
                    return auditEvent;
                }
            });
    return stage;
}
```

如前所述，CDI 2.0 还获得了对 Java SE 8 特性的提升，如流、λ表达式和可重复限定符。还有其他几个方面做了改进：

① 一个新的配置器接口；

② 配置或否决观察器方法的能力；

③ 内置注释文本；

④ 在生产者上应用拦截器的能力。

4．RESTful Web 服务的新特性

JAX-RS 2.1 版本的 API 关注两个主要特性：一个新的反应式客户端 API 和对服务器发送事件的支持。

（1）反应式客户端 API

RESTful Web 服务自 1.1 版以来就包含了一个客户端 API，提供了对 Web 资源访问的高级别方法。JAX-RS 2.1 中，此 API 支持对反应式编程。最明显的区别是用于构造客户端实例的 Invocation.Builder。从下面的程序可以看出，新方法 rx()以 Response 为参数类型，返回类型为 CompletionStage。

```
CompletionStage<Response> cs1 = ClientBuilder.newClient()
        .target("http://localhost:8080/jax-rs-2-1/books")
        .request()
        .rx()
        .get();
```

CompletionStage 接口是在 Java 8 中引入的，由此带来了很多有意义的结果。例如，在如下的代码段中，对不同端点进行了两次调用，然后将结果组合到一起。

```
CompletionStage<Response> cs1=ClientBuilder.newClient().target(".../books/history").request().rx().get();
CompletionStage<Response> cs2=ClientBuilder.newClient().target(".../books/geology").request().rx().get();
cs1.thenCombine(cs2,(r1,r2)->r1.readEntity(String.class)+r2.readEntity(String.class))
                                        .thenAccept(System.out::println);
```

（2）对服务器发送事件的支持

服务器发送事件 API（server-sent events，SSE）由 W3C 在 HTML 5 中引入，并由 WHATWG 社区维护，允许客户端订阅服务器生成的事件。在 SSE 体系结构中，创建了从服务器到客户端的单向通道，通过该通道，服务器可以发送多个事件。该连接持续时间长，并保持打开状态，直到任一侧将其关闭。

JAX-RS API 包括 SSE 的客户端和服务器 API。客户端的入口点是 SseEventSource 接口，该接口使用已配置的 WebTarget 进行修改，如下列程序所示。

```
WebTarget target = ClientBuilder.newClient().target("http://localhost:8080/jax- rs- 2- 1/sse/");
try (SseEventSource source = SseEventSource.target(target).build()) {
        source.register(System.out::println);
        source.open();
}
```

在此代码段中，客户机注册一个使用者。使用者输出到控制台，然后打开连接。还能支持 onComplete 和 onError 生命周期事件的处理程序。

在另一端，SSE 服务器 API 接收来自客户端的连接，并向所有连接的客户端发送事件。

```
@POST
@Path("progress/{report_id}")
@Produces(MediaType.SERVER_SENT_EVENTS)
public void eventStream(@PathParam("report_id")String id,
                                @Context SseEventSink es,
                                @Context Sse sse) {
    executorService.execute(() - > {
    try {
        eventSink.send(
            sse.newEventBuilder().name("report- progress")
                .data(String.class, "Commencing process for report " + id).build());
            es.send(sse.newEvent("Progress", "25%"));
            Thread.sleep(500);
            es.send(sse.newEvent("Progress", "50%"));
            Thread.sleep(500);
            es.send(sse.newEvent("Progress", "75%"));
    } catch (InterruptedException e) {
        e.printStackTrace();
    }
```

```
    });
}
```

在上述程序中，SseEventSink 和 Sse 资源被注入资源方法中。Sse 实例获取一个新的出站事件生成器，并向客户端发送进度事件。需要注意的是，媒体类型是一种新的文本/事件流类型，专门用于事件流。

（3）广播服务器发送事件

事件可以同时广播到多个客户端。这是通过在 SseBroadcaster 上注册多个 SseEventSink 实例来实现的。

```
@Path("/")
@Singleton
public class SseResource {
    @Context
    private Sse sse;
    private SseBroadcaster broadcaster;
    @PostConstruct
    public void initialise() {
        this.broadcaster = sse.newBroadcaster();
    }
    @GET
    @Path("subscribe")
    @Produces(MediaType.SERVER_SENT_EVENTS)
    public void subscribe(@Context SseEventSink eventSink) {
        eventSink.send(sse.newEvent("You are subscribed"));
        broadcaster.register(eventSink);
    }
    @POST
    @Path("broadcast")
    @Consumes(MediaType.APPLICATION_FORM_URLENCODED)
    public void broadcast(@FormParam("message") String message) {
        broadcaster.broadcast(sse.newEvent(message));
    }
}
```

上述程序中的示例接收 URI/subscribe 上的订阅请求。订阅请求引发为该订阅服务器创建 SseEventSink 实例，然后向 SseBroadcaster 注册该资源。向所有订阅者广播的消息是从提交到 URL/broadcast 的网页表单中检索到，然后由 broadcast()方法处理。

5. JSON 处理的新特征

JSON（JavaScript 对象表示法）是许多 Web 服务使用的轻量级数据交换格式。用于 JSON 处理的 Java API（JSON-P）提供了一种方便的方式来处理（解析、生成、转换和查询）JSON 文本。在完整的 Java EE 产品中，所有 Java EE 应用程序客户端容器、Web 容器和 EJB 容器都需要支持 JSON-PAPI。在 Java EE 8 平台中，发布了 JSON-P 的一个版本，使其符合最新的 IEFT 标准，在如下 4 个方面做了改进。

（1）JSON 指针

JSON 指针是 JSON 处理 1.1 API 中的一个新功能，并可以使用最新的 IEFT 标准 JSON 指针进行更新。

JSON 指针定义了一个字符串表达式，该表达式引用 JSON 文档的层次结构内的元素。使用 JSON 指针表达式，可以通过检索、添加、删除和替换表达式引用的元素或值来访问和操作 JSON 文档。API 入口是接口 javax.json.JsonPointer。通过在 javax.json.Json 类上调用静态工厂方法 createPointer(String expression)，并向其传递指针表达式来创建实例。

例如，有如下的一个 JSON 文档：

```
{ "topics":
    "Cognitive",
    "Cloud",
    "Data",
    "IoT",
    "Java" }
    JsonObject jsonObject = ... create JsonObject from JSON document ...;
```

如果想检索 title 元素的值，则用下面的代码段创建一个 JsonPointer 对象，并引用 title 元素，然后，调用 getValue()方法，并将 JsonObject 的实例传递给该方法进行查询。

```
JsonValue jsonValue = Json.createPointer("/topics/1").getValue(jsonObject);
```

要向 JSON 文档添加（或插入）值，遵循与检索相同的方法，即使用 JSON 指针表达式来标识文档内的插入点。以下代码段将新的“Big Data”JSON 对象添加到 jsonObject 中。

```
Json.createPointer("/topics/0").add(jsonObject , Json.createValue("Big Data"));
```

返回的 JsonObject 是修改后的对象。类似的，还有删除和替换操作。

（2）JSON 补丁

JSON 补丁表示一个操作的序列，这些操作应用于目标 JSON 文档，包括添加、复制、移动、删除、替换和测试等操作。

JsonPatchBuilder 接口是该 API 的关键，它由 Json 类上的静态方法 createPatchBuilder()创建。JSON 指针表达式被传递给其中一个操作方法，并应用于 JSON 文档。下列的程序展示了将 topics 数组的第一个元素替换为值“Spring 5”：

```
JsonPatchBuilder builder = Json.createPatchBuilder();
JsonPatch jsonPatch = builder.replace("/topics/0", " Spring 5").build();
JsonObject newJsonObject = jsonPatch.apply(jsonObject);
```

可以顺序执行多个操作，顺序应用于上一个补丁程序的结果。

（3）JSON 合并补丁

JSON 合并补丁是一个 JSON 文档，它描述了对目标 JSON 文档做出更改的集合。表 1-2 显示了三种可能的操作。

表 1-2 合并补丁的操作

Operation	Target	Patch	Result
Replace	{"color":"blue"}	{"color":"red"}	{"color":"red"}
Add	{"color":"blue"}	{"color":"red"}	{"color": null}
Remove	{"color":"red"}	{"color":"blue","color":"red"}	{}

Json 类上的静态方法 createMergePatch()用于产生类型为 JsonMergePatch 的一个实例，可以将补丁传递给该实例。然后，将目标 JSON 传递给生成的 JsonMergePatch 实例的 apply()方法即可。下面的程序展示了如何执行表 1-2 中的 replace 操作。

```
Json.createMergePatch(Json.createValue("{\"colour\":\"blue\"}"))
      .apply(Json.createValue("{\"colour\":\"red\"}"));
```

（4）JsonCollectors

随着 Java 8 在 javax.JSON.streams 包中引入 JsonCollectors 类，查询 JSON 变得更加简单。下面的程序展示了按字母 C 过滤 topics 数组，并将结果放到一个 JsonArray 中的过程。

```
JsonArray topics = jsonObject.getJsonArray("topics").stream()
                        .filter(jv -> ((JsonString) jv).getString().startsWith("C"))
                        .collect(JsonCollectors.toJsonArray());
```

6．JavaServerFaces 组件的新特性

在 Java EE 8 中，JavaServer Faces 升级到 2.3 版本（JSF 2.3），新特性包括如下几个方面。

（1）改进的 CDI 对齐（alignment）

也许 JSF 2.3 最受欢迎和最有用的补充之一是 CDI 对齐的改进。JSF 2.3 做了很多改进，使得许多 JSF 组件现在可以轻松地注入 Java 类和 EL 表达式中。多年来，JSF 一直使用静态入口方法，并形成了一个诸如 FacesContext、RequestMap 或 FlowMap 的组件链，这些组件现在可以很容易地注入类中，而不是实例化。曾经的命令：

```
FacesContext facesContext = FacesContext.getCurrentInstance();
```

在 JSF 2.3 中，可以简化为如下操作：

```
@Inject
FacesContext facesContext;
```

如果在 JSF 视图中的 EL 表达式的上下文中使用，可以执行以下操作：

```
#{facesContext}
```

有许多元素确实需要 CDI 限定符。例如，流程图可以按如下方式注入：

```
@Inject
@FlowMap
private Map<Object, Object> flowMap;
```

JSF 的一个有用特性是易于开发转换器（convertors）、验证器（validators）和行为器（behaviors）。在 JSF 2.3 中，现在可以将 CDI 组件注入这些目标中，使它们更易于创建。JSF

托管 Bean 的作用域在过去几年中有点混乱，因为它可以同时把托管 Bean 注释和 CDI 用于作用域。随着 JSF 2.3 的发布，托管 Bean 注释被弃用，CDI 成为首选，这将有助于防止开发人员在混合使用托管 Bean 和 CDI 作用域注释时带来错误，因为它们不能很好地组合使用。因此，@ManagedProperty 注释已被弃用。此版本引入了更新的@ManagedProperty 注释，允许保留相同的功能。

```
@Inject
@ManagedProperty ("#{bean.property}")
private String stringProperty;
```

（2）网络和 WebSocket 的更新

WebSocket 是通过 TCP 提供全双工双向通信的协议。它在不断增长的异步环境中已成为标准通信协议。虽然 JSF 在 WebSocket 通信方面已经很好地工作了一段时间，JSF 2.3 完全支持它，通过新的<f:WebSocket>标记使 WebSocket 更便捷。可以将新标记放置到视图中，以便将服务器端通信推送到包含相同通道名称的套接字的所有实例。当收到通信时，可以调用 onmessage JavaScript 事件处理程序，提供客户端功能。使用新标记的示例如下所示，仅在收到消息时显示警报：

```
<h:body>
<f:websocket channel="jaxArticle"onmessage="function(message){alert(mesage)}"/>
</h:body>
```

WebSocket 通信的服务器端能够推出消息。JSF 2.3 添加了 javax.faces.push.PushContext，这是一个可注入的上下文，允许服务器推送到指定的通道。

JSF 2.3 中还有许多其他网络和 AJAX 增强功能，包括如下几个方面。

① 使用新的<h:commandScript/>组件从视图中执行任意服务器端方法。

② 通过 PartialViewContext 从服务器端方法在视图中执行 JavaScript。

③ 通过新引入的“名称空间”模式使用 AJAX 更新多个表单。

（3）验证和转换增强功能的更新

在 JSF 2.3 中，有许多有用的有效性验证，并增强了转换能力，包括更好的 Java SE 8 对齐和验证全部 Bean 有效性的能力。通过使用新的<f:validateWholeBean>标记，类级的 Bean 有效性验证成为可能。通过在视图中包含此标记，并用 Bean 有效性验证组标记至少一个输入组件，可以验证全部 Bean 的有效性，从而启用新的有效性验证支持，例如跨字段有效性验证。

自从 Java SE 8 发布以来，Java 世界的很多地方都在使用新的日期时间 API。Java EE 世界必须使用变通方法才能使这个新 API 正常工作，JSF 2.3 版本向前推进，增强了<f:convertDateTime>转换标记以支持新的日期时间类型。例如，要利用 java.time.LocalDate 类，可以在视图中使用以下内容：

```
<h:outputText value="#{jobController.selected.workDate}">
  <f:convertDateTime type="localDate" pattern="MM/dd/yyyy"/>
</h:outputText>
```

<f:convertDateTime>已经得到了加强，能够支持如下的日期和时间类型：LocalDate、LocalTime、LocalDateTime、OffsetTime、OffsetDateTime 和 ZonedDateTime。

（4）组件和 API 的增强

自 JSF 诞生以来，各种组件和 API 之间存在许多细微差别，这有时会使开发变得烦琐。为了缓解其中一些难点，对一些底层 API 和组件进行了增强。例如，UIData 和 UIRepeat 已得到增强，以支持 Map 和 Iterable 接口以及自定义类型。这些增强功能能够在 DataTables 和 ui:repeat 标记中支持 java.util.Iterable 类型、映射和自定义数据类型。例如，DataTable 中的映射支持类似于以下代码：

```
<h:dataTable var="mapEntry" value="#{jobController.jobMap}">
  <h:column value="#{mapEntry.key}"/>
  <h:column value="#{mapEntry.value}"/>
</h:dataTable>
```

还有许多其他有用的增强功能，包括通过新标记利用 EL 中的常量的能力等。

1.4 Java EE 的编程思想

为满足开发多层体系结构的企业级应用程序的需求，Java EE 编程的基本思想就是组件/容器。Java EE 应用程序的基本软件单元是组件，所有的组件都运行在特定的运行环境中，这个运行环境被称为容器。从逻辑上说就是把完成具体功能的工具以组件的形式“装入”一个容器之中，组件对所有数据的接收和发送必须通过容器才能完成，也就是说服务器发出的请求是由容器分发到响应组件进行处理，处理的结果又交给容器，由容器决定最后的输出方式。这样做可以用统一的标准处理数据，并且让容器与系统其他部分保持很高的独立性。这个思想是面向对象中类的封装性的一种延续，只不过类封装的是一个特定的数据模式，容器封装的是更大的一组特定的功能。

Java EE 的容器需要提供必需的底层基础功能来完成组件与外界的数据互交，这些底层基础功能被称为服务，组件又是通过调用容器提供的标准服务来与外界交互的。为满足企业级应用灵活部署，组件与容器之间必须既松散耦合，又能够高效交互。为实现这一点，组件与容器都要遵循一个标准规范。Java EE 提供了一个统一的标准规范，实现了组件与容器之间既保持相对独立，又有比较强大的数据交互能力。

Java EE 容器的具体实现是由专门的厂商来完成的，Java EE 规范只是给出了容器必须实现的基本接口和功能，具体如何实现完全由容器厂商自己决定。常见的 Java EE 服务器中都包含 Web 容器或 EJB 容器的实现。它们所包含的组件会在容器的 Java 虚拟机中进行初始化。组件通过容器提供的标准服务来与外界进行互交，这些服务主要包括命名服务、数据库连接服务、持久化、消息服务、事务支持和安全性服务等。大部分底层的基础功能都由容器提供，可以让开发者专注于对业务逻辑的设计。因此在分布式组件的开发过程中，完全可以不考虑复杂多变的分布式计算环境，而专注于业务逻辑的实现，这样可大大提高组件开发的效率，降低开发企业级应用程序的难度。

从实现原理看，容器与组件之间的通信除了 Java 程序本身的算法完成具体操作外，更重要的是通过一个部署描述文件来解决容器如何向组件提供服务，提供哪种服务的问题，这个文件是一个用 XML 语言写成的文件，称为部署描述文件。部署描述文件中详细描述了应用中的组件所要调用的容器服务的名称、参数等。部署描述文件就像组件与容器间达成的一个“契约”，容器根据部署描述文件的内容为组件提供服务，组件根据部署文件中的内容来调用容器提供的服务。每个发布到服务器上的应用除了要包含自身实现的代码文件外，还要包括一个部署文件。

这个文件会随着系统的复杂而不断变得复杂，所以设计人员也在不断优化，比如 Java EE 5 推出了支持在组件中实现直接对注释的引用，取代配置复杂的部署描述文件。所谓注释，是 JDK 5 版本后支持的一种功能机制，它支持在 Java 组件的源代码中嵌入元数据信息，在部署或运行时应用服务器将根据这些元数据对组件进行相应的部署配置。容器在组件部署时通过提取注释信息来决定如何为组件提供服务。注释的出现大大简化了 Java EE 应用程序的开发和部署，是 Java EE 规范的一项重大进步。

进一步地，从 Java EE 6 规范开始，还引入了一种“惯例优于配置”或者称为“仅异常才配置”的思想，也就是对于 Java EE 组件的一些属性和行为，容器将按照一些约定惯例来自动进行配置，此时开发人员甚至连注释都可以省略。只有当组件的属性和行为不同于约定惯例时，才需要进行配置。这种编程方式大大降低了程序人员的工作量，也是需要开发人员逐渐熟悉和适应的一种编程技巧。

1.5　Java EE 容器及其服务

这一节介绍 Java EE 的容器以及容器提供的服务。

1.5.1　容器类型

Java EE 容器是组件和支持该组件的低级别、特定于平台的功能之间的接口。在 Web、企业 Bean 或应用程序客户端组件执行之前，它们必须组装到 Java EE 模块中，并部署到其容器中。有如下 4 种容器。

① Web 容器。Web 容器是 Web 组件和 Web 服务器之间的接口，管理 Java EE 应用程序中 Web 页面、servlet 和某些 EJB 的运行，给处于其中的组件提供一个环境，使得 JSP，Servlet 能直接和容器中的环境变量、接口交互而不必关注其他系统问题。Web 容器在 Java EE 服务器上运行。Web 组件可以是 Servlet 或 JavaServer Facelets 页面。

② EJB 容器。EJB 容器是 EJB 和 Java EE 服务器之间的接口，并管理 Java EE 应用程序中 EJB 的运行。只要满足 Java EE 规范的 EJB 放入该容器中，就会被容器进行高效率的管理，并且可以通过现成的接口来获得系统级别的服务，例如邮件服务、事务管理、安全、远程客户端的网络发布和资源管理等，而不用关心数据库连接速度、各种事务控制，这些都直接交给容器来完成。EJB 容器在 Java EE 服务器上运行。

③ 应用程序客户端容器。应用程序客户端容器是 Java EE 应用程序客户端与 Java EE 服务器之间的接口，管理应用客户端组件的运行。应用程序客户端及其容器运行在客户端上。

④ 小程序容器。管理小程序的运行。小程序容器包括一个 Web 浏览器和一个在客户端上运行的 Java 插件。

图 1-2 展示了 Java EE 服务器和容器。

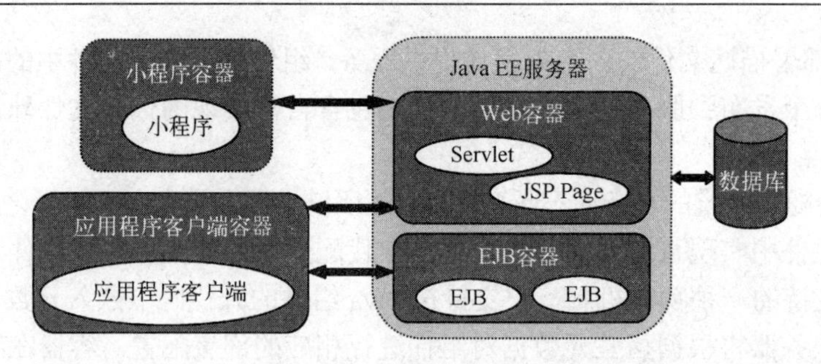

图 1-2 Java EE 服务器和容器

1.5.2 容器服务

Web 组件、EJB 组件或应用客户端组件运行前必须装配到一个 Java EE 模块中，并部署到它的容器中。装配过程包括为 Java EE 应用程序中的每个组件及 Java EE 应用程序本身进行容器设置。容器设置自定义 Java EE 服务器提供的底层支持，包括安全性、事务管理、Java 命名和目录接口（JNDI）API 查找及远程连接等服务。下面列出几种重要的服务。

① Java EE 安全（security）模型允许配置 Web 组件或企业 EJB，以使得只有被授权的用户才能访问系统资源。

② Java EE 事务（transaction）模型允许指定组成单个事务的方法之间的关系，以便将一个事务中的所有方法视为单个单元。

③ NDI 查找（JNDI lookup）服务为企业中的多个命名和目录服务提供统一接口，以便应用程序组件可以访问这些服务。

④ Java EE 远程连接（remote client connectivity）模型管理客户端和企业 Bean 之间的底层通信。创建企业 Bean 之后，客户端就好像和它在同一个虚拟机中一样调用其上的方法。

因为 Java EE 体系结构提供了可配置的服务，所以同一应用程序中的组件可以根据它们的部署位置表现出不同的行为。例如，EJB 可以具有安全设置，允许它在一个生产环境中对数据库数据进行一定级别的访问，并在另一个生产环境中对数据库进行一定级别的访问。

容器还管理不可配置的服务，例如 EJB 和 Servlet 生命周期、数据库连接资源池、数据持久性以及对 Java EE 平台 API 的访问。

1.6 Java EE 组件

Java EE 应用程序由组件组成。Java EE 组件是一个自包含的功能软件单元，它与相关的类和文件组装成 Java EE 应用程序，并与其他组件进行通信。Java EE 规范定义了以下 Java EE 组件。

① 运行在客户端的组件有应用客户端和小程序。

② 运行在服务器上的 Web 组件有 Servlet、JSF 和 JSP 组件。

③ 运行在服务器上的业务组件是 EJB 组件。

Java EE 组件是用 Java 编程语言编写的，其编译方式与使用 Java 语言编写的任何程序一样。Java EE 组件和“标准”Java 类之间的区别在于，Java EE 组件被组装到 Java EE 应用程序中，它们被验证为格式良好且符合 Java EE 规范，并且被部署到生产环境中，由 Java EE 服务器运行和管理。

1.6.1 Java EE 客户端

Java EE 客户端通常是 Web 客户端或应用客户端。

1．Web 客户端

Web 客户端由以下两部分组成。

① 包含不同类型标记语言（HTML、XML 等）的动态 Web 页面，由运行在 Web 层的 Web 组件生成。

② Web 浏览器，呈现从服务器接收的页面。

Web 客户端有时称为瘦客户端（thin client）。瘦客户端通常不会查询数据库、执行复杂的业务逻辑或连接遗留应用程序。使用瘦客户端时，这些重量级的操作会转移到 Java EE 服务器上执行的企业 Bean，从而能提升 Java EE 服务器端技术在安全性、速度、服务和可靠性等方面的优势。

2．应用程序客户端

应用程序客户端（application client）在客户端主机上运行。有些任务要求有一个更丰富的用户界面，而标记语言无法满足这个要求，应用程序客户端就为用户提供了一种方法来处理这些任务。应用程序客户端通常有一个图形用户界面（Graphical User Interface，GUI），由 Swing API 或抽象窗口工具包（abstract window toolkit，AWT）API 创建，当然也可以有一个命令行界面。

应用程序客户端直接访问运行在业务层上的 EJB。不过，如果应用程序需求允许，应用客户端可以打开一个 HTTP 连接，与运行在 Web 层上的 Servlet 建立通信。用非 Java 的其他语言编写的应用客户端可以与 Java EE 服务器交互，使得 Java EE 平台具备与遗留系统、客户端以及非 Java 语言互操作的能力。

3．小程序

从 Web 层接收的 Web 页面可以包含嵌入的小程序。小程序是用 Java 编程语言编写的一个小客户端应用程序，在 Web 浏览器上安装的 Java 虚拟机中执行。不过，为了让小程序能够在 Web 浏览器中成功执行，客户端系统可能需要 Java 插件，还可能需要安全策略文件。

Web 组件是创建 Web 客户端程序的首选 API，因为客户端系统上无需插件或安全策略文件。另外，由于 Web 组件提供了一种方法可以将应用程序开发与网页设计分开，因此 Web 组件支持更简洁、更模块化的应用程序设计。所以，网页设计人员无须理解 Java 编程语言的语法也能很好地完成他们的工作。

4．JavaBeans 组件架构

服务器和客户端层也可以包含基于 JavaBeans 组件架构的组件（JavaBeans 组件），来管理以下元素之间的数据流：

① 应用客户端或小程序与 Java EE 服务器上运行的组件；

② 服务器组件与数据库。

根据 Java EE 规范，并不认为 JavaBeans 组件是 Java EE 组件。

JavaBeans 组件有属性，另外有访问这些属性的 get 和 set 方法。以这种方式使用的 JavaBeans 组件在设计和实现上通常都很简单，不过应当符合 JavaBeans 组件架构中指定的命名和设计约定。

5. Java EE 服务器通信

图 1-3 显示了构成客户端层的各个元素。客户端可以直接与运行在 Java EE 服务器上的业务层通信，如果客户端在浏览器中运行，还可以通过 Web 层中运行的 Web 页面或 Servlet 进行通信。

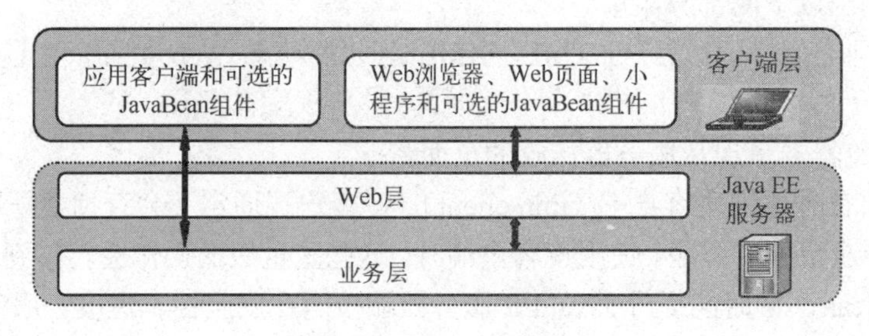

图 1-3 服务器通信

1.6.2 Web 组件

Java EE Web 组件是使用 JavaServerFaces 技术和/或 JSP 技术（JSP 页面）创建的 Servlet 或网页。Servlet 是 Java 编程语言编写的类，它会动态地处理请求和构造响应。JSP 页面是基于文本的文档，可以作为 Servlet 执行，不过允许采用一种更自然的方式创建静态内容。JSF 技术建立在 Servlet 和 JSP 技术之上，为 Web 应用提供一个用户界面组件框架。

装配应用程序时，静态 HTML 页面及小程序将与 Web 组件打包在一起。不过，根据 Java EE 规范，并不认为它们是 Web 组件。类似于 HTML 页面，服务器端的工具类也可以与 Web 组件打包在一起，同样也不认为它们是 Web 组件。

如图 1-4 所示，与客户端层类似，Web 层也可以包含一个 JavaBeans 组件来管理用户输入，并将该输入发送到业务层上运行的企业 Bean 进行处理。

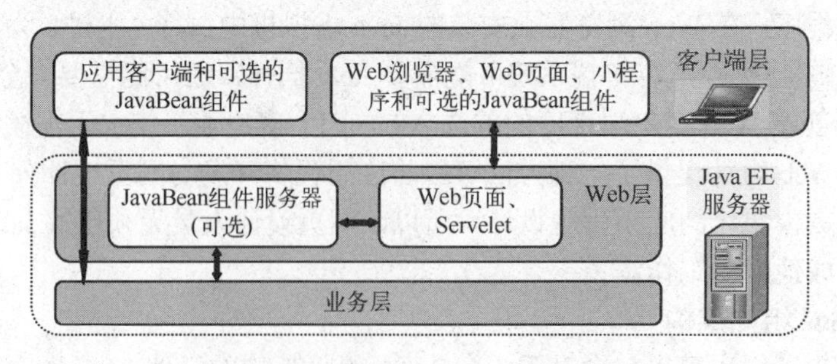

图 1-4 Web 层与 Java EE 应用

1.6.3 业务组件

业务代码是解决或满足一个特定业务领域（如银行、零售或金融）需求的逻辑，由业务层或 Web 层上运行的企业 Bean 处理。图 1-5 展示了企业 Bean 如何接收来自客户端程序的数据，进行处理，并将其发送到企业信息系统层进行存储。企业 Bean 还会从数据存储中获取数据，进行处理，再将其发送回客户端程序。

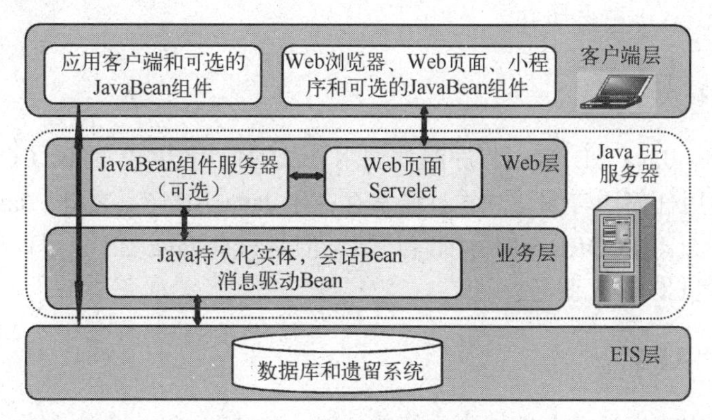

图 1-5　业务层和 EIS 层

1.7　Java EE 标准服务

Java EE 标准服务包括下述服务，一些标准服务实际上由 Java SE 提供。

1.7.1　HTTP

HTTP 客户端 API 在 java.net 包中被定义。HTTP 服务器端 API 由 Servlet、JSP、JSF 接口及 Web 服务支持来定义。

1.7.2　HTTPS

支持 HTTP 协议的客户端和服务器端 API 也同样支持带 SSL 协议上的 HTTP 协议。

1.7.3　JavaTM 事务 API

Java 事务 API（Java transaction API，JTA）由两部分组成：

① 一个应用程序级的划分接口，容器和应用组件用它来划分事务。

② 一个介于事务管理器和资源管理器之间的 Java EE SPI 级接口。

1.7.4　RMI-IIOP

RMI-IIOP 子系统由 API 组成，这些 API 允许使用不依赖于底层协议的 RMI 风格编程，同样地，那些 API 的实现同时支持 Java SE 本地 RMI 协议和 CORBA IIOP 协议。通过支持 IIOP 协议，Java EE 应用就可以使用 RMI-IIOP 来访问 CORBA 服务，这些 CORBA 服务兼容 RMI 编程约束。这样的 CORBA 服务通常由 Java EE 产品之外的组件定义，通常是遗留系统。只要求 Java EE 应用程序客户端可以使用 RMI-IIOP API 来直接定义它们自己的 CORBA 服务。这样的 CORBA 对象通常用于在访问其他的 CORBA 对象时的回调。

正如在 EJB 规范中所述的一样，Java EE 产品必须使用 IIOP 协议输出企业 JavaBean 组件，并能访问企业使用 IIOP 协议的企业 Bean。使用 IIOP 协议使 Java EE 产品之间的交互成为可能，不过，Java EE 产品也可以使用其他的协议。当访问企业 Bean 时组件时需要使用 RMI-IIOP API 的要求在 EJB 3.0 中已经放开。

1.7.5 Java IDL

Java IDL 允许 Java EE 应用程序组件调用外部的使用 IIOP 协议 CORBA 对象。这些 CORBA 对象可以用任何语言编写，并且通常存在于 Java EE 产品之外。Java EE 应用程序可以使用 Java IDL 来作为 CORBA 服务的客户端，但是只有 Java EE 应用程序客户端可以直接使用 Java IDL 描述 CORBA 服务。

1.7.6 JDBC™ API

JDBC API 是用来连接关系数据库系统的 API。JDBC API 有两个部分：一个是应用程序组件，用来访问数据库的应用程序级接口，另一个是用于连接 JDBC 驱动和 Java EE 平台的服务提供者接口。Java EE 产品中对服务供应者接口的支持不是必需的。相反，JDBC 驱动应该被打包成一个资源适配器，该适配器使用连接器 API 机制来连接 Java EE 产品。JDBC API 包含在了 Java SE 中，但是本规范包含了对 JDBC 设备驱动的附加要求。

1.7.7 Java™ 持久化 API

Java 持久化 API（Java persistence API，JPA）是用于持久化和对象/关系映射管理的标准 API。该规范通过使用一个使用 Java 域模型来管理关系型数据库，为应用程序开发者提供了一种对象/关系映射机制。Java EE 必须支持 Java 持久化 API，也可以在 Java SE 环境使用中。

1.7.8 Java™ 消息服务

Java 消息服务（Java message service，JMS）是用于消息发送的标准 API，它支持可靠的“点对点”消息传递和“发布-订阅”模型。该规范要求 JMS 供应商同时实现“点对点”消息传递和“发布-订阅”型消息传递。Java EE 产品提供商必须提供一个预置的、默认的连接工厂供应用程序在访问 JMS 提供者时使用。

1.7.9 Java™ 命名和目录界面

JNDI（Java nancing and directory interface，JNDI）API 是用于命名和目录访问的标准 API。它有两个部分：一个是应用程序组件用来访问命名和目录服务的应用程序级接口，另一个是用于连接命名和目录服务供应商的服务供应商接口。JNDI API 包含在 Java SE 中，但该规范为它定义了附加标准。

1.7.10 JavaMail™

许多互联网应用程序都需要发送邮件的功能，因此 Java EE 平台包含了 JavaMail API 以及相应的 JavaMail 服务供应商 API，从而允许应用程序组件可以发送互联网邮件。JavaMail API

有两个部分：一个是应用程序组件用于发送邮件的应用程序级接口，另一个是 Java EE SPI 级的服务供应商接口。

1.7.11　JavaBeans™ 激活框架

JAF（JavaBeans activation francework，JAF）API 提供了一个框架来处理不同 MIME 类型的数据，它们源于不同的格式和位置。JavaMail API 使用了 JAF API。JAF API 包含在 Java SE 中，因此它可以被 Java EE 应用程序使用。

1.7.12　XML 处理

用于 XML 处理的 Java™ API（JAXP）支持工业标准化的 SAX 和 DOM API，用以解析 XML 文档，也支持 XSLT 转换引擎。XML 的流式 API（StAX API，Streaming API）为 XML 提供了一种拉模式解析型的 API。JAXP 和 StAX API 都包含在 Java SE 中，因此它们可以被 Java EE 应用程序使用。

1.7.13　Java EE 连接器体系结构

连接器体系结构是一种 Java EE SPI，它允许将支持 EIS 访问的资源适配器嵌入到任何 Java EE 产品中。连接器体系结构定义了一套标准的介于 Java EE 服务器和资源适配器之间的系统级协议集。这些标准协议包括如下几个方面。

① 连接管理协议。它让 Java EE 服务器池与底层 EIS 进行连接，并让应用程序组件连接到 EIS。这种方式构造出了一种可扩展的应用程序环境，用以支持大规模客户端对 EIS 系统的访问。

② 事务管理协议。该协议是事务管理器和 EIS 之间的一种协议，用以支持对 EIS 资源管理器的事务型访问。这个协议支持 Java EE 服务器使用事务管理器跨多个资源管理器来管理事务，也支持管理 EIS 资源管理器内部管理的事务，而不必涉及外部的事务管理器。

③ 对 EIS 进行安全访问的安全协议。这个协议为安全的应用程序环境提供支持，减少了对 EIS 的安全威胁，并保护了 EIS 管理的重要信息资源。

④ 线程管理协议。该协议允许资源适配器将工作委托给其他的线程，并允许应用程序服务器管理线程池。通过工作线程，资源适配器可以控制安全上下文和事务上下文。

⑤ 消息传递协议。它允许资源适配器将消息传递到消息驱动 Bean，独立于传递消息的特定消息形式、消息语义和消息传递基础架构。这个协议也充当标准消息提供方即插即用协议，它允许通过资源适配器将消息提供方插入到任何 Java EE 服务器中。

⑥ 允许资源适配器将导入的事务上下文传播到 Java EE 服务器的协议。该协议使得资源适配器与服务器和任务应用程序组件的交互成为导入事务的一部分，并保留导入事务的 ACID（即原子性、一致性、隔离性、耐久性）属性。

⑦ 可选协议。它提供了一个介于应用程序和资源适配器之间的通用命令接口。

1.7.14　安全服务

Java™ 认证与授权服务（Java authentication and authorization service，JAAS）使服务能够

基于用户进行验证和实施访问控制。它实现了标准的可插入式授权管理模块（pluggable authentication module，PAM）框架的一个 Java 技术版本，并支持基于用户的授权。容器的 Java^{TM} 授权服务提供者协议（Java authorization contract for containers，JACC）定义了 Java EE 应用程序服务器和授权服务提供方之间的协议，允许将客户授权服务供应商插入任何 Java EE 产品中。容器的 JavaTM 授权服务提供商界面（Java authentication service provider interface，JASPIC）定义了一个 SPI，通过 SPI 实现消息授权机制的授权提供商可以集成到客户和服务器消息处理容器或者运行环境中。Java EE 安全 API 为使用 SPI 进行 Web 应用程序的用户授权提供了更便捷的途径，并定义了授权与认证的身份存储 API。

1.7.15 Web 服务

Java EE 为 Web 服务的客户端和终端提供了完整的支持。一些 Java 技术协同为 Web 服务提供支持。XML Web 服务的 Java API（Java API for XML-based web service，JAX-WS）和基于 XML 的 RPC 的 Java API（JAX-RPC，Java API for XML-based Remote Procedure Call）都为使用 SOAP/HTTP 协议的 Web 服务的调用提供了支持。Java SE 中的 JAX-WS 是支持 Web 服务的首选 API，它是 JAX-RPC 的继续。JAX-WS 提供了更广泛的 Web 服务功能，并提供对多重绑定/协议的支持。当使用绑定于 HTTP 协议的 SOAP1.1 协议时，JAX-WS 和 JAX-RPC 完全可以协同工作，但要受 WS-I 基本概要规范的约束。对 JAXR 的支持在 Java EE 7 中已经是可选项了。

JAX-WS 和 XML 绑定的 Java 体系结构（Java architecture for XML binding，JAXB）在 Java 类和 XML 之间定义了类似 SOAP 的映射，并且对 XML 模式提供了 100%的支持。使用 Java 附带的 API 的 SOAP（SOAP with attachments API for Java，SAAJ）对操作低层 SOAP 消息提供支持。Java EE 规范中的 Web 服务标准完整地定义了 Web 服务的客户端和终端在 Java EE 中的部署，以及使用企业 Bean 的 Web 服务终端的实现。Web 服务元数据规范定义了相应的 Java 语言注释来简化 Web 服务的开发。XML 注册 Java API（Java API for XML registries，JAXR）使客户端可以访问 XML 注册服务器。对 JAX-RPC 的支持在 Java EE 7 中已经是可选项了。

用于 JSON 处理的 Java API 提供了处理（语法分析、生成、转化和查询）JBSON 文本的便捷方法。JSON 绑定的 Java API 提供了 JSON 文本和 Java 对象之间便捷的转换方法。WebSocket 的 Java API 是用于产生 WebSocket 应用程序的标准 API。

RESTful Web 服务的 Java API（Java API for RESTful web services，JAX-RS）为使用 REST 风格的 Web 服务提供了支持。RESTful Web 服务更符合 Web 的设计风格，并且常常更易于使用多种编程语言对其进行访问。JAX-RS 提供了一个简单的高层 API 用于编写 Web 服务，以及一个低层 API 用于控制 Web 服务交互的细节。

1.7.16 并发工具

Java EE 的并发工具是标准的 API，通过如下对象类型提供 Java EE 应用程序组件的异步能力：管理执行服务、管理调度执行服务、管理线程工厂和上下文服务。

1.7.17 批处理

Java 平台 API（批处理）的批处理应用程序为批处理应用程序，调度和运行作业的运行时间提供了一个编程模式。

1.7.18　管理

Java 2 平台企业版管理规范中定义了一种 API，使用一种特殊的管理型企业 Bean 来管理 Java EE 服务器。Java^{TM} 管理扩展（Java management extensions，JMX）API 也提供了一些管理上的支持。

1.7.19　部署

Java 2 平台企业版部署规范中定义了部署工具和 Java EE 产品之间的协议。Java EE 产品提供了运行在部署工具上的插入式组件，它允许部署工具将应用程序部署到 Java EE 产品中。部署工具提供了插入式组件可以使用的服务。对部署规范的支持在 Java EE 版本 7 中已经是可选项了。

1.8　企业级应用程序体系结构

应用程序体系结构是指应用程序内部各组件间的组织方式。企业级应用程序体系结构的设计经历了从两层结构到三层结构，再到多层结构的演变过程。

1.8.1　C/S 两层结构

C/S 应用程序两层体系结构模式如图 1-6 所示。在两层体系结构中，客户层的客户端应用程序负责实现人机交互、应用逻辑、数据访问等职能；服务器层由数据库服务器来实现，主要职能是提供数据库服务。

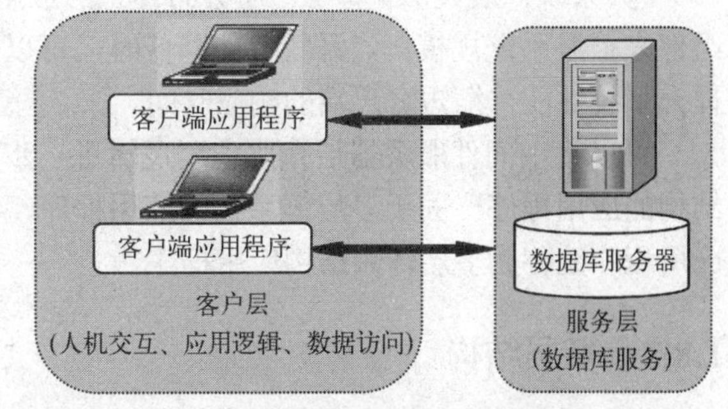

图 1-6　C/S 两层结构示意图

这种体系结构的应用程序有以下的缺点。

① 安全性低。客户端程序与数据库服务器直接连接，非法用户容易通过客户端程序侵入数据库，造成数据损失。

② 部署困难。集中在客户端的应用逻辑导致客户端程序肥大，而且随着业务规则的不断变化，需要不断更新客户端程序，大大增加了程序部署工作量。

③ 耗费系统资源。每个客户端程序都要且接连到数据库服务器，使服务器为每个客户端建立连接而消耗大量宝贵的服务器资源，导致系统性能下降。

1.8.2　B/S 三层结构

为解决两层体系结构应用程序带来的问题，人们又在两层体系结构应用程序的客户层与服务器层之间又添加了一个第 3 层应用服务器层，提出三层体系结构应用程序，即客户层、应用服务器层、数据服务器层，如图 1-7 所示。

客户层应用程序通常由浏览器（browser）程序实现，因此这种体系结构又被称作 B/S 模式。与两层体系结构的应用相比，三层体系结构应用程序的客户层功能大大减弱，只用来实现人机交互，原来由客户层实现的应用逻辑、数据访问职能都迁移到应用服务器层上来实现。数据服务层仍然仅提供数据信息服务。由于应用服务器层是位于客户层与数据服务器层中间的一层，因此应用服务器被称作“中间件服务器”或“中间件”，应用服务器层又被称作“中间件服务器层”。

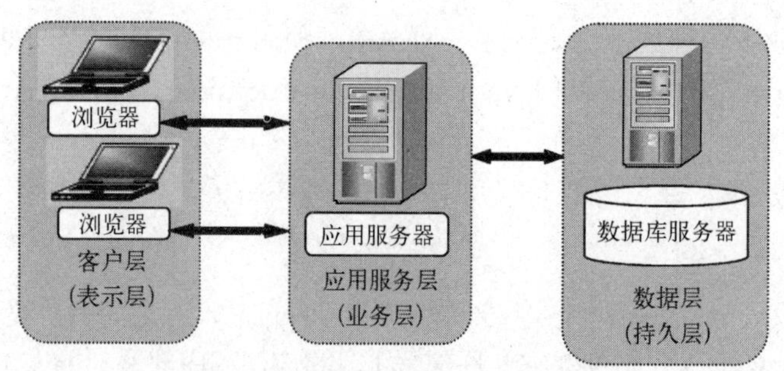

图 1-7 B/S 三层结构示意图

相对于两层体系结构的应用程序，三层体系结构的应用程序具有以下优点。

① 安全性高。中间件服务器层隔离了客户端程序对数据服务器的直接访问，可保护数据信息的安全。

② 易维护。由于业务逻辑在中间件服务器上，当业务规则变化后，客户端程序基本不做改动，只需要升级应用服务器层的程序即可。

③ 快速响应。通过中间件服务器层的负载均衡及缓存数据能力，可以大大提高对客户端的响应速度。

④ 系统扩展灵活。基于三层分布体系的应用系统，可以通过在应用服务器部署新的程序组件来扩展系统规模；当系统性能降低时，可以在中间件服务器层部署更多的应用服务器来提升系统性能，缩短客户端的响应时间。

可以将中间件服务器层按照应用逻辑进一步划分为若干个子层，这样就形成了多层体系结构的应用程序。关于多层体系结构应用程序，在有些文献中也将二层及三层以上体系结构应用程序统称为多层体系结构应用程序。

1.8.3 多层结构

Java EE 将企业应用程序划分为多个不同的层，并在每一层上定义对应的组件来实现它。典型的 Java EE 结构的应用程序包括四层，分别是客户层、表示层（Web 层）、业务逻辑层和企业信息系统层，如图 1-8 所示。

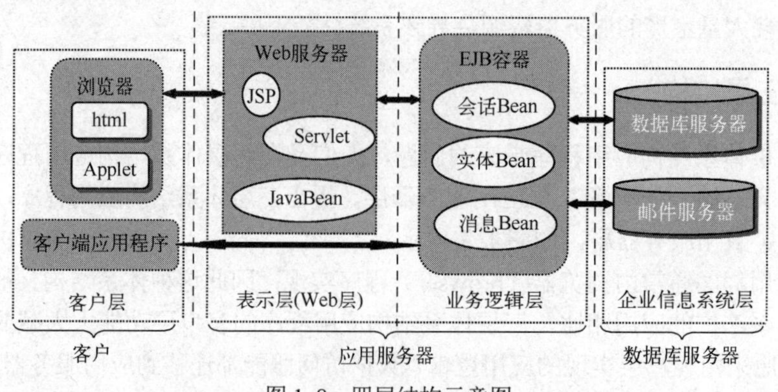

图 1-8 四层结构示意图

客户层可以是网络浏览器或者桌面应用程序。表示层（Web 层）、业务逻辑层都位于应用服务器上，它们是由 Java EE 标准组件 JSP、Servlet、EJB 和 Entity 等来实现的，这些组件运行在实现了 Java EE 标准的应用服务器上，以实现特定的表示逻辑和业务逻辑。企业信息系统层主要用于企业信息的存储管理，主要包括数据库系统、电子邮件系统、目录服务系统等。Java EE 应用程序组件经常需要访问企业信息系统层来获取所需的数据信息。更具体地叙述如下。

① 客户层：包括浏览器（HTML 或小程序）和桌面应用程序。

② 表示层（Web 层）：包括 Servlet，JavaBean 和 JSP。

③ 业务逻辑层：EJB。

④ 企业信息系统层：如 Database、ERP、大型机事务处理和其他遗留信息系统。

1.8.4 Java EE 的分层模型与框架

框架（framework）是整个或部分系统的可重用设计，表现为一组抽象构件及构件实例间交互的方法。另一种定义认为，框架是可被应用开发者定制的应用构架。前者是从应用方面给出的定义，后者是从目的方面给出的定义。

框架要解决的最重要的一个问题是技术整合的问题，在 Java EE 的框架中，有着各种各样的技术，不同的软件企业需要从 Java EE 中选择不同的技术，这就使得软件企业最终的应用程序依赖于这些技术。技术自身的复杂性和技术的风险性将会直接对应用造成冲击。而应用程序是软件企业的核心，是竞争力的关键所在，因此应该将应用程序自身的设计和具体的实现技术松绑。这样，软件企业的研发将集中在应用的设计上，而不是具体的技术实现，技术实现是应用的底层支撑，它不应该直接对应用产生影响。框架一般处在低层应用平台和高层业务逻辑之间的中间层。

开发架构一般都是基于两种形式，一种是 C/S 架构，另一种是 B/S 架构。在 Java EE 开发中，几乎全都是基于 B/S 架构的开发。那么在 B/S 架构中，系统标准的三层架构包括：表现层、业务层、持久层，如图 1-7 所示。三层架构中，每一层各司其职。

① 表现层：接收请求展示数据。

也就是常说的 Web 层。它负责接收客户端请求，向客户端响应结果，通常客户端使用 HTTP 协议请求 Web 层，Web 需要接收 HTTP 请求，完成 HTTP 响应。表现层包括展示层和控制层：控制层负责接收请求，展示层负责结果的展示。表现层依赖业务层，接收到客户端请求一般会调用业务层进行业务处理，并将处理结果响应给客户端。表现层的设计一般都使用 MVC 模型（MVC 是表现层的设计模型，和其他层没有关系）。

② 业务层：处理业务逻辑。

也就是常说的 Service 层。它负责业务逻辑处理，和开发项目的需求息息相关。Web 层依赖业务层，但是业务层不依赖 Web 层。业务层在业务处理时可能会依赖持久层，如果要对数据持久化需要保证事务一致性，也就是常说的，事务应该放到业务层来控制。

③ 持久层：与数据库交互。

也就是常说的 DAO 层。负责数据持久化，包括数据层即数据库和数据访问层，数据库是对数据进行持久化的载体，数据访问层是业务层和持久层交互的接口，业务层需要通过数据访问层将数据持久化到数据库中。通俗地讲，持久层就是和数据库交互，对数据库表进行增删改查。

一些企业根据这个分层，开发了一些框架，来实现各层的功能。例如，表现层的 Spring

MVC 框架，Struts 1 框架和 Struts 2 框架；业务逻辑层的 Spring 框架；和持久层的 Hibernate 框架和 MyBatis 框架。这些产品也都满足 Java EE 的标准。

在实际的开发中，往往根据项目开发的实际来选择框架，这样就形成了不同的框架组合形式。比较常见有两种组合形式：一种是使用 Struts2 框架实现表现层，使用 Spring 框架实现业务层（Service），使用 hibernate 实现实现持久层（DAO），这种组合形式称为 SSH 模式；第二种就是使用 Spring MVC 框架表现层，使用 Spring 框架实现业务层，使用 MyBatis 框架实现持久层（DAO），这种形式称为 SSM 模式。本书选择第二种组合形式进行讲解。各层和对应框架如图 1-9 所示。

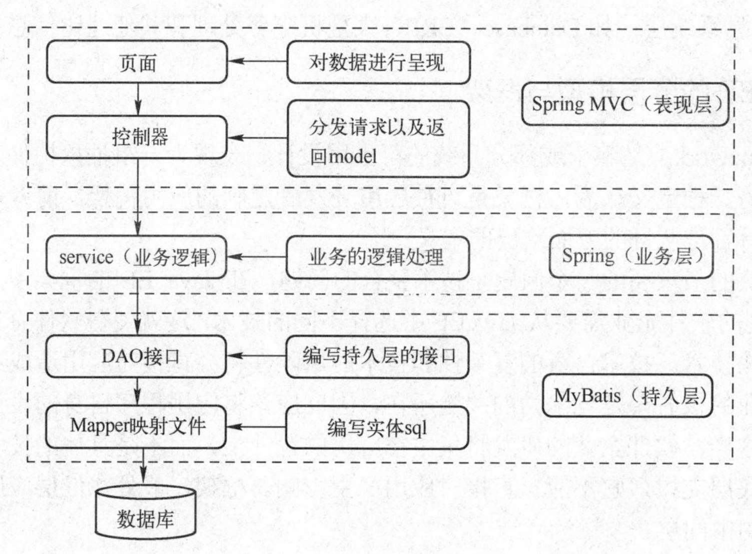

图 1-9 分层模型与框架

1.9 集成环境及配置简介

为了便于学习和程序调试，本节简单介绍一下本书使用的开发环境及环境配置。

1.9.1 集成环境简介

本书使用的集成环境是 Eclipse 2020-06 版本，Tommcat 使用的是 8.5 版，MySQL 使用的是 8.0 版，账户是“root”，密码是“111111”。为了正确处理本书中涉及的λ表达式，JDK 要用 1.8 及其以上版本，这里使用的是 11 版。Maven 依赖的包，其版本在 1.9.2 中给出的 pom.xml 文件中给出了。在建立 Maven 工程后，只要导入该文件，则这些 jar 包就自动下载更新了。

在上述环境和配置下，本书所有程序都通过了调试，能正常运行。图 1-10 是 Eclipse 集成环境的界面。

另外，三个地方的 JDK 版本最好保持一致。下面进行说明。

① 选择工程 myhomework，在该工程上单击鼠标右键，弹出如图 1-11 所示的界面。

在如图 1-11 的界面中选择 Properties 属性，得到如图 1-12 所示的界面。在该界面中选择左侧列中的 Project Facets 属性，再选择中间列的 Java 属性，在右侧列中选择 Java 的版本，使得修改后的 Java 版本保持一致，如图 1-12 所示。

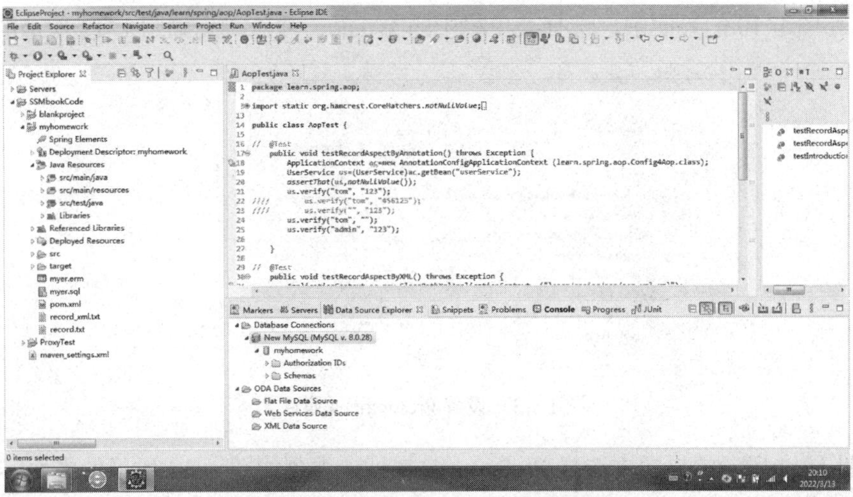

图 1-10　Eclipse 集成环境和本书的程序展示

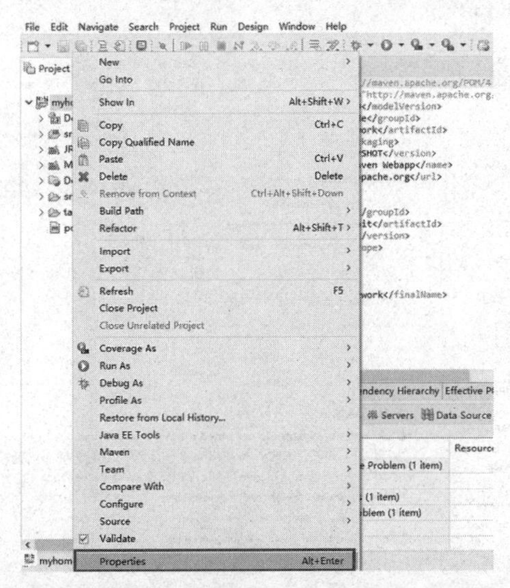

图 1-11　设置 Properties 属性

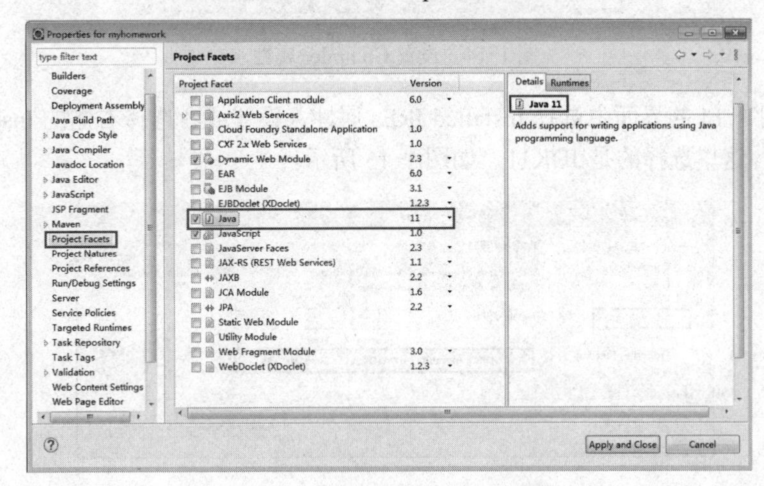

图 1-12　设置 Project Facets 属性

② 在如图 1-10 的界面中，选择菜单栏中的 Window 项，得到如图 1-13 所示的界面。

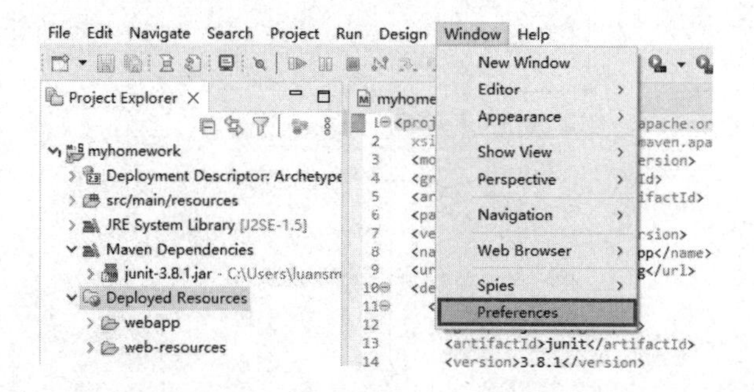

图 1-13 设置 Preferences 属性

在如图 1-13 所示的界面中选择 Preferences 属性，得到如图 1-14 所示的界面。单击左侧栏中的 Java 项，选择其中的 Compiler 属性，在右侧栏中设置 Compiler compliance level，使得版本一致，这里选择的是“11”。

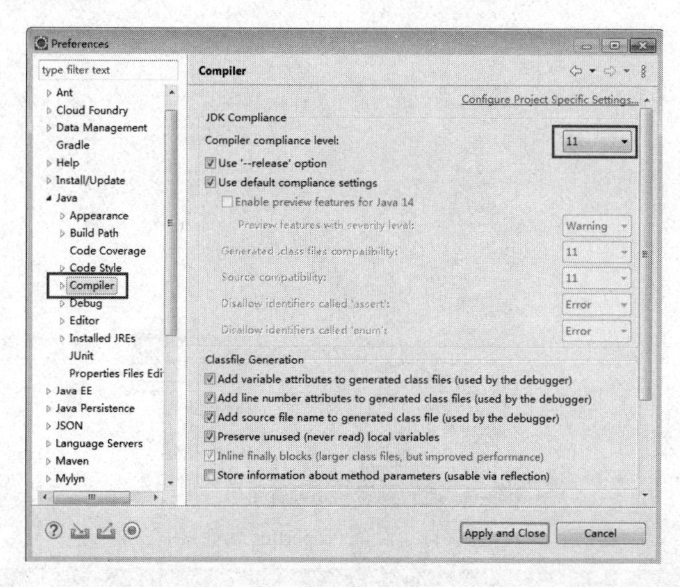

图 1-14 设置 Compiler 属性

③ 在如图 1-14 的界面中选择 Installed JREs 属性，设置或者选择右侧的 Installed JREs，使得版本一致，这里选择的是 JDK11，如图 1-15 所示。

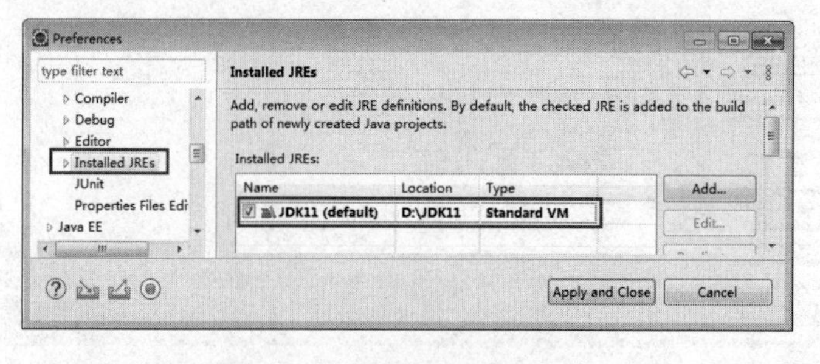

图 1-15 设置 Installed JREs 属性

如果使用 Eclipse 2021 较新的一些版本，需要在 Maven 工程的 pom.xml 文件中，在<build>模块中增加如下代码，以升级 Maven 插件版本，否则有错误提示。

```
<plugins>
    <plugin>
        <groupId>org.apache.maven.plugins</groupId>
        <artifactId>maven-war-plugin</artifactId>
        <version>3.3.1</version>
    </plugin>
</plugins>
```

构建 Maven 工程的时候，初始 JRE 是 1.5 版的，替换为更高的版本后，Maven 工程只要更新后，JRE 就会变回 1.5。这时在 pom.xml 文件的<build>模块中增加更新插件即可。例如，要用 11 版本，可以增加如下代码。

```
<plugin>
    <groupId>org.apache.maven.plugins</groupId>
    <artifactId>maven-compiler-plugin</artifactId>
    <version>3.1</version>
    <configuration>
        <source>1.11</source>
        <target>1.11</target>
    </configuration>
</plugin>
```

1.9.2　环境配置

这里展示了 Maven 工程的设置内容，在建立自己的 Maven 工程后，把下面的内容复制到 pom.xml 文件中，就自动下载更新 Maven 工程所依赖的包，这也是本书实例使用的依赖包。

```
<dependency>
    <groupId>junit</groupId>
    <artifactId>junit</artifactId>
    <version>4.12</version>
    <scope>test</scope>
</dependency>
<dependency>
    <groupId>org.hamcrest</groupId>
    <artifactId>hamcrest-core</artifactId>
    <version>1.3.RC2</version>
    <scope>test</scope>
</dependency>
<dependency>
    <groupId>org.hamcrest</groupId>
    <artifactId>hamcrest-library</artifactId>
    <version>1.3.RC2</version>
```

```
        <scope>test</scope>
    </dependency>
    <dependency>
        <groupId>mysql</groupId>
        <artifactId>mysql-connector-java</artifactId>
        <version>8.0.19</version>
    </dependency>
    <dependency>
        <groupId>org.mybatis</groupId>
        <artifactId>mybatis</artifactId>
        <version>3.5.5</version>
    </dependency>
    <dependency>
        <groupId>com.alibaba</groupId>
        <artifactId>fastjson</artifactId>
        <version>1.2.59</version>
    </dependency>
    <dependency>
        <groupId>log4j</groupId>
        <artifactId>log4j</artifactId>
        <version>1.2.17</version>
    </dependency>
    <dependency>
        <groupId>org.springframework</groupId>
        <artifactId>spring-context</artifactId>
        <version>5.2.8.RELEASE</version>
    </dependency>
    <!-- https://mvnrepository.com/artifact/org.aspectj/aspectjweaver -->
    <dependency>
        <groupId> org.aspectj</groupId>
        <artifactId> aspectjweaver</artifactId>
        <version> 1.8.7</version>
    </dependency>
    <dependency>
        <groupId>org.mybatis</groupId>
        <artifactId>mybatis-spring</artifactId>
        <version>2.0.5</version>
    </dependency>
    <dependency>
        <groupId>org.apache.tomcat</groupId>
        <artifactId>tomcat-juli</artifactId>
        <version>9.0.39</version>
    </dependency>
    <!-- https://mvnrepository.com/artifact/org.springframework/spring-jdbc -->
```

```
<dependency>
    <groupId>org.springframework</groupId>
    <artifactId>spring-jdbc</artifactId>
    <version>5.2.8.RELEASE</version>
</dependency>
<!-- https://mvnrepository.com/artifact/org.springframework/spring-webmvc -->
<dependency>
    <groupId>org.springframework</groupId>
    <artifactId>spring-webmvc</artifactId>
    <version>5.2.8.RELEASE</version>
</dependency>
<!-- https://mvnrepository.com/artifact/org.springframework/spring-web -->
<dependency>
    <groupId>org.springframework</groupId>
    <artifactId>spring-web</artifactId>
    <version>5.2.8.RELEASE</version>
</dependency>
<!-- https://mvnrepository.com/artifact/javax.servlet/jstl -->
<!-- 使用 Json 所依赖的 jar 包 -->
<dependency>
    <groupId>com.fasterxml.jackson.core</groupId>
    <artifactId>jackson-core</artifactId>
    <version>2.9.8</version>
</dependency>
<dependency>
    <groupId>com.fasterxml.jackson.core</groupId>
    <artifactId>jackson-databind</artifactId>
    <version>2.9.8</version>
</dependency>
<dependency>
    <groupId>com.fasterxml.jackson.core</groupId>
    <artifactId>jackson-annotations</artifactId>
    <version>2.9.8</version>
</dependency>
<!-- 读写 Office 文档所依赖的 jar 包 -->
<dependency>
    <groupId>org.apache.poi</groupId>
    <artifactId>poi</artifactId>
    <version>3.16</version>
</dependency>
<dependency>
    <groupId>javax.xml.bind</groupId>
    <artifactId>jaxb-api</artifactId>
    <version>2.0</version>
</dependency>
```

1.9.3 关于测试

在程序设计的过程中，完成一个模块后就可以进行测试，本书使用的单元测试工具是junit 4.12。该包已经在 Maven 的 pom.xml 文件中给予了设置，会自动下载更新。

在完成一个模块后，就可构建一个测试类来完成测试。测试类一般都放在路径 src/test/java 下，如图 1-16 所示。2.6.4 节中的“4. 编写测试用例”详细说明了导入 junit 4.12 的方法，并说明了构造测试类进行测试的过程。本书后面的部分将省略这个步骤，只列出测试代码，读者自己按照测试步骤处理即可。

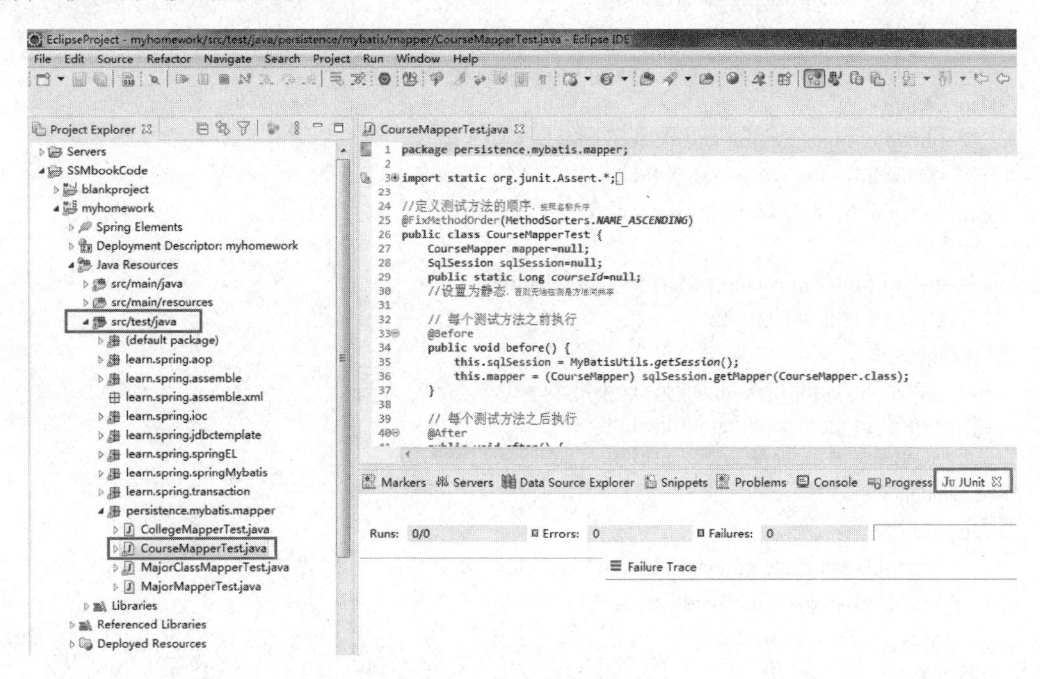

图 1-16 测试类实例展示

1.10 本章小结

本章简单介绍了 Java EE 的产生与发展，平台的构成，以及容器、组件等基本概念。通过本章的学习，掌握 Java EE 平台的组成及体系结构；企业级应用程序开发的思想和方法，包括容器/组件的编程思想，分层实现的应用程序模型；以及 Java EE 平台提供的服务。掌握 Maven 依赖导入的方法和测试类的建立和使用。

习题

1．简述 Java EE 产生的背景及其思想。

2．简述 Java EE 体系结构的主要技术。

3．简述 Java EE 的 API。

第 2 章　MyBatis 入门

本章主要内容

本章利用 JDK 动态代理为切入点，对 MyBatis 的基本原理进行了讲解，之后利用 Eclipse 和 Maven 搭建了简单的实验环境，演示了在 Java Web Project 中使用 MyBatis 的基本方法和步骤。还对 MyBatis 中的 Mapper 进行了深入讲解，并配合例子帮助读者快速学习映射器、动态 SQL 语句的具体用法。最后对 MyBatis Generator 插件和 MyBatis 的缓存机制进行了介绍。

2.1　JDK 动态代理

所谓代理，就是把自己的事情交给别人去做，也就是间接实现自己的目的。从专业的角度上，代理（proxy）就是为其他对象提供一种代理以控制对这个对象的访问。

动态代理就是在程序运行期间创建目标对象的代理对象，并对目标对象中的方法进行功能性增强的一种技术。在生成代理对象的过程中，目标对象不变，代理对象中的方法是目标对象方法的增强方法。可以理解为运行期间，对对象中方法的动态拦截，在被拦截方法的前后执行功能操作。

代理类在程序运行期间，创建的代理对象称为动态代理对象。这种情况下，创建的代理对象，并不是事先在 Java 代码中定义好的。而是在运行期间，根据在动态代理对象中的“指示”，动态生成的。也就是说，想获取哪个对象的代理，动态代理就会动态生成这个对象的代理对象。有了动态代理的技术，就可以在不修改方法源码的情况下，增强被代理对象的方法的功能，在方法执行前后做任何想做的事情，这样就可以对被代理对象的方法进行功能增强。

动态代理技术在 MyBatis 和 Spring 框架中都有重要的应用，为了帮助读者看懂这类框架的源代码，理解它们的工作机制，本节专门对 JDK 的动态代理进行讲解。

2.1.1　JDK 动态代理的基本原理及链式结构

在 Java 的世界中，有多种动态代理技术，例如 JDK、CGLIB、ASM 等。JDK 中自带 JDK 动态代理技术，所以其应用更加广泛一些。因此本节简要介绍一下 JDK 动态代理技术，对于其他动态代理技术，感兴趣的读者可以参阅其他资料。

JDK 动态代理在具体使用时需要提供一个接口，并由 java.lang.reflect.*包提供具体的功能，利用 InvocationHandler 接口中的 invoke 方法，动态代理对象可以对原接口方法进行增强、拦截，甚至让一个代理对象具备多个接口的功能。

【例 2-1】 这里通过一个简单的例子展示 JDK 动态代理的基本过程。

步骤 1：首先创建一个基本的接口 Printer，代码如下。

```
package com.company;
public interface Printer {
```

```
        public void printInfo(Integer orderID);
}
```

步骤 2：创建一个简单的实现类，代码如下。

```
package com.company;
public class PrinterImpl implements Printer{
        @Override
        public void printInfo(Integer orderID) {
                System.out.println("("+this.getClass().toString()+")"+"I have printed orderID "+ordered
                                        +" in the Console!");
        }
}
```

步骤 3：创建两个类 Warper1 和 Warper2，并实现 InvocationHandler 接口，借助 Invocation Handler 的 invoke 方法，用于增强实际对象的功能。

当调用代理对象的方法时，invoke 方法会被调用，因此在此处有机会调用真正对象的方法，并且增强它们。

Warper1 的代码如下。

```
package com.company;
import java.lang.reflect.InvocationHandler;
import java.lang.reflect.Method;
import java.lang.reflect.Proxy;
public class Warper1 implements InvocationHandler {
        private Object realObject=null;//用于存储真正的对象
        private String warperName;
        public Warper1(Object realObject, String warperName){
                this.warperName=warperName;
                this.realObject=realObject;
        }
        @Override
        public Object invoke(Object proxy, Method method, Object[] args) throws Throwable {
                System.out.println(warperName+" Before ["+method.toString()+"] Invoke!");
                Object obj=method.invoke(this.realObject,args);
                System.out.println(warperName+" After ["+method.toString()+"] Invoke!");
                return obj;
        }
}
```

对 Warper1 中的关键性代码解释如下。

① Warper1 中保存了对原始对象的一个引用，即 realObject。

② invoke 方法中的语句 method.invoke（this.realObject, args）则是使用 Java 的反射机制调用 realObject 对象的指定方法 method。

③ invoke 方法相当于对代理对象的方法调用进行了拦截，并执行了特定的代码逻辑。

Warper2 的代码如下。

```
package com.company;
import java.lang.reflect.InvocationHandler;
```

```
import java.lang.reflect.Method;
public class Warper2 implements InvocationHandler {
    private Object realObject=null;//用于存储真正的对象
    private String warperName;
    public Warper2(Object realObject, String warperName){
        this.warperName=warperName;
        this.realObject=realObject;
    }
    @Override
    public Object invoke(Object proxy, Method method, Object[] args) throws Throwable {
        System.out.println(warperName+" Before ["+method.toString()+"] Invoke!");
        Object obj=method.invoke(this.realObject,args);
        System.out.println(warperName+" After ["+method.toString()+"] Invoke!");
        return obj;
    }
}
```

Warper2 的代码与 Warper1 基本相同，仔细阅读会发现它们是重复的，这里只是为了让读者更好理解才定义了两个类。

步骤 4：利用 Proxy.newProxyInstance 方法，创建动态代理的实例。下面创建一个简单的控制台程序，来实现整个动态代理实例的创建和方法的调用，代码如下。

```
package com.company;
import java.lang.reflect.InvocationHandler;
import java.lang.reflect.Proxy;
public class Main {
    public static void main(String[] args) {
        Printer p=new PrinterImpl();
        InvocationHandler warper1=new Warper1(p,"Warper1");//第一次,对实际对象 p 进行包装
        Printer proxy1=(Printer)Proxy.newProxyInstance(Printer.class.getClassLoader(),
                                        new Class[]{Printer.class},warper1);
        //代理对象 proxy1,具备 Printer 接口的功能，
        proxy1.printInfo(100);//会调用 warper1.invoke 方法
        System.out.println("**********************************");
        //第二次,对得到的代理对象 proxy1 进行包装
        InvocationHandler warper2=new Warper2(proxy1,"Warper2");
        Printer proxy2=(Printer)Proxy.newProxyInstance(Printer.class.getClassLoader(),
                                        new Class[]{Printer.class},warper2);
        //代理对象 proxy2，具备 Printer 接口的功能
        proxy2.printInfo(200);//此方法将进入 Warper2.invoke 方法
        //因此可以借助 InvocationHandler 中的 invoke 方法，不停对代理类 proxy1,2,3..进行再包装。
    }
}
```

代码执行后，在控制台的输出结果如图 2-1 所示。

下面对上述代码中的关键内容解释如下。

①“InvocationHandler warper1=new Warper1(p,"Warper1");”是利用真实对象 p，创建了一个 Warper1 类的实例，也可以理解为对 p 进行了第一次的包装。

```
Warper1 Before [public abstract void com.company.Printer.printInfo(java.lang.Integer)] Invoke!
(class com.company.PrinterImpl)I have printed orderID 100 in the Console!
Warper1 After [public abstract void com.company.Printer.printInfo(java.lang.Integer)] Invoke!
******************************
Warper2  Before [public abstract void com.company.Printer.printInfo(java.lang.Integer)] Invoke!
Warper1 Before [public abstract void com.company.Printer.printInfo(java.lang.Integer)] Invoke!
(class com.company.PrinterImpl)I have printed orderID 200 in the Console!
Warper1 After [public abstract void com.company.Printer.printInfo(java.lang.Integer)] Invoke!
Warper2  After [public abstract void com.company.Printer.printInfo(java.lang.Integer)] Invoke!
```

图 2-1 动态代理程序执行结果

②“Printer proxy1=(Printer)Proxy.newProxyInstance(Printer.class.getClassLoader(), new Class[]{Printer.class},warper1);”。该语句创建了一个动态代理对象 proxy1。第一个参数用于指定代理类的类加载器；第二个参数用于指定代理类要实现的接口列表，即 proxy1 具备接口 Printer 的所有方法；第三个用于指定调用处理对象，即 proxy1 的方法调用都会由 warper1 进行处理。

③“proxy1.printInfo(100);”。该语句的执行，实际上会调用 warper1.invoke 方法。

④“InvocationHandler warper2=new Warper2(proxy1,"Warper2")”，使用动态代理对象 proxy1，创建一个 Warper2 类的实例，也可以理解为对 proxy1 进行了再一次的包装，也就是对 p 进行了第二次的包装。

⑤“Printer proxy2=(Printer)Proxy.newProxyInstance(Printer.class. getClassLoader(),new Class[]{Printer.class},warper2);”。该语句创建了一个动态代理对象 proxy2，使用 warper2 作为调用处理对象。

基于上述的解释，也就不难理解控制台输出的内容了。

对象 p、proxy1、proxy2 之间的关系，可以理解为一种“包装”，这种关系的结构示意图，如图 2-2 所示。

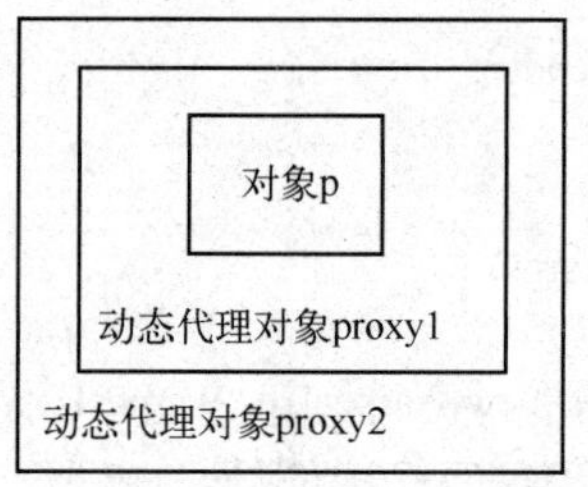

图 2-2 “包装”关系示意图

在本例中，对象 p、proxy1、proxy2 及 warper1、warper2 之间的调用关系如图 2-3 所示。

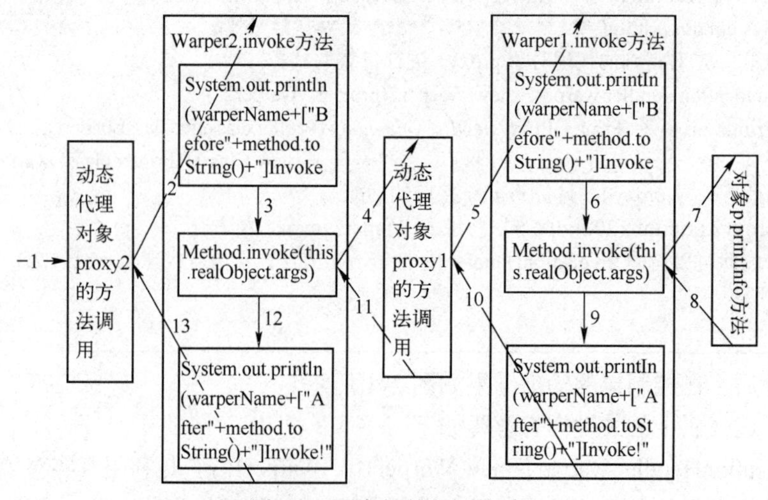

图 2-3 对象间的调用关系

细心的读者会发现，这里的程序执行过程实际上形成了一种“链式”结构。

2.1.2　利用动态代理增强对象功能

通过动态代理，可以在不改动原有对象代码的情况下，对原对象的功能进行增强。

【例 2-2】 在已有业务逻辑接口 AuthorizationService 中包含了用户的登录和注销逻辑，并编写了一个实现类 AuthoriztionServiceImpl，通过动态代理可以为实现类中的所有方法提供日志记录功能。

步骤 1：编写业务逻辑接口及其实现类 AuthorizationService。接口的代码如下。

```
package simulate.enhance;
/** 定义了业务功能的接口 **/
public interface AuthorizationService {
    public Boolean LogIn(Integer userID);
    public Boolean LogOut(Integer userID);
}
实现类 AuthoriztionServiceImpl.java 的代码如下。
package simulate.enhance;
/** 实现了具体的业务功能**/
public class AuthoriztionServiceImpl implements AuthorizationService{
    @Override
    public Boolean LogIn(Integer userID) {
        System.out.println("("+this.getClass().toString()+")"+userID+"Log On!");
        return true;
    }
     @Override
     public Boolean LogOut(Integer userID) {
            System.out.println("("+this.getClass().toString()+")"+userID+" Log Out!");
            return true;
     }
}
```

步骤 2：编写日志记录接口及其实现类。

在不改动业务逻辑代码的情况下，需要对用户的登录和注销进行日志记录，本例使用 JDK 中的类 java.util.logging.Logger 实现这一功能（感兴趣的读者可以自行使用 Log4J 实现以适应实际系统的需要）。定义一个接口 SysLog 和实现类 SysLogImpl，代码如下所示。

```
package simulate.enhance;
/**定义系统中较为通用的日志功能接口 */
public interface SysLog {
    public void before(String methodName);
    public void after(String methodName);
    public void catchSomething(Exception e);
}
```

SysLog 接口简单的定义了三个方法，分别用于在业务方法调用前和调用后，以及遇到异常时的日志记录方法。

```
package simulate.enhance;
import java.io.IOException;
import java.util.logging.ConsoleHandler;
import java.util.logging.FileHandler;
import java.util.logging.Level;
import java.util.logging.Logger;
import java.util.logging.SimpleFormatter;
public class SysLogImpl implements SysLog {
    public Logger logger=null;
    public SysLogImpl(String logerName,String logFilePath){
        if(logger==null){
            logger= Logger.getLogger(logerName);
            //文件处理器
            FileHandler fileHandler = null;
        try {
                fileHandler = new FileHandler(logFilePath);
                //使用简单格式
                SimpleFormatter formatter = new SimpleFormatter();
                fileHandler.setFormatter(formatter);
        } catch (SecurityException e) {
                // TODO Auto-generated catch block
                e.printStackTrace();
        } catch (IOException e) {
                // TODO Auto-generated catch block
                e.printStackTrace();
        }
            fileHandler.setLevel(Level.INFO);
            logger.addHandler(fileHandler);
        }
    }
    @Override
    public void before(String methodName) {
        logger.info("Before :"+methodName);
    }
    @Override
    public void after(String methodName) {
        logger.info("After :"+methodName);
    }
    @Override
    public void catchSomething(Exception e) {
        logger.warning("Catch Something..."+e.getStackTrace());
    }
}
```

SysLogImpl 使用 java.util.logging.Logger 类进行日志的记录，并使用文件处理器进行日志文件的处理，因此程序执行后在工程的目录里会出现一个日志文件。

步骤 3：创建业务逻辑对象的动态代理，使其具备日志功能。

借助 JDK 的动态代理，将 SysLog 接口实例中的逻辑功能，附着在原始的 realObject 的方法上。

```
package simulate.enhance;
import java.lang.reflect.InvocationHandler;
import java.lang.reflect.Method;
import java.lang.reflect.Proxy;
public class LoggableObjectFactory implements InvocationHandler {
    private Object realObject=null; //真实对象，具有基本的业务逻辑功能
    private SysLog sysLog =null;      //系统日志对象，具有日志记录功能
    private LoggableObjectFactory(Object realObject, SysLog sysLog){
            this.realObject=realObject;
            this.sysLog = sysLog;
    }
    public static Object getEnhancedProxy(Object realObject, SysLog sysLog){
        if(realObject!=null && sysLog !=null){
            //创建一个 handler 实例，这里是当前类的实例
            LoggableObjectFactory handler=new LoggableObjectFactory(realObject, sysLog);
            //针对传入的 realObject 创建代理，并使用 handler 进行功能增强
            //并得到增强后的代理对象 proxy，具备 realObject 真实对象的接口功能。
            return Proxy.newProxyInstance(realObject.getClass().getClassLoader(),
                                realObject.getClass().getInterfaces(),handler);
        }else{
            return null;
        }
    }
    @Override
    public Object invoke(Object proxy, Method method, Object[] args) throws Throwable {
        Object result=null;
        this.sysLog.before(method.getName()+" Params="+args[0].toString());
        try{
            result=method.invoke(this.realObject,args);//利用反射调用原始对象的方法
        }catch (Exception e){
            this.sysLog.catchSomething(e);
        }
        finally{
            this.sysLog.after(method.getName()+" Result="+result);
        }
        return result;
    }
}
```

代码的关键部分解释如下。

① LoggableObjectFactory 实现了 InvocationHandler 接口，用于创建调用处理器对象。

② realObject 是真实对象，具有基本的业务逻辑功能。

③ sysLog 系统日志对象，具有日志记录功能。

④ invoke 方法负责具体的“附着”逻辑，即如何安排 sysLog 中的方法与 realObject 方法之间的逻辑顺序。

⑤ 静态 getEnhancedProxy 方法中创建了一个动态代理对象，它具备 realObject 对象所实现的所有接口，并使用一个 LoggableObjectFactory 类的对象作为调用处理器。

步骤 4：创建主程序类 SimulateEnhance。

```
package simulate.enhance;
public class SimulateEnhance {
    public static void main(String[] args){
        AuthorizationService p=new AuthoriztionServiceImpl();
        SysLog sysLog =new SysLogImpl("mylog","./mylog.log");
        AuthorizationService authService=(AuthorizationService) LoggableObjectFactory.
                                                        getEnhancedProxy(p, sysLog);
        authService.LogIn(100);
        authService.LogOut(200);
    }
}
```

主程序中 authService 是我们创建的动态代理对象，该对象具备 AuthorizationService 接口的所有方法，并由 AuthoriztionServiceImpl 类提供具体的方法实现，动态代理对象使用 sysLog 对象进行日志记录。

程序执行后，在控制台的输出如图 2-4 所示，在工程的目录里也会得到一个日志文件 mylog.log。

```
四月 01, 2020 2:29:12 下午 simulate.enhance.SysLogImpl before
信息: Before :LogIn Params=100
(class simulate.enhance.AuthoriztionServiceImpl)100Log On!
四月 01, 2020 2:29:12 下午 simulate.enhance.SysLogImpl after
信息: After :LogIn Result=true
四月 01, 2020 2:29:12 下午 simulate.enhance.SysLogImpl before
信息: Before :LogOut Params=200
(class simulate.enhance.AuthoriztionServiceImpl)200 Log Out!
四月 01, 2020 2:29:12 下午 simulate.enhance.SysLogImpl after
信息: After :LogOut Result=true
```

图 2-4 日志文件截图

2.2 在 Eclipse 中创建一个 Java Web 工程

在学习接下来的内容之前，请读者在 Eclipse 中经配置好 Tomcat 或其他的 Server，并且能正常创建 Java Web 工程。下面演示如何在 Eclipse 中借助 Maven 工具创建一个 Java Web Project。

2.2.1 设置工程

由于新版的 Eclipse 已经内置了 Maven 所以无须单独下载 Maven。在 Eclipse 中单击

Windows→Preferences，打开对话框后找到左侧的 Maven，单击 Installations 后，可以看到当前版本的 Eclipse 已经内置了 Maven，如图 2-5 所示。

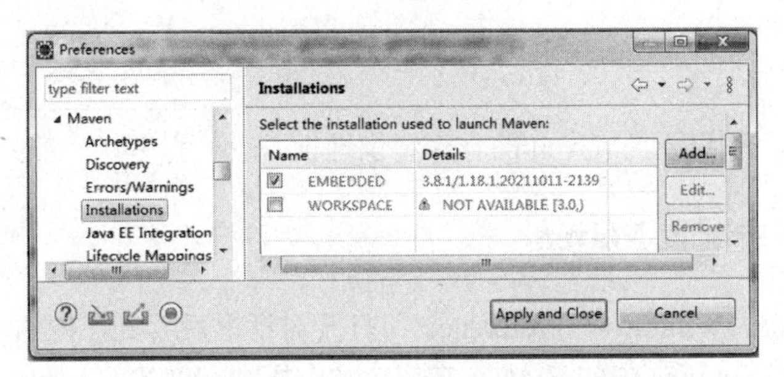

图 2-5　Eclipse 中 Preferences 窗体的截图

2.2.2　设置 Maven 的仓库地址

由于国内访问国外的 Maven 的仓库较慢，所以需要设置一下国内的镜像仓库地址。方法是创建一个名为 maven_settings.xml 的文件，内容如下：

```
<?xml version="1.0" encoding="UTF-8"?>
    <settings xmlns="http://maven.apache.org/SETTINGS/1.0.0"
        xmlns:xsi="http://www.w3.org/2001/XMLSchema-instance"
              xsi:schemaLocation="http://maven.apache.org/SETTINGS/1.0.0
        http://maven.apache.org/xsd/settings-1.0.0.xsd">
    <mirrors>
        <!-- 阿里云仓库 -->
        <mirror>
            <id>alimaven</id>
            <mirrorOf>central</mirrorOf>
          <name>aliyun maven</name>
          <url>http://maven.aliyun.com/nexus/content/repositories/central/</url>
        </mirror>
        <!-- 中央仓库 1 -->
      <mirror>
          <id>repo1</id>
          <mirrorOf>central</mirrorOf>
          <name>Human Readable Name for this Mirror.</name>
          <url>http://repo1.maven.org/maven2/</url>
      </mirror>
      <!-- 中央仓库 2 -->
      <mirror>
          <id>repo2</id>
          <mirrorOf>central</mirrorOf>
          <name>Human Readable Name for this Mirror.</name>
```

```
            <url>http://repo2.maven.org/maven2/</url>
        </mirror>
    </mirrors>
</settings>
```

其中的 mirror 标签代表了 Maven 的仓库镜像地址。

2.2.3 在 Eclipse 中配置 Maven

在 Eclipse 中单击 Windows→Preferences，打开对话框后看到左侧的 Maven，单击 User Settings，选择 Global Settings 中的 Browse 按钮，并选择刚刚创建的 maven_settings.xml 文件，如图 2-6 所示。

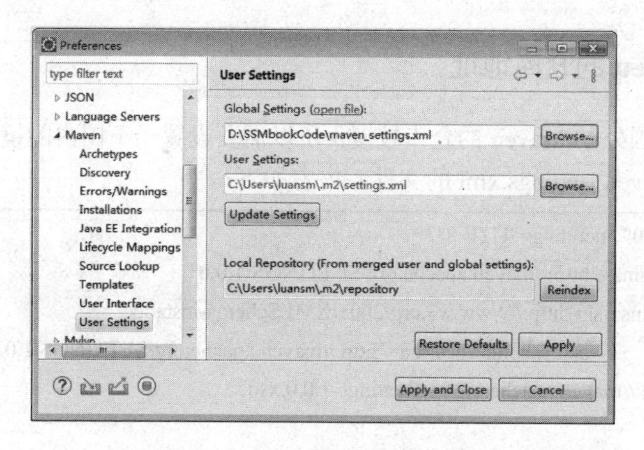

图 2-6 在 Eclipse 中配置 Maven

选择正确的配置文件之后，单击 Apply and Close 关闭对话框。之后依次单击 Window→Show View→Others，选择 Maven Repositories 条目，如图 2-7 所示。

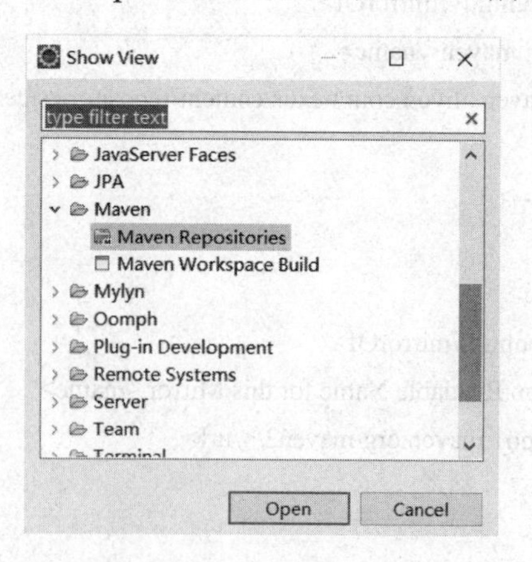

图 2-7 在 Show view 窗体中选择 Maven Repositories

单击 Open 即可查看是否配置成功，如果成功则显示如图 2-8 所示的内容。

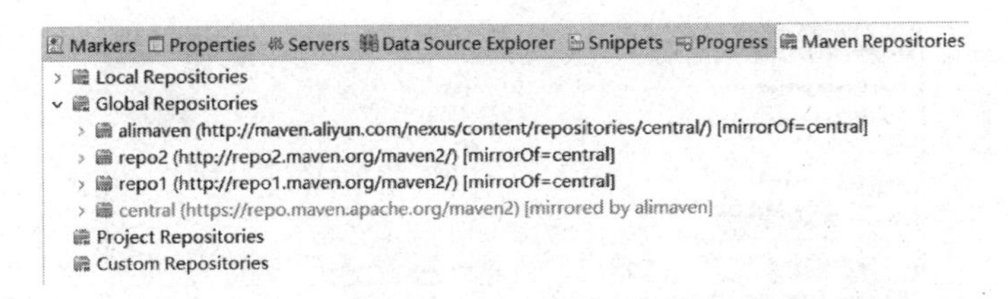

图 2-8　配置后的 Maven Repositories 视图

2.2.4　利用 Maven 创建 Java Web 工程

选择 Eclipse 菜单栏中的 File→New→Maven Project 命令，打开 New Maven Project 窗口，如图 2-9 所示。

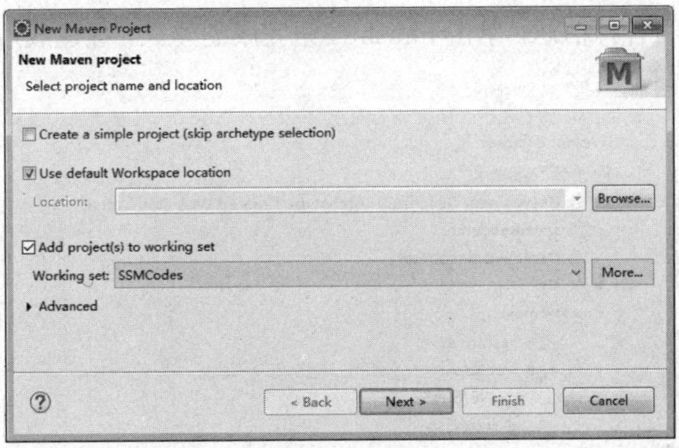

图 2-9　New Maven Project 窗口

单击 Next 按钮后，选择工程原型，如图 2-10 所示。

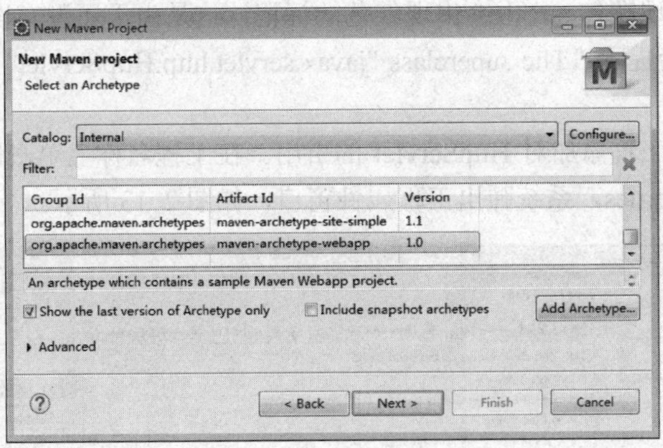

图 2-10　选择 Maven 的工程原型

在 Catalog 下拉列表中选择 Internal，之后选择 maven-archetype-webapp 类型，最后单击 Next 按钮。

接下来设置工程原型的各种参数，如图 2-11 所示。

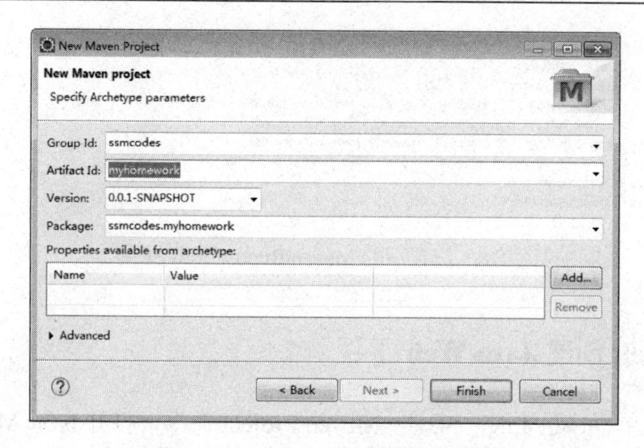

图 2-11 设置 Maven Archetype 参数

可以按照需要填写各种信息，单击 Finish 按钮完成创建。工程建成后，在 Project Explorer 中显示如图 2-12 所示的内容。

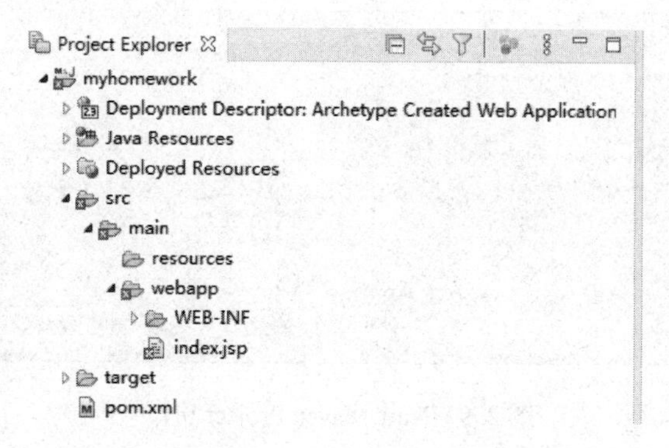

图 2-12 成功创建工程后的 Project Explorer

细心的读者会发现在包 src 上会出现红色的标记，这是由于还没有设置 HttpServlet 的引用，因此 Eclipse 也会提示“The superclass "javax.servlet.http.HttpServlet" was not found on the Java Build Path”。

接下来，给当前工程添加对 HttpServlet 的引用。在工程名称上单击鼠标右键，在弹出的快捷菜单中选择 properties，系统弹出工程属性窗口，如图 2-13 所示。

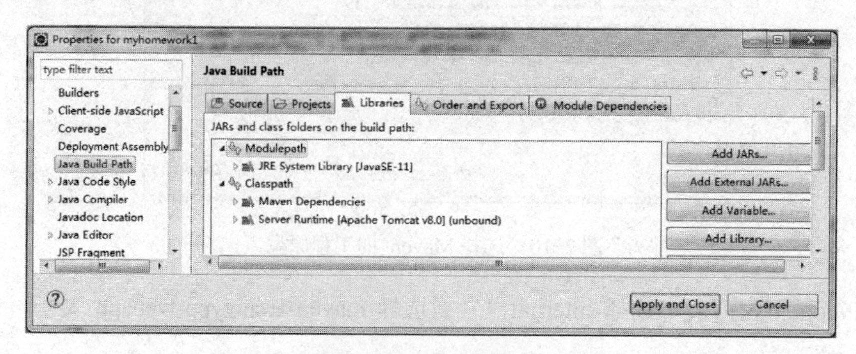

图 2-13 工程属性窗口

单击 Java Build Path，选择 Libraries 选项卡，之后单击 Add Library 按钮，弹出 Add Library 窗口，如图 2-14 所示。

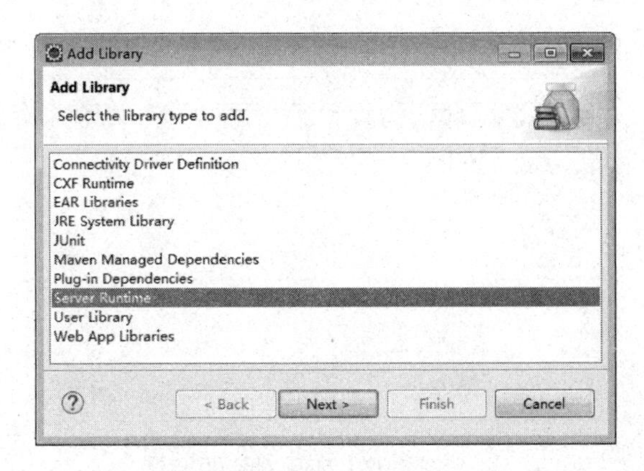

图 2-14　Add Library 窗口

选择 Server Runtime 选项后，单击 Next 按钮后弹出可用的服务器列表，如图 2-15 所示。

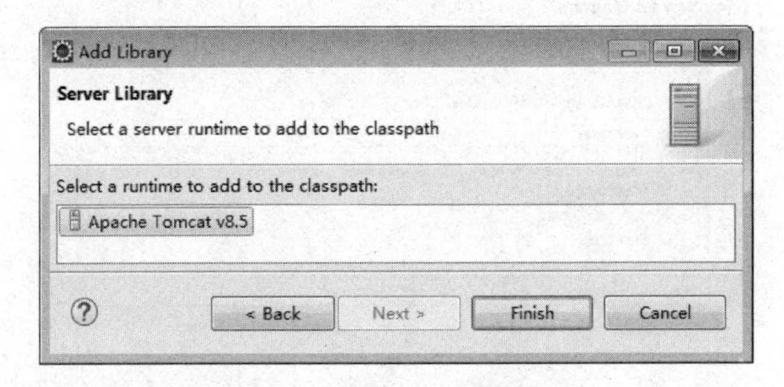

图 2-15　可用服务器列表

在 Server 列表中选择已经配置好的 Server，之后单击 Finish 按钮完成配置。

2.3　安装 ERMaster 插件及绘制 ER 图

ERMaster 是 Eclipse 中用于设计 ER 图的插件，可以帮助开发者迅速的构建 ER 图，并生成相应的 DDL 文件，用于在数据库中生成相应的表格。请读者在计算机中提前安装 MySql 8.0，并创建基于 Mavn 的工程（添加了 MySQL 驱动的依赖）。

2.3.1　安装 ERMaster

步骤 1：从 https://sourceforge.net/projects/ermaster/下载 ERMaster 的插件包，本书使用的下载文件为“org.insightech.er_1.0.0.v20150619-0219.jar”。

步骤 2：将 jar 文件复制到 Eclipse 的 plugins 文件夹，重启 Eclipse 即可。

步骤 3：在 Eclipse 中选择 File→New→Others 菜单项，在 New 对话框中选择 ERMaster 工程，如图 2-16 所示。

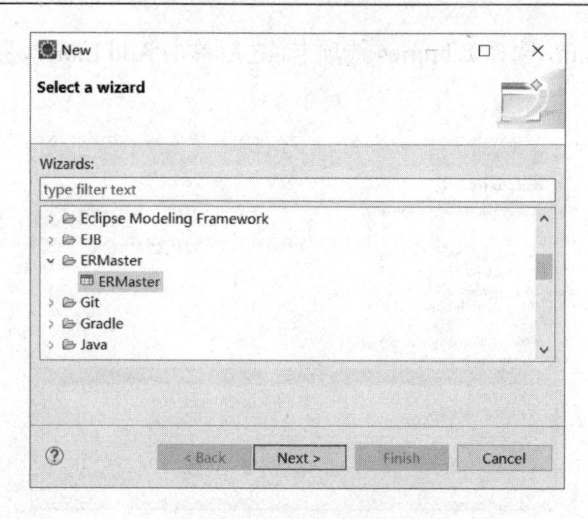

图 2-16　New 对话框

单击 Next 按钮后，将在一个指定的文件夹中创建 ER 图，如图 2-17 所示。

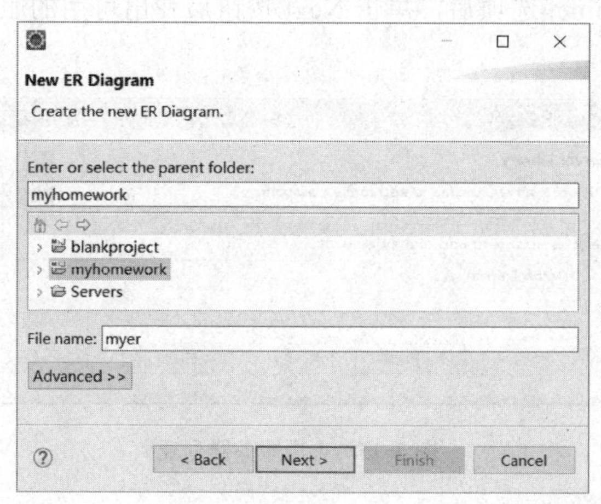

图 2-17　创建 ER 图

此处需要设置 erm 文件保存的工程位置及 erm 的文件名，之后单击 Next 按钮即可。接下来需要用户选择所需的数据库类型，如图 2-18 所示。

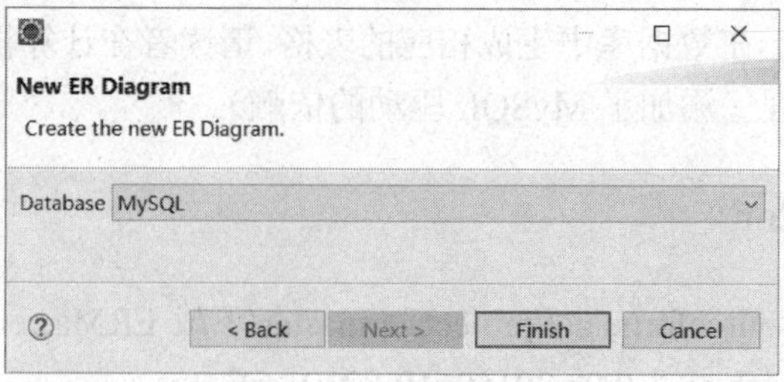

图 2-18　设置数据库类型

单击 Finish 之后，Eclipse 会自动打开这个新建的 erm 文件，此外也可以在对应工程的 Project Explorer 中看到这个 erm 文件，如图 2-19 所示。

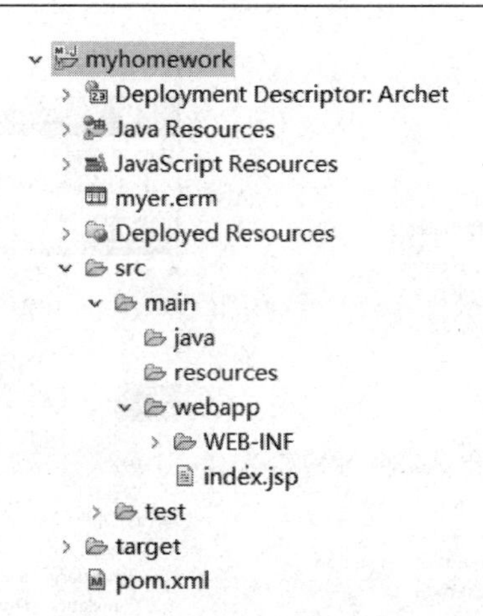

图 2-19 erm 文件在 Project Explorer 中的具体位置

2.3.2 设计 ER 图并生成数据库中的表

请读者自行利用 ERMaster 相关工具生成 ER 图，如图 2-20 所示。具体 ERMaster 的使用方法，读者可以参考：http://ermaster.sourceforge.net/进行深入学习。

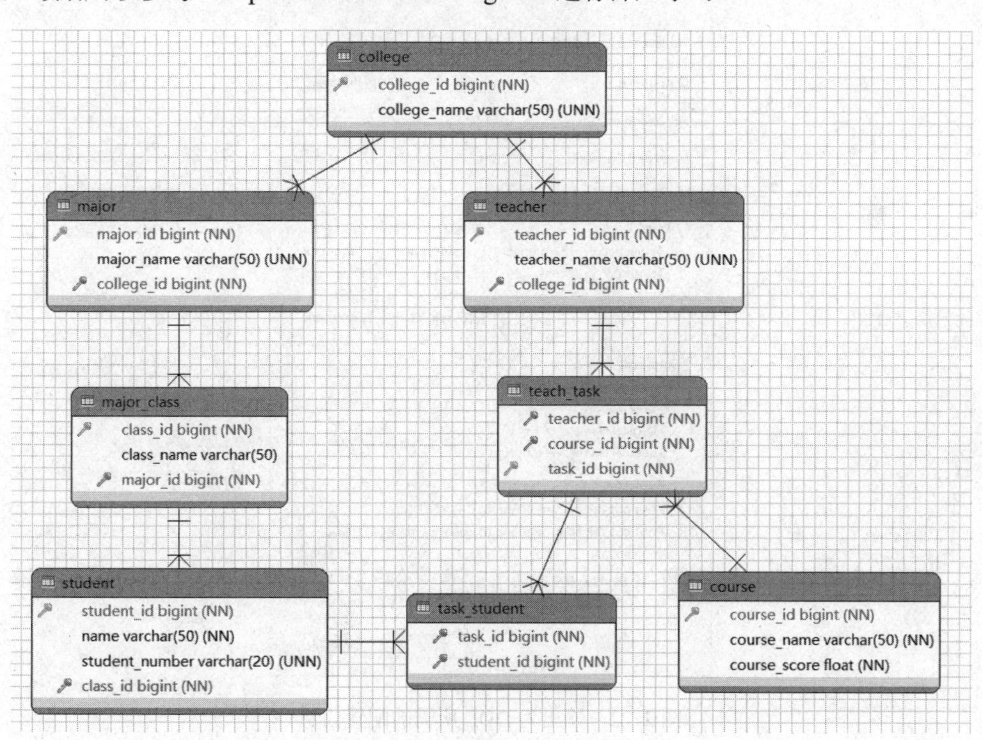

图 2-20 利用 ERMaster 创建 ER 图

在界面空白处右击鼠标，在弹出的快捷菜单中，选择 Export→DDL 工程，如图 2-21 所示。

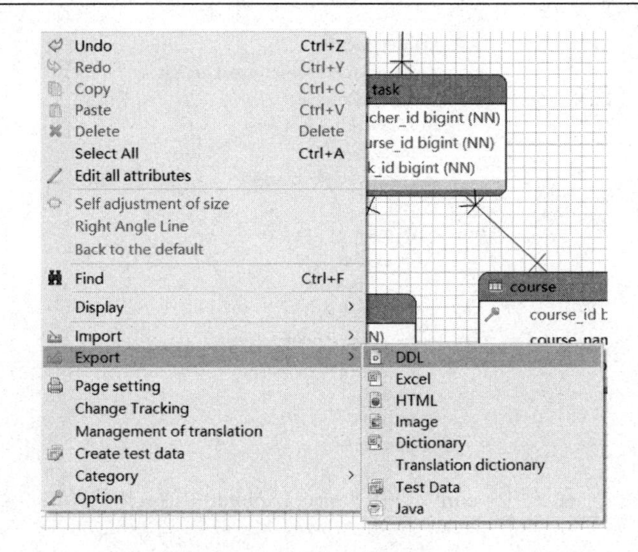

图 2-21　将 ER 图导出为 DDL

选择导出为 DDL 后，还需要填写一些必要的选项，具体设置如图 2-22 所示。

Export to DDL

Tablespace Environment　Default

Output File　myer.sql　Browse...

File encoding　UTF-8

Line Feed Code　CR+LF

Category　All

DROP: Tablespace, Sequence, Trigger, View, Index, Table

CREATE: Tablespace, Sequence, Trigger, View, Index, Table, Foreign Key, Comment

Comment

The value used as the comment

Description

Logical Name

Logical Name : Description

Replace CRLF　Replace String

Print out the comment line to CREATE DDL.

Print out the comment line to columns in CREATE DDL.

Open the file after saved

OK　Cancel

图 2-22　输出为 DDL 所需的配置信息

读者可以根据自己的需要修改对话框中的有关选项，单击 OK 按钮完成设置。之后在工程的路径下会出现一个名为 myer.sql 文件，利用该文件即可在相应的数据库中生成对应的数据表格。

在 Eclipse 的 Data Source Explorer 中可以看到已经创建好的多个数据表，如图 2-23 所示。

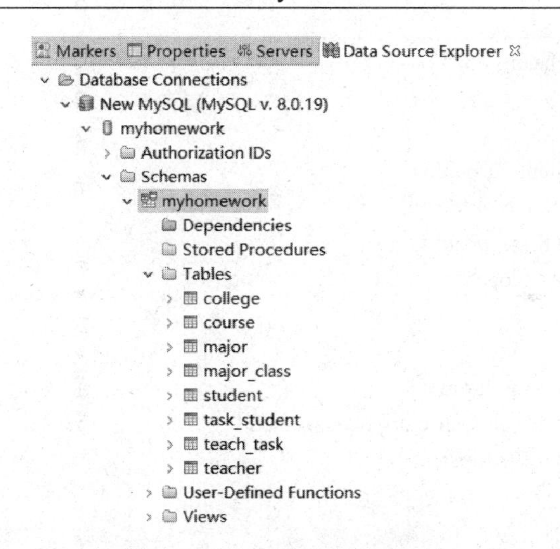

图 2-23　查看已创建的数据表

2.4　在 Java Web 工程中使用 MyBatis

前面使用 Eclipse 和 Maven 创建了一个 Java Web 工程，接下来将 MyBatis 引入到工程中，并使用它来操作关系数据库。MyBatis 是 Java 领域内的持久层框架，也属于 ORM 框架中的一种，它的前身是 iBATIS。MyBatis 可以帮助程序员较为轻松地完成应用程序中对象的持久化，而且能够保持程序尽可能的轻量化。

MyBatis 并没有采用将类映射到表、将属性映射到字段的映射方法，而是把 SQL 语句和 Java 类中方法进行关联，这一点与 Hibernate 有所不同。MyBatis 尽可能地充分利用数据库的各种功能，充分发挥已有关系数据的性能，它不仅支持存储过程和视图，也支持定制化的 SQL。

读者可自行到 https://github.com/mybatis/mybatis-3 下载 MyBatis 的包和源代码。这里假设 SQL 系统已经建立 myhomework 数据库，并且建立了 college(college_id bigint, college_name varchar(32))表格。

2.4.1　在 Maven 工程中配置 MyBatis

为了在 Java Web 工程中使用 MyBatis，需要在 Maven 的配置文件添加相应的依赖项。打开工程中的配置文件 pom.xml，具体内容如下。

```
<project xmlns="http://maven.apache.org/POM/4.0.0"
xmlns:xsi="http://www.w3.org/2001/XMLSchema-instance"
xsi:schemaLocation="http://maven.apache.org/POM/4.0.0
http://maven.apache.org/maven-v4_0_0.xsd">
<modelVersion>4.0.0</modelVersion>
<groupId>ssmcodes</groupId>
<artifactId>myhomework</artifactId>
<packaging>war</packaging>
<version>0.0.1-SNAPSHOT</version>
<name>myhomework Maven Webapp</name>
```

```
    <url>http://maven.apache.org</url>
    <dependencies>
        <dependency>
            <groupId>junit</groupId>
            <artifactId>junit</artifactId>
            <version>3.8.1</version>
            <scope>test</scope>
        </dependency>
        <dependency>
            <groupId>mysql</groupId>
            <artifactId>mysql-connector-java</artifactId>
            <version>8.0.19</version>
        </dependency>
    </dependencies>
    <build>
        <finalName>myhomework</finalName>
    </build>
</project>
```

当前工程已经添加了 junit 和 mysql 驱动的依赖，还需要添加 MyBatis 3.5.2 的依赖，配置片段如下。

```
<dependency>
    <groupId>org.mybatis</groupId>
    <artifactId>mybatis</artifactId>
    <version>3.5.2</version>
</dependency>
```

保存修改后，Maven 会自动下载所需的依赖包，工程中的 Maven Dependencies 也会自动更新，更新后的工程信息如图 2-24 所示。

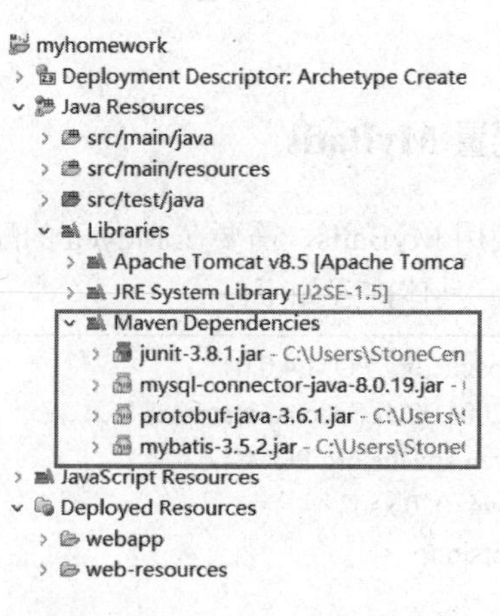

图 2-24 更新后的项目信息

如果 Maven 没有自动下载相应的依赖包，读者可以右击工程名称，在快捷菜单中选择 Maven→Update Project 选项进行手动更新。

2.4.2　使用 mybatis-config.xml 配置 MyBatis 框架

为了在工程中使用 MyBatis，还需要一个配置文件 mybatis-config.xml，这个文件通常只需要编写一次，后期改动不大。读者可以在 MyBatis 源代码中搜索这个文件，并复制到工程的 src/main/resources 目录下，然后进行修改即可。在本例中，修改好后的 mybatis-config.xml 内容如下。

```
<?xml version="1.0" encoding="UTF-8" ?>
<!DOCTYPE configuration   PUBLIC
  "-//mybatis.org//DTD Config 3.0//EN"
  "http://mybatis.org/dtd/mybatis-3-config.dtd">
<configuration>
<typeAliases>
        <package name="persistence.mybatis.model" />
</typeAliases>
<environments default="development">
        <environment id="development">
                <transactionManager type="JDBC">
                        <property name="" value="" />
                </transactionManager>
                <dataSource type="POOLED">
                        <property name="driver" value="com.mysql.cj.jdbc.Driver" />
                        <property name="url"
                            value="jdbc:mysql://localhost:3306/myhomework?serverTimezone=UTC" />
                        <property name="username" value="root" />
                        <property name="password" value="111111" />
                </dataSource>
        </environment>
</environments>
<mappers>
        <mapper resource="persistence/mybatis/mapper/CollegeMapper.xml" />
</mappers>
/configuration>
```

这是一个非常基础的 mybatis-config.xml，其中主要包括以下两个元素。

① environments 元素：主要用于配置工程中的数据库连接。dataSource 元素配置为 POOLED 表明该数据源使用连接池。driver，url，username，password 等子元素分别用于配置 JDBC 驱动、连接字符串、用户名和密码（注意：这个例子中使用的是 MySQL 8.0，所以 driver 的属性值与 MySQL 的旧版本不同）。

② mapper 元素：用于声明需要使用的映射器，这里给出了 CollegeMapper.xml 映射器文件的路径。

2.4.3　创建实体类和 DAO 接口

在 ORM 框架中，人们把需要进行持久化的类叫作“实体类”，例如下例中的 College（学院）。在编写实体类时，需要遵循 JavaBean 的编写规则， College 实体类的代码如下所示。

```
package persistence.mybatis.model;
public class College {
    private Long id;
    private String college_name;
    public Long getId() {
        return id;
    }
    public void setId(Long id) {
        this.id = id;
    }
    public String getCollege_name() {
        return college_name;
    }
    public void setCollege_name(String college_name) {
        this.college_name = college_name;
    }
}
```

在 MyBatis 中，人们习惯将 DAO 接口称为 Mapper，因此本书也将沿用这一习惯。在包 persistence.mybatis.mapper 中创建 CollegeMapper 接口，代码如下所示。

```
package persistence.mybatis.mapper;
import java.util.List;
import persistence.mybatis.model.College;
public interface CollegeMapper {
    public List<College> selectAll();
}
```

在 CollegeMapper 接口中仅定义了一个 selectAll 方法，该方法的返回值是一个 List<College> 类型的对象。

2.4.4 XML 映射器文件

在 MyBatis 中 XML 映射器文件需要定义 SQL 语句和 Mapper 方法之间的关系，发挥着实体类对象和关系数据库之间的桥梁作用。在 MyBatis 中有两种映射器：XML 映射器和注解映射器。

① XML 映射器：将 SQL 语句写在 XML 文档中，这也是 MyBatis 官方建议的方式。

② 注解映射器：将 SQL 语句通过注解的方式写在 DAO 接口的 Java 代码中。

XML 映射器和注解映射器可以混合使用，冲突时 XML 映射器会覆盖掉注解映射器。在复杂的应用场景下，XML 映射器更加灵活和便捷，因此本书主要使用 XML 映射器，对注解映射器感兴趣的读者，可以参考 MyBatis 的官方文档进行学习。本例中的 XML 映射器内容如下。

```
<?xml version="1.0" encoding="UTF-8"?>
<!DOCTYPE mapper
    PUBLIC "-//mybatis.org//DTD Mapper 3.0//EN"
    "http://mybatis.org/dtd/mybatis-3-mapper.dtd">
```

```
<mapper namespace="persistence.mybatis.mapper.CollegeMapper">
    <select id="selectAll" resultType="persistence.mybatis.model.College">
        select college_id as id,college_name from college order by id
    </select>
</mapper>
```

上述代码保存为 CollegeMapper.xml 文件，保存路径为 src/main/resources/persistence/mybatis/mapper/CollegeMapper.xml。大家可以在 MyBatis 源代码中搜索类似的 Mapper 配置文件，然后进行修改。后面的章节会对 Mapper 的配置文件做专门的讲解，这里仅作简单的说明。

① mapper 元素：用于定义一个 Mapper，其 namespace 属性是一个接口的全名。

② select 元素：表明接下来定义的是一条查询语句，其 id 属性与 Mapper 中的方法名对应；resultType 则表明查询结果应当映射成的类型。

③ resultType 可以只写 College，即省去全限定名的写法，但需要在 mybatis-config.xml 文件中的<configuration>元素下增加如下配置代码。

```
<typeAliases>
    <package name="persistence.mybatis.model" />
</typeAliases>
```

2.4.5 编写一个辅助的工具类

在没有借助其他框架的情况下，需要自己利用配置文件 mybatis-config.xml 初始化 MyBatis 中的 SqlSessionFactory，并获得 SqlSession。为了方便使用，创建一个辅助的工具类 MyBatisUtils，代码如下所示。

```
package persistence.mybatis.model;
import java.io.IOException;
import java.io.Reader;
import org.apache.ibatis.io.Resources;
import org.apache.ibatis.session.SqlSession;
import org.apache.ibatis.session.SqlSessionFactory;
import org.apache.ibatis.session.SqlSessionFactoryBuilder;
public class MyBatisUtils {
    private static SqlSessionFactory sqlSessionFactory;
    static {
        try {
            Reader reader = Resources.getResourceAsReader("mybatis-config.xml");
            sqlSessionFactory = new SqlSessionFactoryBuilder().build(reader);
        } catch (IOException e) {
            // TODO Auto-generated catch block
            e.printStackTrace();
            sqlSessionFactory = null;
        }
    }
    public static SqlSession getSession() {
```

```
            return sqlSessionFactory.openSession();
        }
}
```

工具类利用 MyBatis 中的 Resources、SqlSessionFactoryBuilder 等类从配置文件 mybatis-config.xml 获得一个 SqlSessionFactory 实例，并利用它获得后续操作使用的 SqlSession。代码中涉及的接口和类主要有以下 3 个。

① SqlSessionFactoryBuilder：构造器，用于生成 SqlSessionFactory。

② SqlSessionFactory：工厂接口，用于生成 SqlSession。

③ SqlSession：会话，既可以直接发送 SQL 语句并获得执行结果，也可以获得 Mapper 接口（再由 Mapper 发送 SQL 语句并获得执行结果）。

2.4.6 编写测试用的 Servlet 和网页

在工程中新建一个名为 ShowAllCollege 的 Servlet，映射路径为/ShowAllCollege，本例中采用在 web.xml 中配置 Servlet 的方式，配置代码如下。

```
<!DOCTYPE web-app PUBLIC
 "-//Sun Microsystems, Inc.//DTD Web Application 2.3//EN"
 "http://java.sun.com/dtd/web-app_2_3.dtd" >
<web-app>
  <display-name>Archetype Created Web Application</display-name>
  <servlet>
      <servlet-name>ShowAllCollege</servlet-name>
      <display-name>ShowAllCollege</display-name>
      <description></description>
      <servlet-class>controller.servlet.ShowAllCollege</servlet-class>
  </servlet>
  <servlet-mapping>
      <servlet-name>ShowAllCollege</servlet-name>
      <url-pattern>/ShowAllCollege</url-pattern>
  </servlet-mapping>
</web-app>
```

ShowAllCollege 中仅实现了 doGet 方法，其代码如下所示。

```
package controller.servlet;
import java.io.IOException;
import java.io.PrintWriter;
import java.util.List;
import javax.servlet.ServletException;
import javax.servlet.http.HttpServlet;
import javax.servlet.http.HttpServletRequest;
import javax.servlet.http.HttpServletResponse;
import org.apache.ibatis.session.SqlSession;
import com.alibaba.fastjson.JSON;
```

```
import persistence.mybatis.mapper.CollegeMapper;
import persistence.mybatis.model.College;
import persistence.mybatis.model.MyBatisUtils;
/**   * Servlet implementation class ShowAllCollege   */
public class ShowAllCollege extends HttpServlet {
    private static final long serialVersionUID = 1L;
    /**     * @see HttpServlet#HttpServlet()   */
    public ShowAllCollege() {
        super();
        // TODO Auto-generated constructor stub
    }
    /** @see HttpServlet#doGet(HttpServletRequest request, HttpServletResponse * response) */
    protected void doGet(HttpServletRequest request, HttpServletResponse response)
            throws ServletException, IOException {
        SqlSession sqlSession = MyBatisUtils.getSession();
        //直接用 sssion 发送 SQL 的方式，已经不建议使用
        //List<College> collegeList=session.selectList("selectAll");
        CollegeMapper mapper = sqlSession.getMapper(CollegeMapper.class);
        List<College> collegeList = mapper.selectAll();
        // 使用 Mapper 发送 SQL 是常见的做法，也更容易和 Spring 集成
        sqlSession.close();
        String jsonStr = JSON.toJSONString(collegeList);
        response.setContentType("text/json;charset=UTF-8");
        PrintWriter out = response.getWriter();
        out.println(jsonStr);
        out.flush();
        out.close();
    }
}
```

doGet 方法中，利用编写的工具类 MyBatisUtils 获得了一个 SqlSession 实例，然后调用 getMapper 方法获得 CollegeMapper 接口的实例，最后利用 CollegeMapper 中定义的方法 selectAll 获得一个 List<College>对象。在 doGet 方法的最后，借助 com.alibaba.fastjson.JSON 类，将 List<College>对象转换为 JSON 串，并写入响应。关于 Servlet 的相关知识，请读者查阅其他资料学习。这里还需要说明的是，需要在 pom.xml 文件中增加一个依赖，以完成对 JSON 包的载入，也就是增加如下代码。后面还会多次用到 Maven 依赖包，都是采用同样的方法实现。

```
<dependency>
    <groupId>com.alibaba</groupId>
    <artifactId>fastjson</artifactId>
    <version>1.2.79</version>
</dependency>
```

为了向用户显示从 Servlet 中获取的数据，在 webapp 目录下新建一个 TestShowAllCollege.html 文件，编写 JavaScript 脚本（使用 JQuery 代码库）利用 AJAX 技术获取、展示数据。页面的代码如下所示。

```
<!DOCTYPE html>
<html>
<head>
<meta charset="UTF-8">
<title>Insert title here</title>
<link rel="stylesheet"
href="https://cdn.staticfile.org/twitter-bootstrap/3.3.7/css/bootstrap.min.css">
<script src="https://cdn.staticfile.org/jquery/2.1.1/jquery.min.js"></script>
<script
src="https://cdn.staticfile.org/twitter-bootstrap/3.3.7/js/bootstrap.min.js"></script>
</head>
<body>
<div class="container">
    <div class="row">
        <div class="col-md-12">
            <button id="getInfo">获取院系信息</button>
        </div>
    </div>
    <div class="row">
        <div class="col-md-12">
            <table id="college_list" class="table">
                <caption>上下文表格布局</caption>
                <thead>
                    <tr>
                        <th>学院编号</th>
                        <th>学院名称</th>
                    </tr>
                </thead>
                <tbody>
                </tbody>
            </table>
        </div>
    </div>
</div>
<script type="text/javascript">
    $("#getInfo").click(//绑定按钮单击事件
            function() {
                $.ajax({//执行 AJAX（异步 HTTP）请求
                    url : "./ShowAllCollege",
                    type : "get",
                    dataType : "json",
                    success : function(data) {//当请求成功时运行的函数
                        //以字符串方式显示得到的 JSON 数组
                        $("#college_list").children("caption").text(JSON.stringify(data));
                        $("#college_list").children("tbody").empty()//删除所有行
                        for (var d in data) {//在表格后追加数据
```

```
                              $("#college_list").children("tbody").append(
                                    "<tr class='success'><td>" + data[d].id
                                          + "</td><td>"
                                          + data[d].college_name
                                          + "</td></tr>");
                        }
                  }
            });
      });
</script>
</body>
</html>
```

TestShowAllCollege.html 页面如图 2-25 所示。

图 2-25　TestShowAllCollege.html 页面

当用户单击【获取院系信息】按钮后，按钮的单击事件处理函数会使用 JQuery 库向“./ShowAllCollege”发送异步请求，服务器上名为 ShowAllCollege 的 Servlet 通过 JSON 方式向客户的浏览器返回查询结果，客户浏览器在接收到服务器返回的响应后利用 JQuery 动态更新页面的内容。对于 JQuery 库的使用，请参考其他参考资料和书籍。

假设数据库 myhomework 中的 College 表中的信息如图 2-26 所示，则单击【获取院系信息】按钮后得到的结果如图 2-27 所示。

college_id	college_name
1	安全工程专业
2	地理信息系统专业
3	建筑学专业
4	应急管理专业

图 2-26　College 表中的信息

获取院系信息

[{"college_name":"安全工程专业","id":1},{"college_name":"地理信息系统专业","id":2},{"college_name":"建筑学专业","id":3},{"college_name":"应急管理专业","id":4}]

学院编号	学院名称
1	安全工程专业
2	地理信息系统专业
3	建筑学专业
4	应急管理专业

图 2-27　College 表中的信息在页面的展示

2.5　理解 MyBatis 中的 Mapper

细心的读者已经发现，前面的例子中并没有提供任何基于自定义 Mapper 的实现类，仅仅是提供了一个与 Mapper 对应且包含 SQL 语句的 XML 文件，MyBatis 就能正确从关系数据中将需要的信息检索出来，并且封装成需要的对象，这似乎看上去有些神奇，下面借助 Java 中动态代理来模拟这一过程。

2.5.1 创建一个实体类 User

User 类是一个简单的实体类，具体的字段和方法可以任意设置。User 类代码如下。

```
package simulate.mybatis;
public class User {
        private Long id;
        private String user_name;
        public Long getId() {
                return id;
        }
        public void setId(Long id) {
                this.id = id;
        }
        public String getUser_name() {
                return user_name;
        }
        public void setUser_name(String user_name) {
                this.user_name = user_name;
        }
}
```

2.5.2 创建一个 DAO 接口（类似 Mapper）

```
package simulate.mybatis;
import java.util.List;
public interface UserMapper {//模拟 mybatis 中的 mapper
        public List<User> getAll();
}
```

该接口中只有一个方法为 getAll()，目的是获得所有的 User 对象，并且将它们存储在 List 结构中返回。

2.5.3 创建 DAO 接口的通用实现类

```
package simulate.mybatis;
import java.io.FileInputStream;
import java.io.IOException;
import java.lang.reflect.InvocationHandler;
import java.lang.reflect.Method;
import java.sql.ResultSet;
import java.util.Properties;
import java.util.ResourceBundle;
```

```
/** 一个 Mapper 的通用实现类 **/
public class MapperImpl<T> implements InvocationHandler {
    public Class<T> realMapper;// 保存 T.calss，即接口类型的 class
    public MapperImpl(Class<T> realMapper) {
        this.realMapper = realMapper;
    }
    /** 无论何时调用代理对象的方法，InvocationHandler 的 invoke 方法都会被调用
     * 因此在此处我们有机会调用真正对象的方法，并且增强它们 */
    @Override
    public Object invoke(Object proxy, Method method, Object[] args) throws Throwable {
        // TODO Auto-generated method stub
        System.out.println("读取属性文件"+this.realMapper.getName().replace('.','/')+".properties");
        System.out.println("找到方法名=" + method.getName());
        System.out.println("依据方法名，可从 properties 文件中获得相关的 SQL 语句，并执行！");
        System.out.println("sql 语句="+getSql());
        return null;
    }
    private String getSql() {
        ResourceBundle resource=ResourceBundle.getBundle(this.realMapper.getName().replace('.','/'));
        return resource.getString("sql");
    }
}
```

类 MapperImpl 的定义中使用了泛型 T，并且将 T.calss 作为一个对象保存起来。类 MapperImpl 实现了接口 InvocationHandler，所以 MapperImpl 的实例将对代理对象的所有方法进行拦截，并调用 invoke 方法。在 invoke 方法中，可以获得实际调用的方法名 getAll，而且可以从指定的属性文件中读取指定方法对应的 SQL 语句。

属性文件 UserMapper.properties 的内容如下所示。

```
namespace=simulate.mybatis.UserMapper
id=getAll
resultType=simulate.mybatis.User
sql=select user_id as id,user_name from user order by id
```

本例中为了降低代码的复杂程度，并没有使用 XML 文档，感兴趣的读者可以自行进行实验（可以使用 dom4j 来解析 XML 文档）。

```
package simulate.mybatis;
import java.lang.reflect.Proxy;
/** 模拟一个工厂类，用于创建代理对象 **/
public class MapperProxyFactory<T> {
    @SuppressWarnings("unchecked")
    public T newInstance(MapperImpl<T> mapperImpl) {
        return (T) Proxy.newProxyInstance(mapperImpl.realMapper.getClassLoader(),
                    new Class[] { mapperImpl.realMapper},mapperImpl);
    }
}
```

类 MapperProxyFactory<T>是一个工厂类，其 newInstance 主要用于创建代理对象，从代码中可以看到生成的代理对象将实现 mapperImpl 保存的指定接口，所以代理对象可以调用 UserMapper 接口中的方法 getAll。而代理对象的每一次方法调用，都会被 MapperImpl 类的 invoke 方法拦截，从而有机会使用属性文件中的 SQL 语句读写数据库。

2.5.4 主程序类

下面创建一个主程序类演示上述代理过程。

```
package simulate.mybatis;
public class SimulateMybatis {
    @SuppressWarnings({ "unchecked", "rawtypes" })
    public static void main(String[] args) {
        // TODO Auto-generated method stub
        MapperImpl userMapperImpl=new MapperImpl(UserMapper.class);
        MapperProxyFactory mpf=new MapperProxyFactory();
        UserMapper userMapperProxy=(UserMapper) mpf.newInstance(userMapperImpl);
        userMapperProxy.getAll();
    }
}
```

首先使用 UserMapper.class 作为参数，创建一个 MapperImpl 类的实例 userMapperImpl。然后利用工厂类创建一个代理对象 userMapperProxy，并调用代理对象的 getAll()方法。程序运行结果如图 2-28 所示。

```
读取属性文件simulate/mybatis/UserMapper.properties
找到方法名=getAll
依据方法名，可从properties文件中获得相关的SQL语句，并执行！
sql语句=select user_id as id,user_name from user order by id
```

图 2-28 主程序类的执行结果

在上述例子中，UserMapper 作为一个 Mapper 接口只需要定义若干方法即可，这一点与 Mybatis 一样。MapperImpl 类实现了 InvocationHandler 接口，并且将 UserMapper.class 保存在内部（为了更加具有通用性，利用了泛型 Class<T>），在 invoke 方法内部可以具体实现 SQL 语句的执行（借助属性文件中保存的方法名和 SQL 语句）。UserMapper 接口和 MapperImpl 类之间的关系可以用图 2-29 来示意说明。

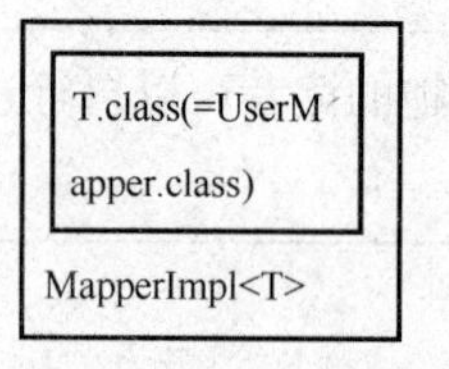

图 2-29 UserMapper 接口和 MapperImpl 类之间的关系

工厂类 MapperProxyFactory 负责创建实际的代理对象 userMapperProxy（本例中的代理对象实现了 UserMapper 接口），代理对象的所有方法调用都会被 MapperImpl 的对象中的 invoke 方法拦截，从而完成真正的 SQL 语句的执行。代理对象和 MapperImpl 对象之间的关系可以用图 2-30 进行示意性说明。

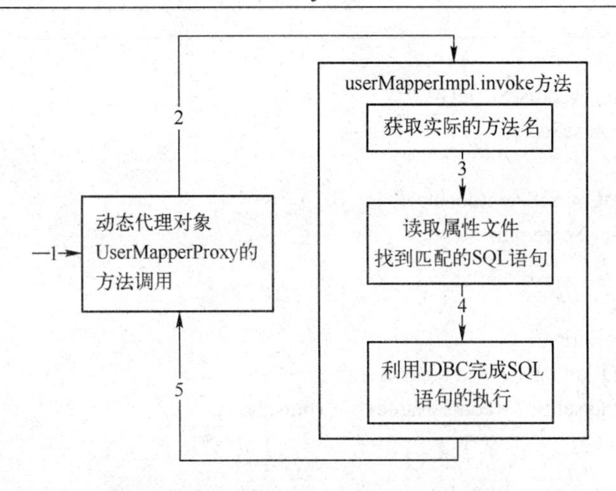

图 2-30　代理对象和 MapperImpl 对象之间的关系

需要说明的是，在方法参数和返回值类型的处理上，本例并没有做过多的扩展。在实际的 MyBatis 中，其具体实现过程远比这里的例子要复杂得多，感兴趣的读者可以自行查阅 MyBatis 源代码进行学习和分析。

2.6　XML 映射器的基本用法

本节将借助一个小例子来介绍 MyBatis 中 XML 映射器的用法。在前面 myhomework 网站的基础上添加一个对于课程库维护的功能，主要是完成课程信息的增、删、改、查，通过这一过程中来学习 XML 映射器中的不同配置。

2.6.1　创建实体类 Course 及其数据表

Course 实体类的创建基本遵循 JavaBean 规范即可，但需要增加一个用于表示对象的主键属性 courseId。

```
package persistence.mybatis.model;
public class Course {
        private Long courseId;
        private String courseName;
        private Double courseScore;
        public Long getCourseId() {
                return courseId;
        }
        public void setCourseId(Long id) {
                this.courseId = id;
        }
        public String getCourseName() {
                return courseName;
        }
        public void setCourseName(String courseName) {
                this.courseName = courseName;
```

```
        }
        public Double getCourseScore() {
                return courseScore;
        }
        public void setCourseScore(double d) {
                this.courseScore = d;
        }
        @Override
        public String toString() {
                // TODO Auto-generated method stub
                return courseId+"-"+courseName+"-"+courseScore;
        }
}
```

在创建数据表时将 course_id 设为自动增长，在后面的内容中将讲解如何获取这个自动生成的主键值，创建 course 表的语句如下所示。

```
CREATE TABLE 'course' (
   'course_id' bigint NOT NULL AUTO_INCREMENT,
   'course_name' varchar(50) NOT NULL,
   'course_score' float NOT NULL,
   PRIMARY KEY ('course_id'))
ENGINE=InnoDB AUTO_INCREMENT=21 DEFAULT CHARSET=utf8;
```

2.6.2 创建 DAO 接口和 Mapper 映射文件

在 CourseMapper 接口中定义了用于数据访问的若干个方法，主要是进行增、删、改、查等操作，代码如下所示。

```
package persistence.mybatis.mapper;
import java.util.List;
import org.apache.ibatis.annotations.Param;
import persistence.mybatis.model.Course;
public interface CourseMapper {
        public List<Course> getAll();
        public List<Course> getCourseById(@Param("courseId") Long id);
        public int addCourse(Course c);
        public int delCourse(@Param("id") Long id);
        public int updCourse(@Param("courseId") Long id,@Param("modifiedCourse") Course
                                modifedCourse);
}
```

细心的读者会发现，在某些方法的形参前使用了注解@Param，其功能是向 SQL 语句传递参数。例如方法 getCourseById 的形参部分，使用@Param("courseId") Long id 定义了一个名为 courseId 的参数，这个参数将在 SQL 语句中被引用，参数值将使用方法形参 Long id 的值。需要说明的是，注解@Param 也可以用于 JavaBean 类型的形参。

在 CourseMapper.xml 映射文件中，为每一个 CouseMapper 接口中的方法指定 SQL 语句及其返回值的类型。映射文件内容如下所示。

```
<?xml version="1.0" encoding="UTF-8"?>
<!DOCTYPE mapper
    PUBLIC "-//mybatis.org//DTD Mapper 3.0//EN"
    "http://mybatis.org/dtd/mybatis-3-mapper.dtd">
<mapper namespace="persistence.mybatis.mapper.CourseMapper">
 <resultMap id="courseType" type="persistence.mybatis.model.Course">
     <!-- 定义一个 resultMap 的映射关系，分别指定 JavaBean 的属性名和列名 -->
     <id property="courseId" column="course_id"></id>
     <result property="courseName" column="course_name"></result>
     <result property="courseScore" column="course_score"></result>
</resultMap>
<select id="getAll" resultMap="courseType">
     <!-- 由于 Course 的属性名和 SQL 语句检索结果不一致-->
     <!-- 所以需要用 resultMap 来指定一个映射关系 -->
     SELECT * FROM course order by course_id
</select>
<select id="getCourseById" resultType="persistence.mybatis.model.Course">
     <!-- 由于 Course 的属性名和 SQL 语句检索结果的列名一致(利用 as 关键字指定的别名) -->
     <!-- 所以用 resultType 指定类名即可-->
     SELECT course_id as    courseId ,course_name as courseName,course_score as
          courseScore FROM course where course_id=#{courseId}
     </select>
<insert id="addCourse" useGeneratedKeys="true" keyProperty="courseId">
     <!--没有使用注解符号，直接传入一个 JavaBean,直接写属性名  -->
     insert into course(course_name,course_score) values(#{courseName},#{courseScore})
</insert>
<delete id="delCourse">
     <!-- 使用了@Param 注解符号，直接引用参数名 -->
     delete   from course where course_id=#{id}
</delete>
<update id="updCourse">
     <!-- 使用了注解符号@Param，所以需要明确是哪个参数-->
     <!-- 如果它是一个 JavaBean 则可以利用. 来获得属性 -->
     update course set course_name=#{modifiedCourse.courseName},course_score
              =#{modifiedCourse.courseScore} where course_id=#{courseId}
</update>
</mapper>
```

在 CourseMapper.xml 文件中，使用<select><insert><update><delete>标签将 CouseMapper 接口中的方法和 SQL 语句一一对应起来。标签的 id 属性值对应方法名称，标签体内是需要执行的 SQL 语句，SQL 语句中使用#{参数名}来引用在方法形参中定义的同名参数。

2.6.3　<select>查询标签

在 JDBC 中执行 Select 查询语句通常会返回一个结果集，所以 MyBatis 提供了自动映射

autoMappingBeahvior 和驼峰映射 mapUnderscoreToCamelCase 两种自动转换的方式，方便将结果集中的记录转换为 JavaBean 对象。

1. <select>标签的属性

<select>标签的属性如表 2-1 所示。

表 2-1 <select>标签的属性

属 性	描 述
id	在命名空间中唯一的标识符，用来引用这条语句
parameterType	将会传入这条语句的参数的类全限定名或别名。这个属性是可选的，因为 MyBatis 可以通过类型处理器（TypeHandler）推断出具体传入语句的参数，默认值为未设置（unset）
resultType	返回结果的类全限定名或别名，resultType 和 resultMap 互斥使用
resultMap	对 resultMap 的命名引用，用于处理复杂的映射问题
flushCache	默认值为 false。若设置为 true，当该语句被调用时，会清空本地缓存和二级缓存
useCache	默认值为 true。本语句的结果被二级缓存
timeout	驱动程序等待数据库返回请求结果的秒数。默认值为 unset，即取决于依赖数据库驱动
fetchSize	驱动程序每次批量返回的结果行数。 默认值为 unset，即取决于依赖数据库驱动
statementType	默认值为 PREPARED，也可设置为 STATEMENT 或 CALLABLE。即 MyBatis 将会使用 JDBC 中的 PreparedStatement、Statement 或 CallableStatement 来完成查询
resultSetType	设置 ResultSet 对象的类型标示可滚动，或者是不可滚动。默认值为 DEFAULT (unset)，即取决于数据库驱动。可设置为 FORWARD_ONLY（只能向前移动），SCROLL_SENSITIVE（双向移动，对修改敏感）, SCROLL_INSENSITIVE （双向移动，对修改不敏感）
databaseId	配置数据库厂商标识（databaseIdProvider），指明该 SQL 语句适用于何种数据库，便于进行移植。需要在 mybatis-config.xml 中提前配置<databaseIdProvider type="DB_VENDOR">元素
resultOrdered	仅针对嵌套结果 select 语句设置：如果为 true，将会假设包含了嵌套结果集或是分组，当返回一个主结果行时，就不会产生对前面结果集的引用。 这就使得在获取嵌套结果集时不至于内存不够用。默认值为 false
resultSets	适用于多结果集的情况，赋予每个结果集一个名称，多个名称之间以逗号分隔

2. "列名-属性名"的自动映射

MyBatis 中的自动映射是默认开启的。当检索后得到的 SQL 中的列名（可以使用 as 关键字设置别名）和 JavaBean 中的属性名一致时可以进行自动映射。

例如 CollegeMapper.xml 中 id= getCourseById 的 select 标签，CollegeMapper.xml 片段内容如下所示。

```
<select id="getCourseById" resultType="persistence.mybatis.model.Course">
    <!-- 由于 Course 的属性名和 Sql 语句检索结果的列名一致(利用 as 关键字指定的别名) -->
    <!--所以用 resultType 指定类名即可-->
    SELECT course_id as courseId, course_name as courseName, course_score as courseScore
            FROM course where course_id=#{courseId}
</select>
```

3. "列名-属性名"的驼峰映射

驼峰映射将严格地将包含下划线"_"的列名映射为驼峰形式的属性名，例如将列名 course_name 映射为 courseName 属性。驼峰映射要求所有的列名和属性名都必须满足这一规律，因此其在实际使用中缺乏灵活性（本书的例子中使用自动映射）。

启用驼峰映射需要在 mybatis-config.xml 配置文件中使用<settings>标签进行配置，配置内容如下所示。

```
<settings>
    <setting name="mapUnderscoreToCamelCase" value="true"/>
</settings>
```

4.“记录-对象”的简单映射，resultType 属性

在自动映射和驼峰映射中，由于列名和属性名可以一一对应起来，所以在<select>标签中可以简单地设置 resultType 属性为某一具体的类名，将结果集中的记录转换为指定类的对象。

5.“记录-对象”的复杂映射，resultMap 属性

在实际使用中常常需要处理级联等复杂的关系，这时 resultType 这种简单的映射就不能实现了，需要使用 resultMap 来处理将记录映射到对象的复杂映射关系。resultMap 是使用 MyBatis 时必须要掌握的重要内容，因此在后面有专门的内容进行讲解，此处先做一般性的理解即可。

在本例中首先用<resultMap>标签定义了一个映射关系，然后在具体的<select>标签中使用 resultMap 属性引用其 id 即可，配置代码如下所示。

```
<resultMap id="courseType"
    type="persistence.mybatis.model.Course">
    <!-- 定义一个 resultMap 的映射关系，分别指定 JavaBean 的属性名和列名 -->
    <id property="courseId" column="course_id"></id>
    <result property="courseName" column="course_name"></result>
    <result property="courseScore" column="course_score"></result>
</resultMap>
<select id="getAll" resultMap="courseType">
    <!-- 由于 Course 的属性名和 SQL 语句检索结果不一致-->
    <!-- 所以需要用 resultMap 来指定一个映射关系 -->
    SELECT * FROM course order by course_id
</select>
```

在<select id="getAll">标签中定义的 SQL 语句没有使用 as 定义别名，而是利用了默认的自动映射，所以列名和属性名是无法完成映射的，例如列名 course_score 和属性名 courseScore。

此时就需要利用 resultMap 定义的映射来实现，具体解释如下。

① <resultMap id="courseType" type="persistence.mybatis.model.Course">：定义了一个 resultMap，id 属性作为唯一标识不得重复（这个 id 的值被后续的 select 标签的 resultMap 属性使用），type 属性定义了转换为哪一个类的实例。

② <id property="courseId" column="course_id">：id 标签定义了主键列和属性的对应关系。

③ <result property="courseName" column="course_name">：result 标签定义了普通列和属性的对应关系。

2.6.4 <insert>、<update>、<delete>标签

对于增加、更新、删除操作需要分别使用<insert>、<update>、<delete>标签来配置相应的 SQL 语句。

1. 标签的属性

这三个标签的属性相对于<select>而言比较简单，而且有很多重复的属性，表 2-2 列出了

主要的属性及其解释。

表 2-2 <insert>、<update>、<delete>标签的主要属性

属性	描述
id	与<select>标签相同
parameterType	与<select>标签相同
flushCache	与<select>标签相同
timeout	与<select>标签相同
statementType	与<select>标签相同
useGeneratedKeys	默认值为 false。让 MyBatis 使用 JDBC 的 getGeneratedKeys 方法来取出由数据库内部生成的主键，在 insert 和 update 标签中有效
keyProperty	用于指明对象的 ID 属性（唯一标识对象的属性），当多于一个时用逗号分隔。在 insert 和 update 标签中有效
keyColumn	设置生成键值在表中的列名，当多于一个时用逗号分隔。在 insert 和 update 标签中有效
databaseId	与<select>标签相同

2．<insert>标签

当需要像数据库中插入数据时，使用<insert>标签来配置相应的 SQL 语句，在当前的这个例子中将一个 Course 对象插入到数据库。

CourseMapper 接口中的方法为：public int addCourse(Course c)，这里只有一个 JavaBean 对象，所以没有使用@Param 进行注解。

CourseMapper.xml 映射文件中的<insert>标签内容如下所示。

```
<insert id="addCourse" useGeneratedKeys="true" keyColumn="course_id" keyProperty="courseId">
    <!--没有使用注解符号，直接传入一个 JavaBean,直接写属性名 -->
  insert into course(course_name,course_score) values(#{courseName},#{courseScore})
</insert>
```

在上述 XML 片段中，通过使用 useGeneratedKeys="true"可以从数据库取回新增记录的主键值 keyColumn="course_id"（将数据库中 course 表的主键设置为自增），并且赋值给刚才传入的那个 course 对象的指定属性 keyProperty="courseId"。对于不支持主键自增的数据库，则需要在<insert>标签内部使用<selectKey>标签单独获取主键值，具体用法请读者参阅 MyBatis 的帮助文档。

3．<update>标签和<delete>标签

更新和删除操作本身相对比较简单，所以这两个标签的用法也不复杂。在本例中更新一个已有对象在数据库中的记录，以及删除一个已有对象对应的记录。

CourseMapper 接口中的方法如下。

① public int delCourse(@Param("id") Long id); 使用@Param 标识了一个参数。

② public int updCourse(@Param("courseId") Long id,@Param("modifiedCourse") Course modifedCourse); 在一个方法中使用多个参数，并且@Param 进行分别的标识。其中@Param("modifiedCourse")标识了一个 JavaBean 对象作为参数值。

CourseMapper.xml 映射文件中的<update><delete>标签内容如下所示。

```
<update id="updCourse">
    <!-- 使用了注解符号@Param,所以需要明确是哪个参数 -->
```

```
        <!-- 如果它是一个 JavaBean 则可以利用 . 来获得属性 -->
        update course set course_name=#{modifiedCourse.courseName},
            course_score=#{modifiedCourse.courseScore} where course_id=#{courseId}
    </update>
    <delete id="delCourse">
        <!-- 使用了@Param 注解符号，直接引用参数名 -->
        delete    from course where course_id=#{id}
    </delete>
```

<update><delete>标签的使用比较简单，本例中主要向读者说明使用注解@Param 将一个 JavaBean 对象作为参数时，在 SQL 语句中使用这个 JavaBean 对象的属性时需要配合“.”操作符，如#{modifiedCourse.courseName}。

4．编写测试用例

本例中使用 junit 4.12 来构建测试用例，用于测试 MyBatis、CourseMapper 接口、CouseMapper.xml 映射文件。首先在 Maven 的配置文件中，需要增加如下依赖项。

```
<dependency>
    <groupId>junit</groupId>
    <artifactId>junit</artifactId>
    <version>4.12</version>
    <scope>test</scope>
</dependency>
<dependency>
    <groupId>org.hamcrest</groupId>
    <artifactId>hamcrest-core</artifactId>
    <version>1.3.RC2</version>
    <scope>test</scope>
</dependency>
<dependency>
    <groupId>org.hamcrest</groupId>
    <artifactId>hamcrest-library</artifactId>
    <version>1.3.RC2</version>
    <scope>test</scope>
</dependency>
```

在 Maven 进行更新后，就可以创建一个测试实例 CourseMapperTest.java 文件，具体内容如下。

```
package persistence.mybatis.mapper;
import static org.junit.Assert.*; import java.util.List; import static org.hamcrest.Matchers.*;
import org.apache.ibatis.session.SqlSession; import org.junit.After; import org.junit.Before;
import org.junit.Test; import org.junit.FixMethodOrder; import org.junit.runners.MethodSorters;
import persistence.mybatis.model.Course; import persistence.mybatis.model.MyBatisUtils;
@FixMethodOrder(MethodSorters.NAME_ASCENDING) //定义测试方法的顺序，按照名称升序
  public class CourseMapperTest {
     CourseMapper mapper=null;    SqlSession sqlSession=null;
     public static Long courseId=null; //设置为静态，否则无法在测试方法间共享
```

```
    @Before// 每个测试方法之前执行
    public void before() {this.sqlSession = MyBatisUtils.getSession();
        this.mapper = (CourseMapper) sqlSession.getMapper(CourseMapper.class);
    }
    @After// 每个测试方法之后执行
    public void after() {   this.sqlSession.commit();   this.sqlSession.close();
    }
    @Test
    public void test2GetAll() {
        List<Course> result=this.mapper.getAll();
        //为了直观看到效果，加入了一些控制台输出
        System.out.println("数据库检索结果：");
        for(Course c :result){    System.out.println(c);   }
    }
    @Test
    public void test4GetCourseById() {
        List<Course> result=this.mapper.getCourseById(this.courseId);
        assertThat(result.size(),greaterThanOrEqualTo(1));
        //为了直观看到效果，加入了一些控制台输出
        System.out.println("Fetched Courses:");
        for(Course c :result){   System.out.println(c);   }
    }
    @Test
    public void test1AddCourse() {
        Course newCourse=new Course();   newCourse.setCourseName("Java EE");
        newCourse.setCourseScore(2.5); int re=this.mapper.addCourse(newCourse);
        assertThat(re,is(1)); courseId=newCourse.getCourseId();
        //为了直观看到效果，加入了一些控制台输出
        System.out.println("added="+newCourse);
    }
    @Test
    public void test5DelCourse() { int re=this.mapper.delCourse(courseId); assertThat(re,is(1));
        test2GetAll();//在控制台输出一下
    }
    @Test
    public void test3UpdCourse() {System.out.println(courseId);
        Course modifiedCourse=new Course();
        modifiedCourse.setCourseName("Java EE 高级编程");
        modifiedCourse.setCourseScore(5);
        int re=this.mapper.updCourse(courseId,modifiedCourse);
        assertThat(re,is(1));   test2GetAll();//为了直观看到效果，加入了一些控制台输出
    }
}
```

本测试实例中，将成员变量 Long courseId 定义为静态，主要是为了在测试方法之间共享该变量。实例中用到的相关 junit 知识解释如下。

① @FixMethodOrder(MethodSorters.NAME_ASCENDING)：用于定义各个测试方法的执行顺序，这里定义为按照方法名的升序执行。

② @Before 和@After：定义两个方法，分别在每个测试方法之前和之后被调用。主要用于对测试方法使用的环境进行初始化。

③ @Test：定义测试方法。

④ assertThat：对某一个变量进行断言。

测试实例执行时按照增加、检索、更新、删除的顺序依次测试 CourseMapper 接口中的方法，从而完成对 Couse 对象的增、删、改、查操作的测试。还需要在 mybatis-config.xml 的 mappers 单元中增加一个 mapper，以便于程序正常运行，代码如下所示。

```
<mapper resource="persistence/mybatis/mapper/CourseMapper.xml" />
```

运行结果如图 2-31 所示。

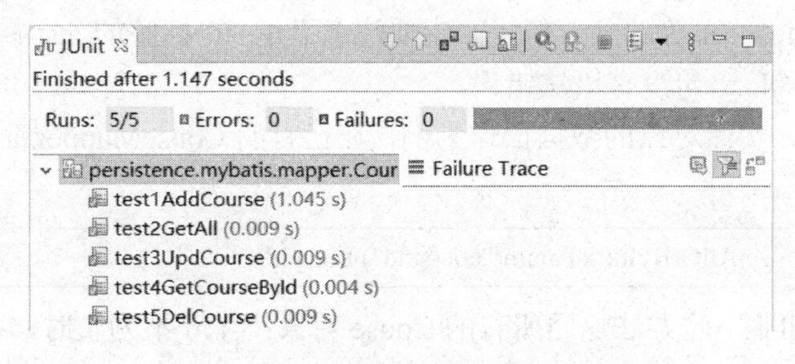

图 2-31　执行测试用例的测试结果

同时在控制台能看到相应的输出结果，如图 2-32 所示。

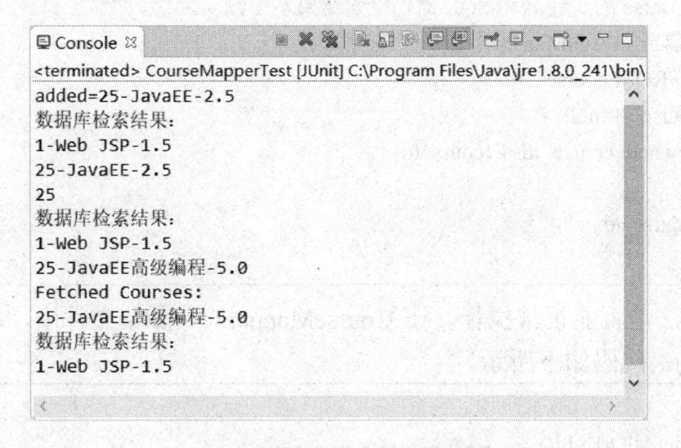

图 2-32　测试用例在控制台的输出

2.7　MyBatis 的动态 SQL 语句

动态 SQL 语句能够将映射文件中的 SQL 语句变得更为灵活和强大，从而避免在拼接 SQL 语句时常见的空格、引号等格式问题。MyBatis 中用于构建动态 SQL 的标签主要有 if、choose、when、otherwise、trim、where、set、foreach、bind 等。需要说明的是，在上述标签中需要配合使用 OGNL 表达式语言，由于篇幅所限，本书对 OGNL 不做详细介绍，仅对例子中用到的相关内容进行解释。

2.7.1 <if>标签

<if>标签基于某一个条件进行判断，当条件成立时使用<if></if>标签的内容构成 SQL 语句。基本的语法格式如下所示。

```
<if test="条件表达式">
    SQL 语句片段
</if>
```

条件表达式应当符合 OGNL 规范，表达式的结果应为 true 或 false，且可以使用 and 或 or 来连接多个判断条件。在表达式中可以使用 null 表示空值，==表示等于，!=表示不等于。

<if>标签的使用位置比较灵活，在构建 SQL 语句时没有固定的用法，但通常用在 SQL 语句中的 where、update、set 等部分。但是一定要注意无论<if>标签的 test 属性返回 true，还是 false，都必须保证 SQL 语句没有语法错误。

下面仍以 Course 实体对象的数据操作为例，在已有的 CouseMapper.java 文件中增加一个方法，代码如下所示。

```
public List<Course> getAllOrById(@Param("courseId") Long id);
```

假定当 id 为 null 时，此方法返回所有的 Couse 对象；当 id 不为空时，将进行精确的检索，并将检索的结果返回。所以，在 CourseMapper.xml 中增加对应的 XML 片段，需如下所示。

```
<select id="getAllOrById" resultMap="courseType">
        <!-- 由于 Course 的属性名和 SQL 语句检索结果不一致 -->
        <!-- 所以需要用 resultMap 来指定一个映射关系 -->
        SELECT * FROM course
        <if test="courseId!=null">
                where course_id=#{courseId}
        </if>
         order by course_id
</select>
```

为了测试该方法是否能正常执行，在 CourseMapperTest.java 文件中，增加一个测试方法 test6GetAllOrById()，代码如下所示。

```
@Test
public void test6GetAllOrById() {
        List<Course> result=this.mapper.getAllOrById(1L);
        assertThat(result.size(),greaterThanOrEqualTo(1));
        Long id=null;
        List<Course> result1=this.mapper.getAllOrById(id);
        assertThat(result1.size(),greaterThanOrEqualTo(2));
}
```

在运行测试类之前，保证在数据库中的 course 表中有 2 条记录，且 couse_id 的内容分别为 1 和 2。如果代码和配置一切正确，Junit Test 运行将正常结束，且会看到如图 2-33 所示的运行结果。

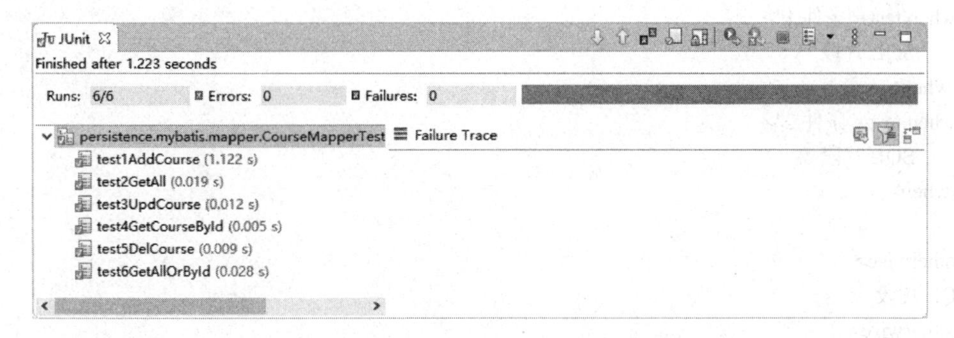

图 2-33　CourseMapperTest 正常结束

有的读者可能对 MyBatis 到底执行了哪些 SQL 语句比较感兴趣，如果想查询这些 SQL 语句，可以在工程中增加对 Log4j 的支持，基本过程如下所示。

步骤 1：在 pom.xml 中增加依赖，代码如下所示。

```
<dependency>
    <groupId>log4j</groupId>
    <artifactId>log4j</artifactId>
    <version>1.2.17</version>
</dependency>
```

步骤 2：在 src/main/resources 路径下新建一个文件 log4j.properties，用于对 log4j 进行配置，文件内容如下所示。

```
log4j.rootLogger = ERROR, stdout
log4j.logger.persistence.mybatis.mapper=TRACE
log4j.appender.stdout = org.apache.log4j.ConsoleAppender
log4j.appender.stdout.layout = org.apache.log4j.PatternLayout
log4j.appender.stdout.layout.ConversionPattern = [%-5p] %d{yyyy-MM-dd HH:mm:ss,SSS} method:%l%n%m%n
```

再次运行 CourseMapperTest，会在控制台看到很多日志信息，其中能够看到如下的两行信息。

```
…
==> Preparing: SELECT * FROM course where course_id=? order by course_id
…
==> Preparing: SELECT * FROM course order by course_id
…
```

对于 Log4j 工具的使用请读者查阅其官方文档进行学习。

2.7.2　<choose>、<when>、<otherwise>标签

<if>标签的用法比较简单，功能也比较单一，当需要进行多分支的选择时，使用<if>标签是比较烦琐的。这时就需要借助<choose>、<when>、<otherwise>标签来完成，基本的用法如下所示。

```
<choose>
<when test="条件 1">
      SQL 片段
</when>
<when test="条件 2">
      SQL 片段
</when>
…
<otherwise>
SQL 片段
</otherwise>
</choose>
```

当<when>的 test 属性为 true 时使用对应的 SQL 片段，并跳过后续的其他<when>标签。当没有<when>标签的 test 属性为 true 时，使用<otherwise>的 SQL 片段。

为了说明这三个标签的用法，向 CouseMapper.java 中增加一个方法，代码如下所示。

```
public List<Course> getByIdByName(@Param("courseId") Long id,@Param("courseName") String name);
```

这个方法包含的两个参数是@Param("courseId") Long id 和@Param("courseName") String name。在本例中，假设方法执行的检索动作应取决于两个参数的状态，检索动作和参数的对应关系如表 2-3 所示。

表 2-3　getByIdByName 方法的实现逻辑

@Param("courseId") Long id 是否为 null	@Param("courseName") String name 是否为 null	getByIdByName 执行的检索动作
null	null	不进行任何检索
not null	not null	检索 couseId 和 courseName 均匹配的记录
null	not null	检索 courseName 匹配的记录
not null	null	检索 couseId 匹配的记录

为了完成上述功能，在 CouseMapper.xml 中增加一个新的<select>标签，具体内容如下所示。

```
<select id="getByIdByName" resultMap="courseType">
      <!-- 由于 Course 的属性名和 SQL 语句检索结果不一致 -->
      <!-- 所以需要用 resultMap 来指定一个映射关系 -->
      SELECT * FROM course where 1=1
      <!-- 1=1 是为了保证 where 的完整性 -->
      <choose>
            <when test="courseId!=null and courseName==null">
                  and course_id=#{courseId}
            </when>
            <when test="courseName!=null and courseId==null">
                  and course_name like concat('%',#{courseName},'%')
            </when>
            <when test="courseName!=null and courseId!=null">
```

```
                and course_id=#{courseId} and course_name like concat('%',#{courseName},'%')
            </when>
            <otherwise><!-- 没有 when 条件满足时，添加 otherwise 内的片段 -->
                <!-- 这里设置为 1=2，显然为 False。目的是不让 select 返回任何记录 -->
                and 1=2
            </otherwise>
        </choose>
            order by course_id
    </select>
```

上面的 XML 代码片段中，使用<choose><when><otherwise>构建了一个具有多分支的动态 SQL 语句。在 SQL 语句出现了 1=1、1=2 的内容，这些内容是为了保证 SQL 语句在无论哪个测试条件成立时都能保证 SQL 语句的语法正确。

在进行测试前，保证数据库中的表 course 内容如图 2-34 所示。

course_id	course_name	course_score
1	Web JSP	1.5
2	JavaEE	2.0

图 2-34　表 course 中的数据

为了测试上述动态 SQL 片段，在 CourseMapperTest.java 文件中增加一个新的方法 test7GetByIdByName，具体内容如下所示。

```
@Test
public void test7GetByIdByName() {
    List<Course> result=this.mapper.getByIdByName(1L, null);
    assertThat(result.size(),greaterThanOrEqualTo(1));
    List<Course> result1=this.mapper.getByIdByName(null,"J");
    assertThat(result1.size(),greaterThanOrEqualTo(2));
    List<Course> result2=this.mapper.getByIdByName(1L,"J");
    assertThat(result2.size(),greaterThanOrEqualTo(1));
    List<Course> result3=this.mapper.getByIdByName(null,null);
    assertThat(result3.size(),greaterThanOrEqualTo(0));
}
```

运行测试后，在日志中能够看到相应的 SQL 语句和参数信息，如下所示。

```
==> Preparing: SELECT * FROM course where 1=1 and course_id=? order by course_id
…
==> Parameters: 1(Long)
…
==>Preparing: SELECT * FROM course where 1=1 and course_name like concat('%',?,'%') order by
course_id
…
==> Parameters: J(String)
…
==> Preparing: SELECT * FROM course where 1=1 and course_id=? and course_name like concat('%',?,'%')
…
```

```
==> Parameters: 1(Long), J(String)
…
==> Preparing: SELECT * FROM course where 1=1 and 1=2 order by course_id
…
==> Parameters:
```

上述日志输出表明动态 SQL 语句的构建和执行都是正确的，完成了方法 getByIdByName 方法所期待的逻辑功能。

2.7.3 <where>、<bind>标签

细心的读者会发现，为了构造一个能够适合多种情况的 SQL 语句，会使用诸如 1=1、1=2 等比较奇怪的 SQL 片段。这种情况很多是由于在 SQL 片段中存在 and、or、逗号等单词或符号所导致的，为了克服这个问题，可以使用<where>标签来处理。

此外，在前面的例子中为了构造“like '%J%'”这样 SQL 片段，使用了 MySQL 的内置函数 concat，显然这存在一定的局限性，为了克服这种问题可以使用<bind>标签来处理。

改写 CourseMapper.xml 中的相应的<select>标签即可，其他代码均无须改动，改写后的<select>标签如下所示。

```
<select id="getByIdByName" resultMap="courseType">
    <!-- 由于 Course 的属性名和 SQL 语句检索结果不一致 -->
    <!-- 所以需要用 resultMap 来指定一个映射关系 -->
    SELECT * FROM course
    <where>
        <choose>
            <when test="courseId!=null and courseName==null">
                and course_id=#{courseId}
            </when>
            <when test="courseName!=null and courseId==null">
                and course_name like concat('%',#{courseName},'%')
            </when>
            <when test="courseName!=null and courseId!=null">
                <bind name="courseNameLike" value="'%'+courseName+'%'"></bind>
                and course_id=#{courseId} and course_name like #{courseNameLike}
            </when>
            <otherwise><!-- 没有 when 条件满足时，添加 otherwise 内的片段 -->
                <-- 这里设置为 1=2，显然为 False。目的是不让 select 返回任何记录 -->
                 and 1=2
            </otherwise>
        </choose>
    </where>
     order by course_id
</select>
```

在构建 SQL 语句时，当<where>标签包含内容时，会自动删除位于开头部分的 and 和 or 单词；当<where>标签不包含内容时，SQL 语句中就不会出现 where 片段。

<bind>标签则创建了一个名为 coureNameLike 的变量，其值使用 OGNL 表达式“'%'+courseName+'%'”进行绑定，随后在 SQL 片段中使用#{courseNameLike}可以获取该变量的值。

运行测试后，在日志中能够看到相应的 SQL 语句和参数信息，如下所示。

```
==> Preparing: SELECT * FROM course WHERE course_id=? order by course_id
…
==> Parameters: 1(Long)
…
==> Preparing: SELECT * FROM course WHERE course_name like concat('%',?,'%') order by course_id
…
==> Parameters: J(String)
…
==> Preparing: SELECT * FROM course WHERE course_id=? and course_name like ? order by course_id
…
==> Parameters: 1(Long), %J%(String)
…
==> Preparing: SELECT * FROM course WHERE 1=2 order by course_id
…
==> Parameters:
```

2.7.4　<set>、<trim>标签

<set>标签的用法和<where>标签非常类似，当<set>标签包含内容时，会自动删除位于结尾部分的逗号；当<set>标签不包含内容时，SQL 语句中就不会出现 set 片段。

改写 CourseMapper.xml 中 id=updCourse 的<update>标签，内容如下所示。

```
<update id="updCourse">
    <!--使用了注解符号@Param,所以 需要明确是哪个参数-->
    <!--如果它是一个 JavaBean 则可以利用 . 来获得属性 -->
    update course
    <set>
        course_id=#{courseId},
        <if test="modifiedCourse.courseName!=null and modifiedCourse.courseScore!=null
                and modifiedCourse.courseName!='' and modifiedCourse.courseScore>0">
        course_name=#{modifiedCourse.courseName},
        course_score=#{modifiedCourse.courseScore}
        </if>
    </set>
    where course_id=#{courseId}
</update>
```

其他代码不用变化，正常运行测试即可。细心的读者会发现，当<if>的条件为 False 时，为了保障 SQL 语句的完整性，增加了 course_id=#{courseId}这样看似毫无意义的 SQL 片段。

<trim>标签相对于<where>、<set>而言则更加通用，可以在包含的内容前增加前缀或后缀，也可对所包含的内容进行前缀替换和后缀替换，具体用法如表 2-4 所示。

表 2-4 <trim>标签的基本用法

属性	含义
prefix	当 trim 标签包含内容时，对应的内容前增加 preifx 所指定的前缀
suffix	当 trim 标签包含内容时，对应的内容后增加 suffix 所指定的后缀
prefixOverrides	当 trim 标签包含内容时，内容中与 prefixOverrides 匹配的前缀字符串会被删除
suffixOverrides	当 trim 标签包含内容时，内容中与 suffixOverrides 匹配的后缀字符串会被删除

这里再次改写 CourseMapper.xml 中 id=updCourse 的<update>标签，内容如下所示。

```
<update id="updCourse">
    <!-- 使用了注解符号@Param，所以需要明确是哪个参数 -->
    <!-- 如果它是一个 JavaBean 则可以利用. 来获得属性 -->
    update course
    <trim prefix="set" suffixOverrides=",">
        course_id=#{courseId},
        <if test="modifiedCourse.courseName!=null and modifiedCourse.courseScore!=null
                and modifiedCourse.courseName!='' and modifiedCourse.courseScore>0">
        course_name=#{modifiedCourse.courseName},
        course_score=#{modifiedCourse.courseScore}
        </if>
    </trim>
    <trim prefix="where" prefixOverrides="and |or ">
        and course_id=#{courseId}
    </trim>
</update>
```

其他代码不用变化，正常运行测试即可。读者可以与前面的<update>标签进行对比，体会<trim>标签的使用方法。

2.7.5 <foreach>标签

<foreach>标签可以对 Iterable 接口对象和 Map 接口对象进行遍历，其主要属性及含义如表 2-5 所示。

表 2-5 <foreach>标签的常用属性

collection	被遍历的对象，可以是 Iterable 接口对象和 Map 接口对象，也可以是数组
item	迭代时的当前对象
index	迭代时当前对象对应的索引值(collection 为 Iterable 类型时)或者 key 值(collection 为 Map 类型时)
open	循环内容的开头字符串
close	循环内容的结束字符串
separator	迭代之间的分隔符

<foreach>标签常用于 SQL 的 in 操作符中或批量插入，下面进行分别介绍。

（1）<foreach>标签用于 in 操作符

步骤 1：在 CourseMapper.java 文件中，增加一个新的方法，具体代码如下所示。

```
public List<Course> getCourseByIdIterable(@Param("ids") Iterable<Long> idIterable);
```

方法的参数是一个 Iterable<Long>类型的对象，该对象存储了若干个 Couse 对象的 id 值。方法的返回值是一个 List<Course>对象，其包含了与输入 id 所对应的 Course 对象。

步骤 2：在 CourseMapper.xml 文件中，增加一个<select>查询，具体代码如下所示。

```
<select id="getCourseByIdIterable" resultType="persistence.mybatis.model.Course">
    <!-- 由于 Course 的属性名和 SQL 语句检索结果的列名一致(利用 as 关键字指定的别名) -->
    <!-- 所以用 resultType 指定类名即可 -->
    SELECT course_id as courseId ,course_name as courseName,course_score
    as courseScore FROM course where course_id in
    <foreach collection="ids" open="(" close=")"    separator="," item="id" index="i_id">
    <!-- item 是迭代时得到的对象，index 是迭代时得到的索引值 -->
        #{id}
    </foreach>
</select>
```

需要说明的是，<foreach>标签中 collection 属性需要与方法中使用@Param 定义的参数名匹配。item 属性定义了遍历时的当前对象为 id。

步骤 3：在 CourseMapperTest.java 文件中增加一个新的方法 test4GetCourseByIdIterable，具体内容如下所示。

```
@Test
public void test4GetCourseByIdIterable() {
    List<Long> idList=new ArrayList<Long>();
    idList.add(1L);
    idList.add(2L);
    List<Course> result=this.mapper.getCourseByIdIterable(idList);
    assertThat(result.size(),greaterThanOrEqualTo(2));
    Set<Long> idSet=new HashSet<Long>();
    idSet.add(1L);
    idSet.add(2L);
    List<Course> result2=this.mapper.getCourseByIdIterable(idSet);
    assertThat(result2.size(),greaterThanOrEqualTo(2));
}
```

在这个测试方法中，分别使用 List<Long>和 Set<Long>两种类型的对象输入到 getCourseByIdterable 方法。运行测试后，能够在日志中看到如下的内容。

```
Preparing: SELECT course_id as courseId ,course_name as courseName,course_score as courseScore FROM
course where course_id in ( ? , ? )
```

（2）<foreach>标签用于批量插入

在进行插入操作时，批量插入是提高系统性能的常用手段。MyBatis 中的<foreach>标签可以非常方便地构建批量插入语句。下面仍以 Course 对象为例，演示这个过程。

步骤 1：在 CourseMapper.java 文件中，增加一个新的方法，具体代码如下。

```
public int addCourseList(@Param("courseList") List<Course> courses);
```

该方法的参数是一个 List<Course>的对象，存储了若干个 Course 对象。方法的返回值是成功插入的记录数。

步骤 2：在 CourseMapper.xml 文件中，增加一个<insert>标签，具体代码如下。

```
<insert id="addCourseList" useGeneratedKeys="true"
    keyColumn="course_id" keyProperty="courseId">
    insert into course(course_name,course_score) values
    <foreach collection="courseList" item="course" index="key_course" separator=",">
    (#{course.courseName},#{course.courseScore})
    </foreach>
</insert>
```

这个<insert>标签的属性和前面使用的插入单条记录的<insert>标签基本相同，也通过设置useGeneratedKeys="true"、keyColumn="course_id"、keyProperty="courseId"来获取数据库赋予的自增主键，代码如下所示。

```
<insert id="addCourse" useGeneratedKeys="true"
    keyColumn="course_id" keyProperty="courseId">
    <!--没有使用注解符号，直接传入一个 JavaBean,直接写属性名 -->
    insert into course(course_name,course_score) values(#{courseName},#{courseScore})
</insert>
```

<foreach>标签中的 collection 属性是 addCourseList 方法中定义的参数 courseList。item 属性定义了遍历时的当前对象为 course。<foreach>标签体使用小括号、逗号和 course 对象的属性构建批量插入语句所需的 SQL 片段。

步骤 3：在 CourseMapperTest.java 文件中增加一个新的方法 test1AddCourses()，具体内容如下所示。

```
@Test
public void test1AddCourses() {
    List<Course> courses=new ArrayList<Course>();
    Course newCourse=new Course();
    newCourse.setCourseName("Python");
    newCourse.setCourseScore(2.5);
    courses.add(newCourse);
    newCourse=new Course();
    newCourse.setCourseName("C#");
    newCourse.setCourseScore(1.5);
    courses.add(newCourse);
    int re=this.mapper.addCourseList(courses);
    assertThat(re,is(2));
    for (Course c : courses){
        System.out.println("**************CourseId="+c.getCourseId()+"CourseName="
                                        +c.getCourseName());
        this.mapper.delCourse(c.getCourseId());//del
    }
}
```

在这个测试方法中，创建了一个包含了两个 Course 对象的 List<Course>对象，使用 addCourseList 方法实现了批量插入操作，之后对数据库赋予的自增主键进行了简单输出，最后删除了刚刚插入的记录。运行测试后，能够在日志中看到如下的内容。

```
==>  Preparing: insert into course(course_name,course_score) values (?,?) , (?,?)
…
==> Parameters: Python(String), 2.5(Double), C#(String), 1.5(Double)
…
**************CourseId=109     CourseName=Python
…
…
**************CourseId=110     CourseName=C#
```

2.8　在 Eclipse 中使用 MyBatis 的代码生成器

在 MyBatis 的实际应用中，经常需要根据数据库中的表来创建实体类、接口类和映射文件。当数据库中的表较多时，这些基础性的工作是比较枯燥和烦琐的，因此 MyBatis 的团队为我们提供了一个强大的代码生成器（MyBatis Generator），其详细介绍可参见其官方网址 http://mybatis.org/generator/index.html。MyBatis Generator 的下载地址为 https://github.com/mybatis/generator/releases，其 Eclipse 插件的下载地址为 https://marketplace.eclipse.org/content/mybatis-generator。

这里通过一个简单的例子，对在 Eclipse 中使用 MyBatis Generator 的过程进行简单的介绍。本例中，除了对于例子中的配置信息进行必要的解释外，没有对 MyBatis Generator 中的所有配置选项进行详细的介绍，感兴趣的读者请参考 MyBatis Generator 的帮助文档。

2.8.1　在 Eclipse 中安装 MyBatis Generator 插件

首先打开 Eclipse 和 Eclipse 插件的网址（https://marketplace.eclipse.org/content/mybatis-generator），如图 2-35 所示。

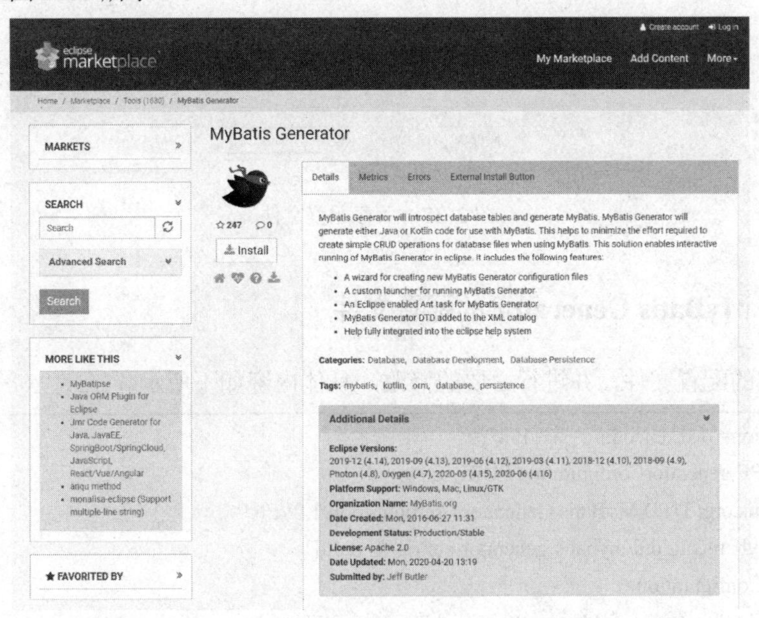

图 2-35　MyBatis Generator 插件安装主页

将网页中的 Install 按钮拖放到 Eclipse 中即可启动插件的安装。安装结束后，需要重启 Eclipse。

2.8.2　创建 MyBatis Generator 的配置文件

打开 Eclipse 后，依次选择菜单 File→New→Others，选择 MyBatis Generator Configuration File，如图 2-36 所示。

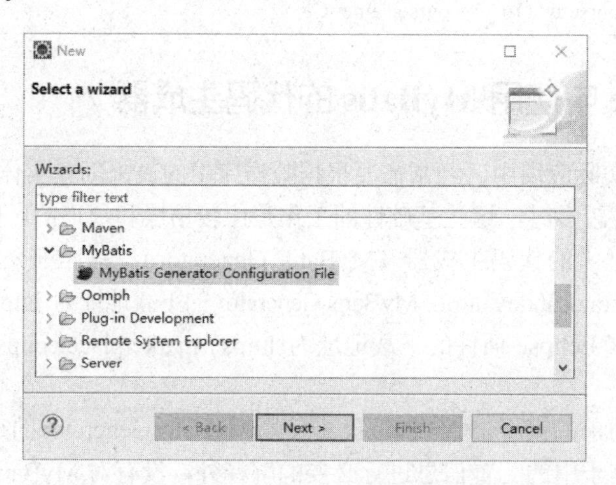

图 2-36　创建 MyBatis Generator Configuration File

单击 Next 按钮后，选择一个适当的保存位置创建配置文件，如图 2-37 所示。

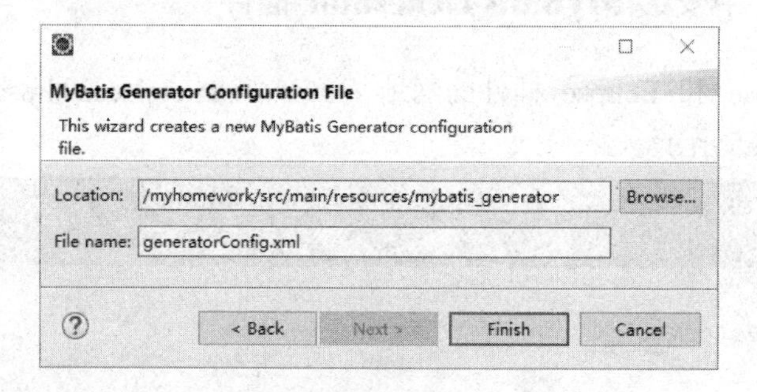

图 2-37　保存配置文件

2.8.3　编辑 MyBatis Generator 的配置文件

打开生成的配置文件，并进行必要的修改，具体内容如下所示。

```
<?xml version="1.0" encoding="UTF-8"?>
<!DOCTYPE generatorConfiguration PUBLIC
  "-//mybatis.org//DTD MyBatis Generator Configuration 1.0//EN"
  "http://mybatis.org/dtd/mybatis-generator-config_1_0.dtd">
<generatorConfiguration>
  <context id="myhomework" targetRuntime="MyBatis3Simple">
```

```
    <property name="autoDelimiKeywords" value="true"/>
    <property name="beginningDelimiter" value="`"/>
    <property name="endingDelimiter" value="`"/>
    <property name="javaFileEncoding" value="utf-8"/>
    <commentGenerator>
        <property name="suppressAllComments" value="true"/><!-- 不生成注释 -->
    </commentGenerator>
    <jdbcConnection connectionURL="jdbc:mysql://localhost:3306/myhomework"
            driverClass="com.mysql.cj.jdbc.Driver" password="111111" userId="root" />
    <javaModelGenerator targetPackage="persistence.mybatis.model"
            targetProject="myhomework/src/main/java" />
    <sqlMapGenerator targetPackage="persistence.mybatis.mapper"
            targetProject="myhomework/src/main/resources"/>
    <javaClientGenerator targetPackage="persistence.mybatis.mapper"
            targetProject="myhomework/src/main/java" type="XMLMAPPER" />
    <table tableName="major">
     <generatedKey column="major_id" sqlStatement="MySql"/>
    </table>
  </context>
</generatorConfiguration>
```

下面对配置文件中的内容进行必要的解释。

① <generatorConfiguration> 标签是 XML 文件的根节点，可以包含三个子标签：<properties>、<classPathEntry>、<context>。其中<properties>用于指定外部属性文件，<classPathEntry>用于配置类路径，<context>用于配置生成对象的环境，至少配置一个。

② <context>标签是 MyBatis Generator 的配置文件中十分重要的标签，其配置十分丰富，本例中的配置如表 2-6 所示。

表 2-6　<context>标签的基本用法

标签名称	标签属性	解释
<context>	id	唯一标识
<context>	targetRuntime="MyBatis3Simple"	指定生成代码的运行环境。用 MyBatis3Simple 运行时生成的映射器是非常基本的 CRUD 操作，没有“示例”方法且动态 SQL 很少
<property>	name="autoDelimiKeywords" value="true"	如果将 SQL 关键字用作表中的列名，则将自动使用分隔符号分隔 SQL 关键字
<property>	name="beginningDelimiter" value="`"	用于需要分隔符的 SQL 标识符的前置分隔符，这里使用反单引号
<property>	name="endingDelimiter" value="`"	用于需要分隔符的 SQL 标识符的后置分隔符，这里使用反单引号
<property>	name="javaFileEncoding" value="utf-8"	指定在处理 Java 文件时使用的编码为 utf-8。 新生成的 Java 文件将以这种编码方式写入文件系统，而现有 Java 文件将在执行合并时以这种编码方式读取。 如果未指定，则将使用平台默认编码
<commentGenerator>		定义注释生成器的属性。 Comment Generator 用于为 MyBatis Generator 生成的各种元素（Java 字段，Java 方法，XML 元素等）生成注释

续表

标签名称	标签属性	解释
<property >	name="suppressAllComments" value="true	不会将注释添加到任何生成的元素
<jdbcConnection>	connectionURL= "jdbc:mysql:// localhost:3306/myhomework" driverClass= "com.mysql.cj.jdbc.Driver" password="111111" userId="root"	指定内省表所需的数据库连接的属性，包括连接字符串、驱动、用户名和密码。MyBatis 生成器使用 JDBC 的 DatabaseMetaData 类来发现在配置中指定的表的属性
<javaModelGenerator >	targetPackage= "persistence.mybatis.model" targetProject= "myhomework/src/main/java"	定义 Java 模型生成器（生成实体类）的属性，包括生成的类的包、为生成的类指定目标工程
<sqlMapGenerator >	targetPackage= "persistence.mybatis.mapper" targetProject= "myhomework/src/main/resources"	定义 SQL 映射生成器（生成 mapper.xml）的属性，以便为每个自省表构建 MyBatis 格式的 mapper.xml 文件。包括生成的 mapper 的包及其目标工程
<javaClientGenerator >	targetPackage= "persistence.mybatis.mapper" targetProject= "myhomework/src/main/java" type="XMLMAPPER"	定义 Java 客户端生成器（生成 Java 接口）的属性。包括生成接口的包、目标工程和生成器类型（此处设置为 XMLMAPPER，即生成 MyBatis 3.x 映射器基础结构的 Java 接口）
<table>	tableName="major"	数据库表的名称（不包括架构或目录），可以包含 SQL 通配符。当对数据库中所有的表进行操作时，可以设置为“%”
<generatedKey ">	column="major_id" sqlStatement="JDBC	指定自动生成主键（identity 字段或 sequences 序列）的配置，包括生成列的列名、返回新值所使用的 SQL 语句（此处预定义为 JDBC 标准接口方式） 如果指定此元素，则 MyBatis Generator 将在生成的 mapper.xml 中的<insert>元素内插入适当的<selectKey>元素

MyBatis Generator 的配置文件比较复杂，本例中没有对所有标签和属性展开讨论，感兴趣的读者可以访问其官方网站 http://mybatis.org/generator/configreference/xmlconfig.html 进行深入的学习。

2.8.4　运行 MyBatis Generator 及相关类介绍

这一节介绍运行 MyBatis Generator 的步骤，并介绍相关的类。

1. 运行 MyBatis Generator 的步骤

右击 MyBatis Generator 的配置文件，在快捷菜单中选择按照“Run MyBatis Generator”方式运行，如 2-38 所示。

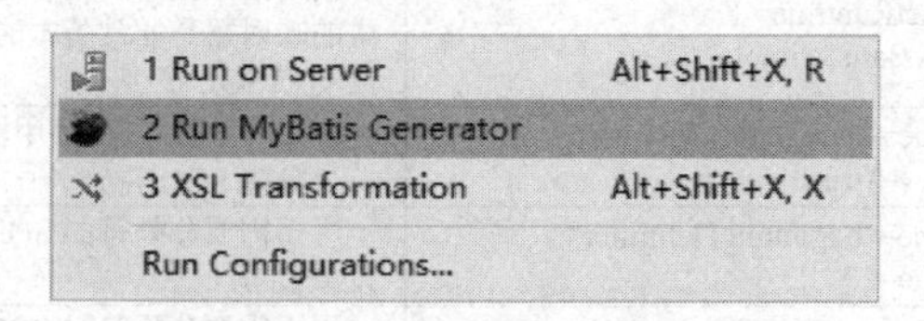

图 2-38　运行 MyBatis Generator

如果配置没有错误，则会看到如图 2-39 所示的运行结果。

```
MyBatis Generator Started...
  Buildfile: E:\SSMbookCode\.metadata\.plugins\org.mybatis.generator.eclipse
  BUILD SUCCESSFUL
MyBatis Generator Finished
```

图 2-39　MyBatis Generator 正常运行结果

同时在工程的指定目录中会出现所需要的实体类、mapper.xml、mapper.java 文件，在本例中会生成 Major.java、MajorMapper.xml、MajorMapper.java 文件，工程目录如图 2-40 所示。

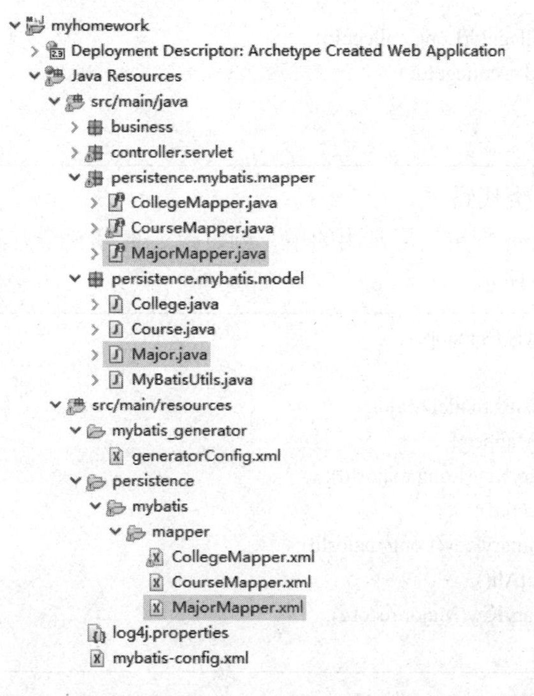

图 2-40　MyBatis Generator 正常运行后的工程目录结构

2．MyBatis Generator 生成的文件

下面简单地浏览一下 MyBatis Generator 生成的这三个文件。

（1）Major 类代码

实体类 Major 的代码是与数据表中各列相对应的属性及其 setter/getter。

```
package persistence.mybatis.model;
public class Major {
    private Long majorId;
    private String majorName;
    private Long collegeId;
    public Long getMajorId() {
        return majorId;
    }
    public void setMajorId(Long majorId) {
        this.majorId = majorId;
    }
    public String getMajorName() {
        return majorName;
    }
    public void setMajorName(String majorName) {
        this.majorName = majorName;
    }
```

```
    public Long getCollegeId() {
        return collegeId;
    }
    public void setCollegeId(Long collegeId) {
        this.collegeId = collegeId;
    }
}
```

（2）MajorMapper 类代码

在 MajorMapper.java 中定义了常用的增、删、改、查等 5 个方法，能够满足实体类对象的基本需要，代码如下所示。

```
package persistence.mybatis.mapper;
import java.util.List;
import persistence.mybatis.model.Major;
public interface MajorMapper {
    int deleteByPrimaryKey(Long majorId);
    int insert(Major record);
    Major selectByPrimaryKey(Long majorId);
    List<Major> selectAll();
    int updateByPrimaryKey(Major record);
}
```

（3）MajorMapper.xml 映射文件

在 MajorMapper.xml 中，除了为 Major 实体类定义了一个用于查询结果和实体类对象的映射<resultMap id="BaseResultMap">外，其余的<insert><update><delete><select>元素与 MajorMapper.java 中的方法一一对应，具体的代码如下所示。

```
<?xml version="1.0" encoding="UTF-8"?>
<!DOCTYPE mapper PUBLIC
  "-//mybatis.org//DTD Mapper 3.0//EN"
  "http://mybatis.org/dtd/mybatis-3-mapper.dtd">
<mapper namespace="persistence.mybatis.mapper.MajorMapper">
  <resultMap id="BaseResultMap" type="persistence.mybatis.model.Major">
    <id column="major_id" jdbcType="BIGINT" property="majorId" />
    <result column="major_name" jdbcType="VARCHAR" property="majorName" />
    <result column="college_id" jdbcType="BIGINT" property="collegeId" />
  </resultMap>
  <delete id="deleteByPrimaryKey" parameterType="java.lang.Long">
    delete from major
    where major_id = #{majorId,jdbcType=BIGINT}
  </delete>
  <insert id="insert" keyColumn="major_id" keyProperty="majorId"
        parameterType="persistence.mybatis.model.Major" useGeneratedKeys="true">
        insert into (major_name, college_id) values (#{majorName,jdbcType=VARCHAR},
                                                      #{collegeId,jdbcType=BIGINT})
  </insert>
```

```
    <update id="updateByPrimaryKey" parameterType="persistence.mybatis.model.Major">
        update major set major_name = #{majorName,jdbcType=VARCHAR},
        college_id = #{collegeId,jdbcType=BIGINT}
        where major_id = #{majorId,jdbcType=BIGINT}
    </update>
    <select id="selectByPrimaryKey" parameterType="java.lang.Long" resultMap="BaseResultMap">
        select major_id, major_name, college_id from major
                where major_id = #{majorId,jdbcType=BIGINT}
    </select>
        <select id="selectAll" resultMap="BaseResultMap">
        select major_id, major_name, college_id from major
    </select>
</mapper>
```

需要说明的是，本例中各方法的参数传递使用的是“parameterType=类名”的方式，此外可以传递基本数据类型和 Java 复杂数据类型，方法如下。

① 形参为基本数据类型：只能传入一个，通过#{形参名}获取传入的值。

② 形参为复杂数据类型：可以从传递 Java 实体类、Map 类型，通过#{属性名}或#{key of map}获取传入的值。

这一点和前面借助@Param{参数名}和#{参数名}明确定义参数名的方法不同，但实现的功能是一样的。

2.8.5 测试自动生成的 Mapper

创建一个 junit 的测试类 MajorMapperTest.java，对 MajorMapper.java 中的方法进行测试，具体代码如下。

```
package persistence.mybatis.mapper;
import static org.junit.Assert.*;
import java.util.List;
import org.apache.ibatis.session.SqlSession;
import org.junit.After;
import org.junit.Before;
import org.junit.Test;
import org.junit.FixMethodOrder;
import org.junit.runners.MethodSorters;
import persistence.mybatis.model.Major;
import persistence.mybatis.model.MyBatisUtils;
import static org.hamcrest.Matchers.*;
//定义测试方法的顺序，按照名称升序
@FixMethodOrder(MethodSorters.NAME_ASCENDING)
public class MajorMapperTest {
    MajorMapper mapper = null;
    SqlSession sqlSession = null;
    public static Long majorId = null;
```

```
        // 设置为静态，否则无法在测试方法间共享
        // 每个测试方法之前执行
        @Before
        public void before() {
                this.sqlSession = MyBatisUtils.getSession();
                this.mapper = (MajorMapper) sqlSession.getMapper(MajorMapper.class);
        }
        // 每个测试方法之后执行
        @After
        public void after() {
                this.sqlSession.commit();
                this.sqlSession.close();
        }
    @Test
        public void test1_selectAll() {
                List<Major> result = this.mapper.selectAll();
                assertThat(result.size(), greaterThanOrEqualTo(8));
        }
        @Test
        public void test2_selectByPrimaryKey() {
                Major major = this.mapper.selectByPrimaryKey(1L);
                assertThat(major, notNullValue());
        }
        @Test
        public void test3_insert() {
                Major newMajor=new Major();
                newMajor.setMajorName("物联网工程");
                newMajor.setCollegeId(1L);
                newMajor.setMajorId(null);
                int re = this.mapper.insert(newMajor);
                assertThat(re, is(1));
                majorId = newMajor.getMajorId();
                // 为了直观看到效果，加入了一些控制台输出
                System.out.println("added MajorId=" + majorId);
        }
        @Test
        public void test4_updateByPrimaryKey() {
                Major newMajor=new Major();
                newMajor.setMajorName("物联网工程与技术");
                newMajor.setCollegeId(1L);
                newMajor.setMajorId(majorId);
                int re=this.mapper.updateByPrimaryKey(newMajor);
                assertThat(re,is(1));
        }
        @Test
        public void test5_deleteByPrimaryKey() {
```

```
            int re=this.mapper.deleteByPrimaryKey(majorId);
            assertThat(re,is(1));
        }
}
```

该测试类中的大部分代码与 CourseMapperTest.java 中的代码类似，因此不再累述。

2.9　MyBatis 中的关联映射

在数据库操作中，经常会遇到一对一、一对多、多对一的表间关联关系，在 MyBatis 中需要进行相应的映射，从而转化成对象之间的关系。

2.9.1　一对多的关系（单条 SQL 语句）

这一节介绍一对多关系的处理方法。

1．创建数据库

在数据库中已有两张表：college 和 major，major 表中有字段 college_id，借助 major.college_id 可以找到对应的 college 记录。

创建表 college 和表 major 的 SQL 语句如下所示。

```
CREATE TABLE 'college' (
  'college_id' bigint NOT NULL AUTO_INCREMENT,
  'college_name' varchar(50) NOT NULL,
  PRIMARY KEY ('college_id'),
  UNIQUE KEY 'college_name' ('college_name'))
ENGINE=InnoDB AUTO_INCREMENT=20 DEFAULT CHARSET=utf8;
CREATE TABLE 'major' (
  'major_id' bigint NOT NULL AUTO_INCREMENT,
  'major_name' varchar(50) NOT NULL,
  'college_id' bigint NOT NULL,
  PRIMARY KEY ('major_id'),
  UNIQUE KEY 'major_name' ('major_name'),
  KEY 'fk_college_major_idx' ('college_id'),
  CONSTRAINT 'fk_college_major'
              FOREIGN KEY ('college_id') REFERENCES 'college' ('college_id'))
ENGINE=InnoDB AUTO_INCREMENT=12 DEFAULT CHARSET=utf8;
```

我们希望在查询 College 类的对象时，能够得到其所拥有的 Major 对象。

2．修改实体类

为了形成对象之间的一对多的关系，需要修改 College 类，修改后的代码如下所示。

```
package persistence.mybatis.model;
import java.util.List;
public class College {
        private Long collegeId;
        private String collegeName;
```

```
    public Long getCollegeId() {
        return collegeId;
    }
    public void setCollegeId(Long collegeId) {
        this.collegeId = collegeId;
    }
    public String getCollegeName() {
        return collegeName;
    }
    public void setCollegeName(String collegeName) {
        this.collegeName = collegeName;
    }
    //增加包含多个 major 的 List
    private List<Major> majorList;
    public List<Major> getMajorList() {
        return majorList;
    }
    public void setMajorList(List<Major> majorList) {
        this.majorList = majorList;
    }
}
```

在 College 类中增加了一个成员 List<Major> majorList 及其 Setter/Getter 方法。Major 类的代码如下所示。

```
package persistence.mybatis.model;
public class Major {
    private Long majorId;
    private String majorName;
    private Long collegeId;
    public Long getMajorId() {
        return majorId;
    }
    public void setMajorId(Long majorId) {
        this.majorId = majorId;
    }
    public String getMajorName() {
        return majorName;
    }
    public void setMajorName(String majorName) {
        this.majorName = majorName;
    }
    public Long getCollegeId() {
        return collegeId;
    }
    public void setCollegeId(Long collegeId) {
        this.collegeId = collegeId;
```

```
    }
}
```

3．修改 CollegeMapper.xml 映射文件

使用 MyBatis Generator 生成 MajorMapper.xml 和 CollegeMapper.xml 文件后，MajorMapper.xml 文件内容基本不需要修改，其内容如下所示。

```
<?xml version="1.0" encoding="UTF-8"?>
<!DOCTYPE mapper PUBLIC
  "-//mybatis.org//DTD Mapper 3.0//EN"
  "http://mybatis.org/dtd/mybatis-3-mapper.dtd">
<mapper namespace="persistence.mybatis.mapper.MajorMapper">
  <resultMap id="BaseMajorMap" type="persistence.mybatis.model.Major">
    <id column="major_id" jdbcType="BIGINT" property="majorId" />
    <result column="major_name" jdbcType="VARCHAR" property="majorName" />
    <result column="college_id" jdbcType="BIGINT" property="collegeId" />
  </resultMap>
  <delete id="deleteByPrimaryKey" >
    delete from major
    where major_id = #{majorId,jdbcType=BIGINT}
  </delete>
  <insert id="insert" keyColumn="major_id" keyProperty="majorId"
          parameterType="persistence.mybatis.model.Major" useGeneratedKeys="true">
    insert into major (major_name, college_id)
          values (#{majorName,jdbcType=VARCHAR}, #{collegeId,jdbcType=BIGINT})
  </insert>
  <update id="updateByPrimaryKey" parameterType="persistence.mybatis.model.Major">
    update major
    set major_name = #{majorName,jdbcType=VARCHAR},
        college_id = #{collegeId,jdbcType=BIGINT}
    where major_id = #{majorId,jdbcType=BIGINT}
  </update>
  <select id="selectByPrimaryKey"   resultMap="BaseMajorMap">
    select major_id, major_name, college_id
    from major where major_id = #{majorId,jdbcType=BIGINT}
  </select>
  <select id="selectAll" resultMap="BaseMajorMap">
    select major_id, major_name, college_id from major
  </select>
</mapper>
```

但 CollegeMapper.xml 的内容需要进行一些调整，修改后的文件内容如下所示。

```
<?xml version="1.0" encoding="UTF-8"?>
<!DOCTYPE mapper PUBLIC
  "-//mybatis.org//DTD Mapper 3.0//EN"
  "http://mybatis.org/dtd/mybatis-3-mapper.dtd">
```

```
<mapper namespace="persistence.mybatis.mapper.CollegeMapper">
  <resultMap id="BaseCollegeMap" type="persistence.mybatis.model.College">
    <id column="college_id" jdbcType="BIGINT" property="collegeId" />
    <result column="college_name" jdbcType="VARCHAR" property="collegeName" />
  </resultMap>
  <resultMap type="persistence.mybatis.model.College"
                        id="majorListCollegeMap" extends="BaseCollegeMap">
     <collection property="majorList" columnPrefix="list_"
     resultMap="persistence.mybatis.mapper.MajorMapper.BaseMajorMap"/>
  </resultMap>
  <delete id="deleteByPrimaryKey" >
    delete from college where college_id = #{collegeId,jdbcType=BIGINT}
  </delete>
  <insert id="insert" keyColumn="college_id" keyProperty="collegeId"
          parameterType="persistence.mybatis.model.College" useGeneratedKeys="true">
      insert into college (college_name) values (#{collegeName,jdbcType=VARCHAR})
  </insert>
  <update id="updateByPrimaryKey" parameterType="persistence.mybatis.model.College">
    update college
    set college_name = #{collegeName,jdbcType=VARCHAR}
    where college_id = #{collegeId,jdbcType=BIGINT}
  </update>
  <select id="selectByPrimaryKey"   resultMap="majorListCollegeMap">
     SELECT college.college_id,college_name,major_id
        as list_major_id,major_name as list_major_name,major.college_id as list_college_id
        FROM college inner join major on major.college_id=college.college_id
        where college.college_id = #{collegeId,jdbcType=BIGINT}
  </select>
  <select id="selectAll" resultMap="majorListCollegeMap">
    SELECT college.college_id,college_name,major_id
        as list_major_id,major_name as list_major_name,major.college_id as list_college_id
        FROM college inner join major on major.college_id=college.college_id order
        by college.college_id, major_id
  </select>
</mapper>
```

修改的内容主要有以下两点。

① 增加了一个新的<resultMap id="majorListCollegeMap">标签，该标签继承自<resultMap id="BaseCollegeMap">（这个 resultMap 由 MBG 生成）。在这个新增加的 resultMap 中，使用<collection>标签完成属性 majorList 的构建，<collection>标签中属性的含义如表 2-7 所示。

表 2-7　<collection>标签中的属性及其含义

属 性 名	属 性 值	含 义
property	"majorList"	当前的 collection 映射到 College 类的 majorList 属性
resultMap	"persistence.mybatis.mapper.MajorMapper.BaseMajorMap"	查询结果进行 collection 映射时所使用的 resultMap（这里引用的是 MajorMapper.xm 中的 BaseMajorMap）
columnPrefix	"list_"	查询结果中用于 collection 映射的列前缀

② 修改<select>标签：修改其 SQL 语句，并设置 resultMap 属性。

为了更好地理解这个映射过程，我们来详细分析一下<select id="selectAll" resultMap="majorListCollegeMap">标签中的 SQL 语句的执行结果是如何映射的，具体分析如表 2-8 所示。

表 2-8　select 语句执行结果的映射分析

结果集中的列	列 的 别 名	是否符合<collection>标签的 columnPrefix	映 射 关 系
college.college_id	无	否	映射到 College 类的 collegeId 属性
college_name	无	否	映射到 College 类的 collegeName 属性
major_id	list_major_id,	是	使用<collection>标签映射到 College 类的 majorList 属性
major_name	list_major_name,	是	使用<collection>标签映射到 College 类的 majorList 属性
major.college_id	list_college_id	是	使用<collection>标签映射到 College 类的 majorList 属性

通过上述表格不难发现，凡是匹配<collection>标签的 columnPrefix 的列都会使用<collection>标签映射到 College 类的 majorList 属性。而<collection>标签已经设置了 resultMap="persistence.mybatis.mapper.MajorMapper.BaseMajorMap"，因此 list_major_id、list_major_name、list_college_id 三个列会使用 BaseMajorMap 来完成映射。具体映射关系如表 2-9 所示。

表 2-9　使用 BaseMajorMap 映射

符合 columnPrefix="list_"的列名	BaseMajorMap 映射中的源列名	映 射 关 系
list_major_id	major_id	映射到 Major 类的 majorId 属性
list_major_name	major_name	映射到 Major 类的 majorName 属性
list_college_id	college_id	映射到 Major 类的 collegeId 属性

细心的读者会发现，列名的前缀“list_”实际上并没有参与到 BaseMajorMap 的映射过程，也可以理解为<collection>标签的 columnPrefix 仅起到一种标识作用，不参与后续的映射过程。

4．创建测试类 CollegeMapperTest

为了验证 College 和 Major 类对象之间的一对多的关系，创建如下的测试类代码。

```
package persistence.mybatis.mapper;
import static org.junit.Assert.*;
import java.util.List;
import org.apache.ibatis.session.SqlSession;
```

```
import org.junit.After;
import org.junit.Before;
import org.junit.Test;
import org.junit.FixMethodOrder;
import org.junit.runners.MethodSorters;
import persistence.mybatis.model.College;
import persistence.mybatis.model.Major;
import persistence.mybatis.model.MyBatisUtils;
import static org.hamcrest.Matchers.*;
//定义测试方法的顺序，按照名称升序
@FixMethodOrder(MethodSorters.NAME_ASCENDING)
public class CollegeMapperTest {
    CollegeMapper mapper = null;
    SqlSession sqlSession = null;
    public static Long entityId = null;
    // 设置为静态，否则无法在测试方法间共享
    @Before
    public void before() {// 每个测试方法之前执行
        this.sqlSession = MyBatisUtils.getSession();
        this.mapper = (CollegeMapper) sqlSession.getMapper(CollegeMapper.class);
    }
    @After
    public void after() {// 每个测试方法之后执行
        this.sqlSession.commit();
        this.sqlSession.close();
    }
    @Test
    public void test1_selectAll() {
        List<College> result = this.mapper.selectAll();
        assertThat(result.size(), greaterThanOrEqualTo(3));
        int count = 0;
        // 为了显示一下
        for (College college : result) {
            for (Major m : college.getMajorList()) {
                System.out.println(m.getMajorId() + "======" + m.getMajorName());
                count++;
            }
        }
        assertThat(count, is(8));
    }
@Test
    public void test2_selectByPrimaryKey() {
        College college = this.mapper.selectByPrimaryKey(1L);
        assertThat(college, notNullValue());
        // 为了显示一下
        for (Major m : college.getMajorList()) {
```

```
            System.out.println(m.getMajorId() + "    " + m.getMajorName());
        }
        assertThat(college.getMajorList().size(), is(3));
    }
    @Test
    public void test3_insert() {
        College newEntity = new College();
        newEntity.setCollegeName("大数据学院");
        newEntity.setCollegeId(null);
        int re = this.mapper.insert(newEntity);
        assertThat(re, is(1));
        entityId = newEntity.getCollegeId();
        // 为了直观看到效果，加入了一些控制台输出
        System.out.println("added ObjectID=" + entityId);
    }
    @Test
    public void test4_updateByPrimaryKey() {
        College newEntity = new College();
        newEntity.setCollegeName("人工智能学院");
        newEntity.setCollegeId(entityId);
        int re = this.mapper.updateByPrimaryKey(newEntity);
        assertThat(re, is(1));
    }
    @Test
    public void test5_deleteByPrimaryKey() {
        int re = this.mapper.deleteByPrimaryKey(entityId);
        assertThat(re, is(1));
    }
}
```

上述测试类的代码与前面章节的代码类似，不再累述。

2.9.2　一对多的关系（多条 SQL 语句）

前面的例子使用一条 SQL 语句同时从 college 和 major 表中检索了所需的信息（借助 inner join 操作）。熟悉 SQL 语句的读者自然会想到另一种方法，那就是不使用 inner join 操作，而是先查询 college 表获得所需的信息（自然包括 college_id），然后再根据获得的 college_id 去 major 表中检索对应的 major 表中的信息。

接下来就介绍使用多条 SQL 语句来分别检索 college 和 major 表时（不使用 inner join）应当如何配置映射文件。

1．修改 MajorMapper.xml 和 MajorMapper.java 文件

通过上述分析可知，需要增加一个通过 college_id 检索 major 表的方法，因此在 MajorMapper.java 文件中增加一个方法 selectMajorsByCollegeId，代码如下所示。

```
List<Major> selectMajorsByCollegeId(Long specifiedCollegeId);//查询指定院系的专业
```

在 MajorMapper.xml 中增加对应的标签，内容如下所示。

```
<select id="selectMajorsByCollegeId" resultMap="BaseMajorMap">
    select major_id, major_name, college_id from major
        where college_id=#{specifiedCollegeId,jdbcType=BIGINT}
</select>
```

2．修改 CollegeMapper.xml 和 CollegeMapper.java 文件

为了便于比较，在 CollegeMapper.java 文件中增加一个方法 selectAllWithoutInnerJoin()，代码如下所示。

```
List<College> selectAllWithoutInnerJoin();
```

同时在 CollegeMapper.xml 中增加对应的<select>标签和一个<resultMap>标签，内容如下所示。

```
<resultMap type="persistence.mybatis.model.College"
    id="majorListCollegeMapWithoutInnerJoin" extends="BaseCollegeMap">
    <collection property="majorList" fetchType="lazy" column="{specifiedCollegeId=college_id}"
            select="persistence.mybatis.mapper.MajorMapper.selectMajorsByCollegeId"/>
</resultMap>
…
<select id="selectAllWithoutInnerJoin"
    resultMap="majorListCollegeMapWithoutInnerJoin">
    SELECT college.college_id,college_name FROM college order by
    college.college_id
</select>
```

这个新增加的<resultMap>标签与前面的<resultMap>标签基本相同，但<collection>子标签差异较大，其具体含义如表 2-10 所示。

表 2-10　CollegeMapper.xml 中的<collection>子标签

<collection>标签的属性	含　义
property="majorList"	映射到 College 类的 majorList 属性
fetchType="lazy"	fetchTpye 用于设置加载方式，即二次查询出来的对象是否立即被加载。可用选项为: "lazy"延迟加载（不会马上从数据库中加载）、"eager"立即加载（立即从数据库中加载）。 注意：它将取代全局配置参数 lazyLoadingEnabled
column="{specifiedCollegeId=college_id}"	specifiedCollegeId 为 selectMajorsByCollegeId 查询中的参数。college_id 为 college 表中的列名。这里的含义就是将主查询中的列结果作为第二次查询的参数。常见的格式为 column="{参数 1=列 1,参数 2=列 2,…}"
select="persistence.mybatis.mapper. MajorMapper.selectMajorsByCollegeId"	查询关联的 Major 对象时使用的 select 查询的 id。此处为全路径

3．增加测试方法

在 CollegeMapperTest.java 中增加一个新的测试方法 selectAllWithoutInnerJoin，具体代码如下。

```
@Test
public void test1_selectAllWithoutInnerJoin() {
    List<College> result = this.mapper.selectAllWithoutInnerJoin();
    assertThat(result.size(), greaterThanOrEqualTo(3));
    int count = 0;
    // 为了显示一下
    for (College college : result) {
        for (Major m : college.getMajorList()) {
            System.out.println(m.getMajorId() + "********" + m.getMajorName());
            count++;
        }
    }
    assertThat(count, is(8));
}
```

执行测试后，在控制台能够看到如下的 SQL 语句执行顺序。

```
==>   Preparing: SELECT college.college_id,college_name FROM college order by college.college_id
…
==>   Preparing: select major_id, major_name, college_id from major where college_id=?
…
==>   Preparing: select major_id, major_name, college_id from major where college_id=?
…
==>   Preparing: select major_id, major_name, college_id from major where college_id=?
…
```

2.9.3 一对一（多对一）关联关系的配置

这一节介绍一对一的和多对一关联关系的配置。

1. 创建数据库

为了讲解一对一（多对一）的关联关系的配置，此处使用 MajorClass 对象（专业班级）和 Major 对象（专业）之间的多对一的关系，因为从“多”的一方 MajorClass 来看，它与 Major 之间就是“一对一”的关系，一个 MajorClass 对象属于而且只属于一个 Major 对象。创建表 major_class 和表 major 的 SQL 语句如下。

```
CREATE TABLE 'major' (
  'major_id' bigint NOT NULL AUTO_INCREMENT,
  'major_name' varchar(50) NOT NULL,
  'college_id' bigint NOT NULL,
  PRIMARY KEY ('major_id'),
  UNIQUE KEY 'major_name' ('major_name'),
  KEY 'fk_college_major_idx' ('college_id'),
  CONSTRAINT 'fk_college_major' FOREIGN KEY ('college_id')
  REFERENCES 'college' ('college_id'))
ENGINE=InnoDB AUTO_INCREMENT=12 DEFAULT CHARSET=utf8;
CREATE TABLE 'major_class' (
```

```
    'class_id' bigint NOT NULL AUTO_INCREMENT,
    'class_name' varchar(50) DEFAULT NULL,
    'major_id' bigint NOT NULL,
    PRIMARY KEY ('class_id'),
    KEY 'major_fk_idx' ('major_id'),
    CONSTRAINT 'major_fk' FOREIGN KEY ('major_id') REFERENCES 'major' ('major_id'))
  ENGINE=InnoDB AUTO_INCREMENT=6 DEFAULT CHARSET=utf8;
```

在 MyBatis 中配置一对一的关系相对比较简单，常用的方法有三种，分别是自动映射、配置<resultMap>标签、配置<association>标签。

在详细介绍每种方法之前，事先用 MyBatis Generator 生成 MajorClass.java、MajorClassMapper.xml、MajorClassMapper.java 三个文件，这样方便后续的修改。

2．利用自动映射

修改 MajorClass.java 文件，为 MajorClass 类增加一个 Major 类型的属性，完整代码如下所示。

```
package persistence.mybatis.model;
public class MajorClass {
    private Long classId;
    private String className;
    public Long getClassId() {
        return classId;
    }
    public void setClassId(Long classId) {
        this.classId = classId;
    }
    public String getClassName() {
        return className;
    }
    public void setClassName(String className) {
        this.className = className;
    }
    //增加 Major 对象
    private Major major;
    public Major getMajor() {
        return major;
    }
    public void setMajor(Major major) {
        this.major = major;
    }
}
```

对于 MajorClassMapper.xml 文件，只需要修改<select>标签中的 SQL 语句即可，修改后的文件内容如下所示。

```
<?xml version="1.0" encoding="UTF-8"?>
<!DOCTYPE mapper PUBLIC
```

```
    "-//mybatis.org//DTD Mapper 3.0//EN"
    "http://mybatis.org/dtd/mybatis-3-mapper.dtd">
<mapper namespace="persistence.mybatis.mapper.MajorClassMapper">
<resultMap id="BaseMajorClassMap"
        type="persistence.mybatis.model.MajorClass">
        <id column="class_id" jdbcType="BIGINT" property="classId" />
        <result column="class_name" jdbcType="VARCHAR"      property="className" />
</resultMap>
<delete id="deleteByPrimaryKey" >
        delete from   major_class where class_id = #{classId,jdbcType=BIGINT}
</delete>
<insert id="insert" keyColumn="class_id" keyProperty="classId"
        parameterType="persistence.mybatis.model.MajorClass"
        useGeneratedKeys="true">
        insert into major_class (class_name, major_id) values
        (#{className,jdbcType=VARCHAR}, #{majorId,jdbcType=BIGINT})
</insert>
<update id="updateByPrimaryKey"
        parameterType="persistence.mybatis.model.MajorClass">
        update major_class set class_name = #{className,jdbcType=VARCHAR},
        major_id = #{majorId,jdbcType=BIGINT} where class_id = #{classId,jdbcType=BIGINT}
</update>
<select id="selectByPrimaryKey"
        resultMap="BaseMajorClassMap">
        SELECT class_id,class_name,major_class.major_id as
        'major.majorId',major.major_name as 'major.majorName' FROM
        myhomework.major_class inner join major on
        major_class.major_id=major.major_id where class_id = #{classId,jdbcType=BIGINT}
</select>
<select id="selectAll" resultMap="BaseMajorClassMap">
        SELECT class_id,class_name,major_class.major_id as
        'major.majorId',major.major_name as 'major.majorName' FROM
        myhomework.major_class inner join major on     major_class.major_id=major.major_id;
</select>
/mapper>
```

下面以<select id="selectAll" resultMap=" BaseMajorClassMap ">为例，来解释这种自动映射关系，具体细节如表 2-11 所示。

表 2-11　MajorClassMapper.xml 中的<select>标签使用的映射

表中的列名	查询结果中的别名	使用的 resultMap	映射到 MajorClass 类中的属性
class_id,	无	BaseMajorClassMap	classId
class_name,	无	BaseMajorClassMap	className
major.major_name	'major.majorName'	自动映射	major 对象的 majorName 属性
major_class.major_id	'major.majorId'	自动映射	major 对象的 majorId 属性

相信细心的读者已经发现了规律，使用自动映射时查询结果中的列名应当为'属性(对象).属性'，这样才能够将查询结果自动赋值给 “属性(对象)” 的对应“属性”。读者需要注意在 SQL 语句中反引号“'”的使用。

创建测试类 MajorClassMapperTest，其代码如下所示。

```
package persistence.mybatis.mapper;
import static org.junit.Assert.*;import java.util.List;
import org.apache.ibatis.session.SqlSession;import org.junit.After;
import org.junit.Before;import org.junit.Test;
import org.junit.FixMethodOrder;import org.junit.runners.MethodSorters;
import persistence.mybatis.model.Major;import persistence.mybatis.model.MajorClass;
import persistence.mybatis.model.MyBatisUtils;import static org.hamcrest.Matchers.*;
//定义测试方法的顺序，按照名称升序
@FixMethodOrder(MethodSorters.NAME_ASCENDING)
public class MajorClassMapperTest {
    MajorClassMapper mapper = null;
    SqlSession sqlSession = null;
    public static Long majorId = null;
    // 设置为静态，否则无法在测是方法间共享
    @Before
    public void before() {// 每个测试方法之前执行
        this.sqlSession = MyBatisUtils.getSession();
        this.mapper = (MajorClassMapper) sqlSession.getMapper(MajorClassMapper.class);
    }
    @After
    public void after() {// 每个测试方法之后执行
        this.sqlSession.commit();            this.sqlSession.close();
    }
    @Test
    public void test1_selectAll() {
        List<MajorClass> result = this.mapper.selectAll();
        assertThat(result.size(), greaterThanOrEqualTo(5));
        for(MajorClass mc:result) {
            assertThat(mc.getMajor(), notNullValue());
            System.out.println(mc.getClassName()+" -> "+mc.getMajor().getMajorName());
        }
    }
    @Test
    public void test2_selectByPrimaryKey() {
        MajorClass majorClass = this.mapper.selectByPrimaryKey(1L);
        assertThat(majorClass, notNullValue());
        assertThat(majorClass.getMajor(), notNullValue());
        System.out.println(majorClass.getClassName()+"->"
            +majorClass.getMajor().getMajorName());
    }
}
```

3．利用<resultMap>标签

相对于“自动映射”而言，配置一个<resultMap>标签来完成这个映射可能更加容易理解。在 MajorClassMapper.xml 文件中增加一个 id="MajorClassMap_Major"的<resultMap>标签来实现这一映射。同时修改<select id="selectByPrimaryKey">标签，让其使用这个新增加的<resultMap>，MajorClassMapper.xml 文件中改动的内容如下。

```
<resultMap id="MajorClassMap_Major"
        type="persistence.mybatis.model.MajorClass"
        extends="BaseMajorClassMap">
        <result property="major.majorId" column="major_id"/>
        <result property="major.majorName" column="major_name"/>
</resultMap>
…
<select id="selectByPrimaryKey"
        resultMap="MajorClassMap_Major">
        SELECT class_id,class_name,major_class.major_id ,major.major_name FROM
        myhomework.major_class inner join major on
        major_class.major_id=major.major_id
        where class_id =
        #{classId,jdbcType=BIGINT}
</select>
```

<resultMap id="MajorClassMap_Major">标签继承自 BaseMajorClassMap，在此基础上明确定义了如何将查询结果中的列映射到 major 属性，所以 SQL 语句中对于列名的使用比较灵活，不用遵循自动映射时的特殊规则。但<result>标签中 peoperty 属性的值比较特殊，应当符合“属性（对象）.属性”的匹配规则，映射关系细节如表 2-12 所示。

表 2-12　MajorClassMapper.xml 中<select>标签使用的映射

表中的列名	查询结果中的别名	使用的 resultMap	映射到 MajorClass 类中的属性
class_id	无	BaseMajorClassMap	classId
class_name	无	BaseMajorClassMap	className
major_name	无	MajorClassMap_Major	major 对象的 majorName 属性
major_id	无	MajorClassMap_Major"	major 对象的 majorId 属性

4．利用<association>标签（单 SQL 语句）

前面使用<collection>标签来处理一对多的关系，类似地，这里使用<association>标签来表达一对一的关系。在 MajorClassMapper.xml 文件中增加一个 id="MajorClassMap_Major_association"的<resultMap>标签，该标签包含一个<association>标签，用于定义 MajorClass 对象和 Major 对象之间的一对一的关系。

此外增加一个<select id="selectByPrimaryKey_association">标签，并引用新增加的<resultMap>，MajorClassMapper.xml 文件中改动的内容如下所示。

```
<resultMap id="MajorClassMap_Major_association"
        type="persistence.mybatis.model.MajorClass"
```

```
        extends="BaseMajorClassMap">
        <association property="major" columnPrefix="m_"
            resultMap="persistence.mybatis.mapper.MajorMapper.BaseMajorMap" />
    </resultMap>
    …
    <select id="selectByPrimaryKey_association"
        resultMap="MajorClassMap_Major_association">
        SELECT class_id,class_name,major_class.major_id as m_major_id
        ,major.major_name as m_major_name   FROM
        myhomework.major_class inner join major on
        major_class.major_id=major.major_id
        where class_id = #{classId,jdbcType=BIGINT}
    </select>
```

在 MajorClassMapper.java 文件中，增加一个接口方法的定义，代码如下所示。

```
MajorClass selectByPrimaryKey_association(Long classId);
```

为了更好地理解这个映射过程，我们来详细分析一下<select id=" selectByPrimaryKey_association" resultMap="MajorClassMap_Major_association">标签中 SQL 语句的映射过程，具体过程如表 2-13 所示。

表 2-13　使用<association>标签完成一对一的映射

结果集中的列	列 的 别 名	是否符合<association>标签的 columnPrefix	使用的 resultMap	映射到 MajorClass 类中的属性
class_id	无	否	BaseMajorClassMap	classId
class_name	无	否	BaseMajorClassMap	className
major_name	m_major_name	是	BaseMajorMap	major 对象的 majorName 属性
major_id	m_major_id	是	BaseMajorMap	major 对象的 majorId 属性

通过上述表格不难发现凡是匹配<association>标签的 columnPrefix 的列都会使用<association>标签映射到 Major 类对象，因为<ssociation>标签已经设置了其 resultMap="persistence.mybatis.mapper.MajorMapper.BaseMajorMap"，因此 m_major_name、m_major_id 两个列会使用 BaseMajorMap 来完成映射。BaseMajorMap 映射关系如表 2-14 所示。

表 2-14　BaseMajorMap 映射关系

符合 columnPrefix="m_"的列名	BaseMajorMap 映射中的源列名	映 射 关 系
m_major_id	major_id	映射到 Major 类的 majorId 属性
m_major_name	major_name	映射到 Major 类的 majorName 属性

与<collection>标签的用法类似，列名的前缀“m_”实际上并没有参与到 BaseMajorMap 的映射过程，columnPrefix 仅起到一种标识作用，不参与后续的映射过程。

5．利用<association>标签（多 SQL 语句）

与一对多的关系可以不使用 inner join 的操作类似，一对一的映射关系也可以拆分成多条

SQL 语句来完成检索。自然应当先查询 major_class 表获得所需的信息（包括 major_id），然后再根据获得的 major_id 去 major 表中检索对应的 major 表中的信息。接下来就介绍使用多条 SQL 语句来检索 major_class 和 major 表时（不使用 inner join）应当如何配置。

修改 MajorClassMapper.xml 文件，增加一个<resultMap>标签和一个<select>标签，内容如下所示。

```
<resultMap id="MajorClassMap_Major_association_multisql"
    type="persistence.mybatis.model.MajorClass"
    extends="BaseMajorClassMap">
    <association property="major" fetchType="eager"
        select="persistence.mybatis.mapper.MajorMapper.selectByPrimaryKey"
        column="{majorId=major_id}"/>
</resultMap>
…
<select id="selectByPrimaryKey_association_multisql"
    resultMap="MajorClassMap_Major_association_multisql">
    SELECT class_id,class_name,major_id FROM myhomework.major_class
    where class_id =#{classId,jdbcType=BIGINT}
</select>
```

修改 MajorClassMapper.java 文件，增加相应的方法定义，内容如下。

```
MajorClass selectByPrimaryKey_association_multisql(Long classId)
```

这个新增加的<resultMap>标签与前面的<resultMap>标签基本相同，但<association>子标签差异较大，其具体含义如表 2-15 所示。

表 2-15　<association>标签的属性

<association>标签的属性	含　义
property="major"	映射到 MajorClass 类的 major 属性
fetchType="lazy"	fetchTpye 用于设置加载方式，即二次查询出来的对象是否立即被加载。可用选项为: "lazy"延迟加载（不会马上从数据库中加载）、"eager"立即加载（立即从数据库中加载）。 注意：它将取代全局配置参数 lazyLoadingEnabled
column="{majorId=major_id}"	majorId 为 selectByPrimaryKey 查询中的参数。major_id 为 major_class 表中查询出的列名。这里的含义就是将主查询中的列结果作为第二次查询的参数。常见的格式为 column="{参数 1=列 1,参数 2=列 2,…}"
select="persistence.mybatis.mapper.MajorMapper.selectByPrimaryKey "	查询关联的 Major 对象时使用的 select 查询的 id。此处为全路径

在 MajorClassMapperTest.java 文件中，增加一个测试方法，代码如下所示。

```
@Test
public void test3_selectByPrimaryKey_association_multisql() {
    MajorClass majorClass = this.mapper.selectByPrimaryKey_association_multisql(1L);
    assertThat(majorClass, notNullValue());
    assertThat(majorClass.getMajor(), notNullValue());
    System.out.println(majorClass.getClassName()+" -> "
```

```
                +majorClass.getMajor().getMajorName());
}
```

运行测试后，在控制台能够看到如下内容。

```
==>Preparing: SELECT class_id,class_name,major_id FROM myhomework.major_class where class_id =?
…
==>Preparing: select major_id, major_name, college_id from major where major_id = ?
```

我们能够明显地看到 MyBatis 先后执行了两条 SQL 语句，而没有采用 inner join 的操作方式。

2.10 MyBatis 的缓存机制简介

在 MyBatis 中存在一级缓存和二级缓存，一级缓存与 SqlSession 关联，二级缓存与命名空间关联。通过使用缓存，能够减少对数据库的访问，提高应用的相应速度。

2.10.1 一级缓存

在 MyBatis 中一级缓存是默认启动的，也无法通过配置文件对它进行过多的干预。因此有必要了解一级缓存的以下特性。

① 一级缓存与 SqlSession 关联，所以不同的 SqlSession 的缓存空间是独立的。

② MyBatis 的一级缓存使用 Map 类型的数据结构来存储对象，并使用方法名和参数的信息来计算 Key 值。当 Key 值已存时，直接使用已有的缓存对象。

③ insert、update、delete 操作和 SqlSession 的 commit 方法都会清空一级缓存，让所有已经缓存的对象失效。

④ select 操作也可以通过设置 flushCache="true"来强制清空一级缓存。

下面通过几个小例子来体会一级缓存的上述特点。新建一个 Junit 测试类 FirstLevelCacheTest，并在其中添加新的测试方法，并运行。

1. 一级缓存的基本用法

增加测试方法 test1_one_SqlSession()，代码如下所示。

```
@Test
public void test1_one_SqlSession() {
    SqlSession sqlSession = MyBatisUtils.getSession();
    MajorMapper mapper = (MajorMapper) sqlSession.getMapper(MajorMapper.class);
    Major result1 =mapper.selectByPrimaryKey(1L);//执行 SQL
    Major result2 =mapper.selectByPrimaryKey(1L);//使用一级缓存
    assertThat(result2, is(result1));
    sqlSession.commit();
    sqlSession.close();
}
```

运行测试后，在控制台得到如下输出信息。

```
==> Preparing: select major_id, major_name, college_id from major where major_id = ?
==> Parameters: 1(Long)
```

```
<== Columns: major_id, major_name, college_id
<== Row: 1, 软件工程, 1
<== Total: 1
```

通过分析可知如下结论。

① 在获取 result1 对象时，由于一级缓存内没有对象，因此会向数据库检索并执行 selet 语句。

② 在获取 result2 对象时，由于一级缓存内已有对象（同方法名且同参数），所以在控制台不会再次执行 select 语句进行数据库检索。

③ 既然 reslut2 是从一级缓存中通过 key 拿到的对象，自然 result1 和 result2 是同一个对象。

有时候，希望强制 select 进行数据库检索，此时可以设置<select>标签的 flushCache 属性为 true 来强制清空一级缓存，之后再次运行上面的测试方法，会看到在控制台中显示 MyBatis 执行了两次数据库查询。而此时的 result1 和 result2 自然也不是同一个对象了。

2．清空一级缓存

在 FirstLevelCacheTest.java 中增加如下几个测试方法，分别演示 insert、update、delete 操作和 SqlSession 的 commit 方法清空一级缓存的效果。

test2_one_SqlSession()方法代码如下。

```
@Test
public void test2_one_SqlSession() {
        SqlSession sqlSession = MyBatisUtils.getSession();
        MajorMapper mapper = (MajorMapper) sqlSession.getMapper(MajorMapper.class);
        Major result1 =mapper.selectByPrimaryKey(1L);
        sqlSession.commit();//清空了一级缓存
        Major result2 =mapper.selectByPrimaryKey(1L);
        assertThat(result2, not(result1));
        sqlSession.close();
}
```

在 test2_one_SqlSession()方法中 result1 和 result2 之间的 sqlSession.commit()方法清空了一级缓存，所以 result2 对象的查询会导致新的数据库查询，result1 和 result2 不是同一个对象。

public void test3_one_SqlSession()方法代码如下。

```
@Test
public void test3_one_SqlSession() {
        SqlSession sqlSession = MyBatisUtils.getSession();
        MajorMapper mapper = (MajorMapper) sqlSession.getMapper(MajorMapper.class);
        Major result1 =mapper.selectByPrimaryKey(1L);
        //接下来执行一个插入
        Major newMajor=new Major();
        newMajor.setMajorName("物联网工程");
        newMajor.setCollegeId(1L);
        newMajor.setMajorId(null);
        int re = mapper.insert(newMajor);//清空了一级缓存
        assertThat(re, is(1));
```

```
        Major result2 =mapper.selectByPrimaryKey(1L);
        assertThat(result2, not(result1));//不是一个对象
        sqlSession.close();
    }
```

在 test3_one_SqlSession()方法中，result1 和 result2 之间的 insert 操作清空了一级缓存，所以 result2 对象的查询会导致新的数据库查询，result1 和 result2 不是同一个对象。

test4_one_SqlSession()方法代码如下所示。

```
    @Test
    public void test4_one_SqlSession() {
        SqlSession sqlSession = MyBatisUtils.getSession();
        MajorMapper mapper = (MajorMapper) sqlSession.getMapper(MajorMapper.class);
        Major result1 =mapper.selectByPrimaryKey(1L);
        //接下来执行一个更新
        Major newMajor=new Major();
        newMajor.setMajorName("计算机科学与技术");
        newMajor.setCollegeId(1L);
        newMajor.setMajorId(2L);
        int re=mapper.updateByPrimaryKey(newMajor);//清空了一级缓存
        assertThat(re,is(1));
        Major result2 =mapper.selectByPrimaryKey(1L);
        assertThat(result2, not(result1));//不是一个对象
        sqlSession.close();
    }
```

在 test4_one_SqlSession()方法中，result1 和 result2 之间的 update 操作清空了一级缓存，所以 result2 对象的查询会导致新的数据库查询，result1 和 result2 不是同一个对象。

test5_one_SqlSession()方法代码如下所示。

```
    @Test
    public void test5_one_SqlSession() {
        SqlSession sqlSession = MyBatisUtils.getSession();
        MajorMapper mapper = (MajorMapper) sqlSession.getMapper(MajorMapper.class);
        //准备一个数据
        Major newMajor=new Major();
        newMajor.setMajorName("物联网工程");
        newMajor.setCollegeId(1L);
        newMajor.setMajorId(null);
        int re = mapper.insert(newMajor);
        assertThat(re,is(1));
        //查询一个数据
        Major result1 =mapper.selectByPrimaryKey(1L);
        //接下来执行一个删除
        re=mapper.deleteByPrimaryKey(newMajor.getMajorId());//清空了一级缓存
        assertThat(re,is(1));
        Major result2 =mapper.selectByPrimaryKey(1L);
        assertThat(result2, not(result1));//不是一个对象
```

```
        sqlSession.close();
    }
```

在 test5_one_SqlSession()方法中，result1 和 result2 之间的 delete 操作清空了一级缓存，所以 result2 对象的查询会导致新的数据库查询，result1 和 result2 不是同一个对象。

上述几个测试方法在控制台中的输出比较简单，基本为两条 select 语句间穿插执行 insert、delete、update 语句，基本输出内容如下所示。

```
==> Preparing: select major_id, major_name, college_id from major where major_id = ?
…
…其他 SQL 语句…
…
==> Preparing: select major_id, major_name, college_id from major where major_id = ?
…
```

3．两个 SqlSession 的情况

在 FirstLevelCacheTest.java 中增加一个 test6_two_SqlSession()方法，演示一级缓存无法跨越 SqlSession 的情况，具体代码如下所示。

```
@Test
public void test6_two_SqlSession() {
        SqlSession sqlSession = MyBatisUtils.getSession();
        MajorMapper mapper = (MajorMapper) sqlSession.getMapper(MajorMapper.class);
        Major result1 =mapper.selectByPrimaryKey(1L);
        sqlSession.close();
        sqlSession = MyBatisUtils.getSession();//一个新的 sqlSession，一个新的一级缓存
        mapper = (MajorMapper) sqlSession.getMapper(MajorMapper.class);
        Major result2 =mapper.selectByPrimaryKey(1L);
        assertThat(result2, not(result1));//必然重新检索而认为不是一个对象
        sqlSession.close();
}
```

在这个方法中，result1 和 result2 由不同的 SqlSession 对象得到，因此它们属于两个不用的一级缓存。所以 result2 无法从一级缓存中得到，只能重新进行数据库查询，result1 和 result2 自然不是同一个对象。测试该方法，在控制台会得到如下输出。

```
==>    Preparing: select major_id, major_name, college_id from major where major_id = ?
…
==>    Preparing: select major_id, major_name, college_id from major where major_id = ?
…
```

上面的输出结果中包含两条 select 语句，这与我们的分析是一致的。

2.10.2　二级缓存

这一节介绍二级缓存的使用方法及相关知识。

1．二级缓存的使用方法

MyBatis 中的二级缓存是与命名空间关联的，虽然二级缓存的全局设置默认是开启的，但

也需要在映射文件中使用<cache>标签明确设置当前命名空间（namespace）是否使用二级缓存（这里仅讨论 XML 方式，注解方式请读者自行查阅资料）。二级缓存开启后，使用中注意以下几点。

① MyBatis 要求实体类必须是可序列化的，即实现接口 Serializable。

② select 操作的结果会被二级缓存保存。

③ insert、update、delete 操作会清空二级缓存，让所有已经缓存的对象失效。

④ 二级缓存是事务性的，当 SqlSession 完成并提交时二级缓存会获得更新。

⑤ 二级缓存可以被多个 SqlSession 共享（因为二级缓存是与命名空间关联的），开启二级缓存后，数据搜索顺序是：二级缓存→一级缓存→数据库。

⑥ 启动二级缓存后，在控制台会看到 Cache Hit Ratio 输出，其计算公式为：Cache Hit Ratio=Hit/Query，Query 为二级缓存总查询次数，Hit 为二级缓存总命中次数。

下面仍然通过一个简单的例子来讲解二级缓存机制。

步骤 1：为了使用二级缓存，修改 MajorMapper.xml 文件中的<Mapper>标签，为其增加一个<cache/>子标签，其余内容不变。修改主要内容如下所示。

```
<mapper namespace="persistence.mybatis.mapper.MajorMapper">
<cache />
…
…
…
</mapper>
```

<cache/>标签的默认配置如表 2-16 所示。

表 2-16　<cache/>标签的默认配置

项目	说明
缓存内容	映射文件中 select 语句的查询结果
刷新缓存	映射文件中 insert、update 和 delete 语句
缓存回收算法	最近最少使用算法（least recently used，LRU）
定时刷新缓存	否
缓存保存列表或对象数量	1024
缓存类型	读/写缓存。即获取到的对象并不共享，调用者可以修改，与其他调用者或线程不干扰

如果<cache/>标签的默认配置不能满足实际需要，可以对<cache/>标签进行自定义配置，<cache/>标签的常用属性及其含义如表 2-17 所示。

表 2-17　<cache/>标签的常用属性及其含义

<cache>标签的属性	含义	可选值
eviction	缓存回收采用的算法。默认为 LRU 算法	LRU（最近最少使用）：移除最长时间不被使用的对象。 FIFO（先进先出）：按对象进入缓存的顺序来移除它们。 SOFT（软引用）：基于垃圾回收器状态和软引用规则移除对象。 WEAK（弱引用）：更积极地基于垃圾收集器状态和弱引用规则移除对象

续表

<cache>标签的属性	含义	可选值
readOnly	缓存对象是否只读。默认值是 false	true 或 false。 true:缓存对象只读，会给调用者返回相同的缓存对象实例，对象不能被修改，提供了性能提升。 false: 缓存对象可读写, 通过序列化返回缓存对象的拷贝，速度稍慢但是较安全
flushInterval	缓存刷新间隔	任意的正整数，以毫秒为单位。默认没有刷新间隔，缓存仅在调用语句时刷新
size	引用数目。默认值是 1024	可以被设置为任意正整数。需要注意缓存对象的大小、数量和可用内存之间的关系

步骤 2：为 Major 类增加实现接口 Serializable 的代码。修改后的 Major.java 文件内容如下。

```
package persistence.mybatis.model;
import java.io.Serializable;
public class Major implements Serializable{
    private static final long serialVersionUID = 1142670790446150234L;
    private Long majorId;
    private String majorName;
    private Long collegeId;
    public Long getMajorId() {
        return majorId;
    }
    public void setMajorId(Long majorId) {
        this.majorId = majorId;
    }
    public String getMajorName() {
        return majorName;
    }
    public void setMajorName(String majorName) {
        this.majorName = majorName;
    }
    public Long getCollegeId() {
        return collegeId;
    }
    public void setCollegeId(Long collegeId) {
        this.collegeId = collegeId;
    }
}
```

接下来新建一个测试类 SecendLevelCacheTest，并增加测试方法 test1_one_SqlSession。

2．测试方法 test1_one_SqlSession

该测试方法主要演示一、二级缓存之间的关系，具体代码如下。

```
@Test
public void test1_one_SqlSession() {
    SqlSession sqlSession = MyBatisUtils.getSession();
    MajorMapper mapper = (MajorMapper) sqlSession.getMapper(MajorMapper.class);
```

```
        // 对象在一级缓存。会看到二级缓存命中率为 0，没有该对象
        Major result1 = mapper.selectByPrimaryKey(1L);
        System.out.println("*****result1=" + result1);
        // 对象在一级缓存。会看到二级缓存命中率为 0，没有该对象
        Major result2 = mapper.selectByPrimaryKey(1L);
        System.out.println("*****result2=" + result2);
        assertThat(result2, is(result1));// 同一个对象
        sqlSession.commit();// commit 后才会进入二级缓存,
        // 仍然按照二级缓存-一级缓存-数据库的顺序
        // 二级缓存里已经存在对象了
        Major result3 = mapper.selectByPrimaryKey(1L);// 命中二级缓存
        assertThat(result3, is(result1));//readOnly=True 时，result3 与 result1 是一个对象
        //assertThat(result3, not(result1));//readOnly=false 时，result3 与 result1 不是一个对象
        System.out.println("*****result3=" + result3);
        Major result4 = mapper.selectByPrimaryKey(1L);// 命中二级缓存
        assertThat(result4, is(result3));//readOnly=True 时，result4 与 result1 是一个对象
        //assertThat(result4, not(result3));//readOnly=false 时，result4 与 result1 不是一个对象
        System.out.println("*****result4=" + result4);
        sqlSession.close();
    }
```

MajorMapper.xml 中<cache>标签的 readOnly 属性为 true 或 false 时，得到的测试结果是不一样的。

（1）当 readOnly 为 true 时，控制台输出如下内容。

```
Cache Hit Ratio [persistence.mybatis.mapper.MajorMapper]: 0.0
==>  Preparing: select major_id, major_name, college_id from major where major_id = ?
*****result1=persistence.mybatis.model.Major@49c7b90e
Cache Hit Ratio [persistence.mybatis.mapper.MajorMapper]: 0.0
*****result2=persistence.mybatis.model.Major@49c7b90e
Cache Hit Ratio [persistence.mybatis.mapper.MajorMapper]: 0.3333333333333333
*****result3=persistence.mybatis.model.Major@49c7b90e
Cache Hit Ratio [persistence.mybatis.mapper.MajorMapper]: 0.5
*****result4=persistence.mybatis.model.Major@49c7b90e
```

对上述输出结果的分析如下。

① 在获取 result1 对象时，二级缓存、一级缓存均无此对象，因此执行 select 语句向数据库检索。也能看到 Cache Hit Ratio=0/1=0，即没有命中。

② 在获取 result2 对象时，二级缓存无此对象，所以 Cache Hit Ratio =0/2=0。从一级缓存查询到对象，所以无需向数据库检索。result1 和 result2 是同一个对象。

③ sqlSession.commit()方法会清空一级缓存，同时将一级缓存的内容存入二级缓存。

④ 在获取 result3、result4 对象时，二级缓存有此对象，所以 Cache Hit Ratio 分别为 1/3 和 2/4。

⑤ 由于 readOnly="true"，所以从二级缓存中查询时（方法名和参数名均相同）将获得同一个对象。因此 result1、result2、result3、result4 均为同一个对象，这点从断言和输出语句的

结果均得到验证。

（2）当 readOnly 为 false 时，控制台输出如下内容。

```
Cache Hit Ratio [persistence.mybatis.mapper.MajorMapper]: 0.0
==> Preparing: select major_id, major_name, college_id from major where major_id = ?
*****result1=persistence.mybatis.model.Major@4a7f959b
Cache Hit Ratio [persistence.mybatis.mapper.MajorMapper]: 0.0
*****result2=persistence.mybatis.model.Major@4a7f959b
Cache Hit Ratio [persistence.mybatis.mapper.MajorMapper]: 0.3333333333333333
*****result3=persistence.mybatis.model.Major@20ccf40b
Cache Hit Ratio [persistence.mybatis.mapper.MajorMapper]: 0.5
*****result4=persistence.mybatis.model.Major@2fb3536e
```

对上述输出结果的分析如下。

① 在获取 result1 对象时，二级缓存、一级缓存均无此对象，因此执行 select 语句向数据库检索。也能看到 Cache Hit Ratio=0/1=0，即没有命中。

② 在获取 result2 对象时，二级缓存无此对象，所以 Cache Hit Ratio=0/2=0。从一级缓存查询到对象，所以无需向数据库检索。result1 和 result2 是同一个对象。

③ sqlSession.commit()方法会清空一级缓存，同时将一级缓存的内容存入二级缓存。

④ 在获取 result3、result4 对象时，二级缓存有此对象，所以 Cache Hit Ratio 分别为 1/3 和 2/4。

⑤ 由于 readOnly="false"，所以从二级缓存中查询时（方法名和参数名均相同）将获得同一个对象的多个拷贝。因此 result1、result2 为同一个对象，result3 和 result4 为这个对象的不同拷贝，这点从断言和输出语句的结果均得到验证。

3．测试方法 test2_two_SqlSession

该方法主要演示不同的 sqlSession 的一级缓存和二级缓存之间的关系，具体代码如下所示。

```
@Test
public void test2_two_SqlSession() {
        SqlSession sqlSession = MyBatisUtils.getSession();
        MajorMapper mapper = (MajorMapper) sqlSession.getMapper(MajorMapper.class);
        // 对象在一级缓存。会看到二级缓存命中率为 0，没有该对象
        Major result1 = mapper.selectByPrimaryKey(1L);
        System.out.println("*****result1=" + result1);
        // 对象在一级缓存。会看到二级缓存命中率为 0，没有该对象
        Major result2 = mapper.selectByPrimaryKey(1L);
        System.out.println("*****result2=" + result2);
        assertThat(result2, is(result1));// 同一个对象
        sqlSession.close();
        // sqlSession.commit();//commit 或 close 后才会进入二级缓存,
        // 仍然按照二级缓存、一级缓存、数据库的顺序
        sqlSession = MyBatisUtils.getSession();
        mapper = (MajorMapper) sqlSession.getMapper(MajorMapper.class);
        // 二级缓存里已经存在对象了
        Major result3 = mapper.selectByPrimaryKey(1L);// 命中二级缓存
```

```
        assertThat(result3, is(result1));// readOnly=True 时，result3 与 result1 是一个对象
        //assertThat(result3, not(result1));// readOnly=false 时，result3 与 result1 不是一个对象
        System.out.println("*****result3=" + result3);
        Major result4 = mapper.selectByPrimaryKey(1L);//  命中二级缓存
        assertThat(result4, is(result3));// readOnly=True 时，result4 与 result1 是一个对象
        //assertThat(result4, not(result3));// readOnly=false 时，result4 与 result1 不是一个对象
        System.out.println("*****result4=" + result4);
        sqlSession.close();
    }
```

MajorMapper.xml 中<cache>标签的 readOnly 属性为 true 或 false 时，得到的测试结果是不一样的。

（1）当 readOnly 为 true 时，控制台输出如下内容。

```
Cache Hit Ratio [persistence.mybatis.mapper.MajorMapper]: 0.0
==>  Preparing: select major_id, major_name, college_id from major where major_id = ?
*****result1=persistence.mybatis.model.Major@49c7b90e
Cache Hit Ratio [persistence.mybatis.mapper.MajorMapper]: 0.0
*****result2=persistence.mybatis.model.Major@49c7b90e
Cache Hit Ratio [persistence.mybatis.mapper.MajorMapper]: 0.3333333333333333
*****result3=persistence.mybatis.model.Major@49c7b90e
Cache Hit Ratio [persistence.mybatis.mapper.MajorMapper]: 0.5
*****result4=persistence.mybatis.model.Major@49c7b90e
```

对上述输出结果的分析如下。

① 在获取 result1 对象时，二级缓存、一级缓存均无此对象，因此执行 select 语句向数据库检索。也能看到 Cache Hit Ratio=0/1=0，即没有命中。

② 在获取 result2 对象时，二级缓存无此对象，所以 Cache Hit Ratio=0/2=0。从一级缓存查询到对象，所以无需向数据库检索。result1 和 result2 是同一个对象。

③ sqlSession.close()方法会清空一级缓存，同时将一级缓存的内容存入二级缓存。

④ 创建一个新的 sqlSession 实例。

⑤ 在获取 result3、result4 对象时，二级缓存有此对象，所以 Cache Hit Ratio 分别为 1/3 和 2/4。也不需要向一级缓存查询。

⑥ 由于 readOnly="true"，所以从二级缓存中查询时（方法名和参数名均相同）将获得同一个对象。因此 result1、result2、result3、result4 均为同一个对象，这点从断言和输出语句的结果均得到验证。

（2）当 readOnly 为 false 时，控制台输出如下内容。

```
Cache Hit Ratio [persistence.mybatis.mapper.MajorMapper]: 0.0
==> Preparing: select major_id, major_name, college_id from major where major_id = ?
*****result1=persistence.mybatis.model.Major@4a7f959b
Cache Hit Ratio [persistence.mybatis.mapper.MajorMapper]: 0.0
*****result2=persistence.mybatis.model.Major@4a7f959b
Cache Hit Ratio [persistence.mybatis.mapper.MajorMapper]: 0.3333333333333333
*****result3=persistence.mybatis.model.Major@20ccf40b
```

```
Cache Hit Ratio [persistence.mybatis.mapper.MajorMapper]: 0.5
*****result4=persistence.mybatis.model.Major@2fb3536e
```

对上述输出结果的分析如下。

① 在获取 result1 对象时，二级缓存、一级缓存均无此对象，因此执行 select 语句向数据库检索。也能看到 Cache Hit Ratio=0/1=0，即没有命中。

② 在获取 result2 对象时，二级缓存无此对象，所以 Cache Hit Ratio=0/2=0。从一级缓存查询到对象，所以无需向数据库检索。result1 和 result2 是同一个对象。

③ sqlSession.close()方法会清空一级缓存，同时将一级缓存的内容存入二级缓存。

④ 创建一个新的 sqlSession 实例。

⑤ 在获取 result3、result4 对象时，二级缓存有此对象，所以 Cache Hit Ratio 分别为 1/3 和 2/4。也不需要向一级缓存查询。

⑥ 由于 readOnly="false"，所以从二级缓存中查询时（方法名和参数名均相同）将获得同一个对象的多个拷贝。因此 result1、result2 为同一个对象，result3 和 result4 为这个对象的不同拷贝，这点从断言和输出语句的结果均得到验证。

4．测试方法 test3_one_SqlSession

该方法主要演示 insert、delete 语句对二级缓存的影响（update 语句的例子基本类似），具体代码如下所示。

```
@Test
public void test3_one_SqlSession() {
    SqlSession sqlSession = MyBatisUtils.getSession();
    MajorMapper mapper = (MajorMapper) sqlSession.getMapper(MajorMapper.class);
    //Cache Hit Ratio=0/1 二级没有，无法命中。
    //一级也没有，所以需要从数据库读取。存入一级
    Major result1 =mapper.selectByPrimaryKey(1L);
    System.out.println("*****result1=" + result1);
    //二级没有，无法命中  Cache Hit Ratio=0/2
    Major result11 =mapper.selectByPrimaryKey(1L);
    System.out.println("*****result11=" + result11);
    sqlSession.commit();//一级更新到二级
    //二级命中  Cache Hit Ratio=1/3
    Major result2 =mapper.selectByPrimaryKey(1L);
    System.out.println("*****result2=" + result2);
    //接下来执行一个插入
    Major newMajor=new Major();
    newMajor.setMajorName("物联网工程");
    newMajor.setCollegeId(1L);
    newMajor.setMajorId(null);
    int re = mapper.insert(newMajor);//清空了二级和一级缓存
    sqlSession.commit();//一级更新到二级
    assertThat(re, is(1));
    System.out.println("+++++++++++++++insert major++++++++++++++++++");
    Major result3 =mapper.selectByPrimaryKey(1L);//向数据库检索  Cache Hit Ratio=1/4
```

```
        System.out.println("*****result3=" + result3);
        re=mapper.deleteByPrimaryKey(newMajor.getMajorId());//清空了二级和一级缓存
        sqlSession.commit();//一级更新到二级，但一级本身也没有
        assertThat(re, is(1));
        System.out.println("++++++++++++++delete major+++++++++++++++++");
        // 二级没有，无法命中 Cache Hit Ratio=1/5。
        // 一级也没有，所以需要从数据库读取。存入一级
        Major result4 =mapper.selectByPrimaryKey(1L);
        System.out.println("*****result4=" + result4);
        sqlSession.commit();
        //二级命中，Cache Hit Ratio=2/6。 Cache Hit Ratio=2/5
        Major result5 =mapper.selectByPrimaryKey(1L);
        System.out.println("*****result5=" + result5);
        sqlSession.close();
    }
```

MajorMapper.xml 中<cache>标签的 readOnly 属性为 true 或 false 时，得到的测试结果是不一样的。

（3）当 readOnly 为 true 时，控制台输出内容如下。

```
Cache Hit Ratio [persistence.mybatis.mapper.MajorMapper]: 0.0
==>  Preparing: select major_id, major_name, college_id from major where major_id = ?
*****result1=persistence.mybatis.model.Major@49c7b90e
Cache Hit Ratio [persistence.mybatis.mapper.MajorMapper]: 0.0
*****result11=persistence.mybatis.model.Major@49c7b90e
Cache Hit Ratio [persistence.mybatis.mapper.MajorMapper]: 0.3333333333333333
*****result2=persistence.mybatis.model.Major@49c7b90e
==>  Preparing: insert into major (major_name, college_id) values (?, ?)
++++++++++++++insert major+++++++++++++++++
Cache Hit Ratio [persistence.mybatis.mapper.MajorMapper]: 0.25
==>  Preparing: select major_id, major_name, college_id from major where major_id = ?
*****result3=persistence.mybatis.model.Major@383bfa16
==>  Preparing: delete from major where major_id = ?
+++++++++++++++delete major+++++++++++++++++
Cache Hit Ratio [persistence.mybatis.mapper.MajorMapper]: 0.2
==>  Preparing: select major_id, major_name, college_id from major where major_id = ?
*****result4=persistence.mybatis.model.Major@5562c41e
Cache Hit Ratio [persistence.mybatis.mapper.MajorMapper]: 0.3333333333333333
*****result5=persistence.mybatis.model.Major@5562c41e
```

对 readOnly="true"时的输出结果分析如下。

① 在获取 result1 对象时，二级缓存、一级缓存均无此对象，因此执行 select 语句向数据库检索。也能看到 Cache Hit Ratio=0/1=0，即二级缓存没有命中。

② 在获取 result11 对象时，二级缓存无此对象，所以 Cache Hit Ratio=0/2=0。从一级缓存查询到对象，所以无需向数据库检索。此时未涉及二级缓存，result1 和 result11 是同一个对象。

③ sqlSession.commit()方法会清空一级缓存，同时将一级缓存的内容存入二级缓存。

④ 在获取 result2 对象时，二级缓存有此对象，所以 Cache Hit Ratio=1/3。由于 readOnly=true，所以 result1、result11、result2 是同一个对象，这一点从控制台输出结果可以看出。

⑤ 接下来执行一个 insert 操作，其结果就是清空了一、二级缓存。

⑥ sqlSession.commit()方法清空一级缓存，同时将一级缓存的内容存入二级缓存，但此时的一、二级缓存里实际上没有对象。

⑦ 在获取 result3 对象时，二级缓存、一级缓存均无此对象，所以 Cache Hit Ratio=1/4。同时执行 select 语句向数据库检索。

⑧ 接下来执行一个 delete 操作，其结果就是清空了一、二级缓存。

⑨ sqlSession.commit()方法清空一级缓存，同时将一级缓存的内容存入二级缓存，但此时的一、二级缓存里实际上没有对象。

⑩ 在获取 result4 对象时，二级缓存、一级缓存均无此对象，所以 Cache Hit Ratio=1/5。同时执行 select 语句向数据库检索。

⑪ sqlSession.commit()方法会清空一级缓存，同时将一级缓存的内容存入二级缓存。

⑫ 在获取 result5 对象时，二级缓存有此对象，所以 Cache Hit Ratio=2/6。由于 readOnly="true"，所以 result4、result5 是同一个对象，这一点从控制台输出结果可以看出。

（4）当 readOnly 为 false 时，控制台输出如下内容。

```
Cache Hit Ratio [persistence.mybatis.mapper.MajorMapper]: 0.0
Preparing: select major_id, major_name, college_id from major where major_id = ?
*****result1=persistence.mybatis.model.Major@4a7f959b
Cache Hit Ratio [persistence.mybatis.mapper.MajorMapper]: 0.0
*****result11=persistence.mybatis.model.Major@4a7f959b
Cache Hit Ratio [persistence.mybatis.mapper.MajorMapper]: 0.3333333333333333
*****result2=persistence.mybatis.model.Major@16610890
Preparing: insert into major (major_name, college_id) values (?, ?)
++++++++++++++insert major++++++++++++++++++
Cache Hit Ratio [persistence.mybatis.mapper.MajorMapper]: 0.25
Preparing: select major_id, major_name, college_id from major where major_id = ?
*****result3=persistence.mybatis.model.Major@5acf93bb
Preparing: delete from major where major_id = ?
+++++++++++++++delete major+++++++++++++++++
Cache Hit Ratio [persistence.mybatis.mapper.MajorMapper]: 0.2
Preparing: select major_id, major_name, college_id from major where major_id = ?
*****result4=persistence.mybatis.model.Major@614ca7df
Cache Hit Ratio [persistence.mybatis.mapper.MajorMapper]: 0.3333333333333333
*****result5=persistence.mybatis.model.Major@1e04fa0a
```

对 readOnly="false"时的输出结果分析如下。

① 在获取 result1 对象时，二级缓存、一级缓存均无此对象，因此执行 select 语句向数据库检索。也能看到 Cache Hit Ratio=0/1=0，即没有命中。

② 在获取 result11 对象时，二级缓存无此对象，所以 Cache Hit Ratio=0/2=0。从一级缓存查询到对象，所以无需向数据库检索。此时未涉及二级缓存，result1 和 result11 是同一个对象，这一点从控制台输出结果可以看出。

③ sqlSession.commit()方法会清空一级缓存，同时将一级缓存的内容存入二级缓存。

④ 在获取 result2 对象时，二级缓存有此对象，所以 Cache Hit Ratio=1/3。由于 readOnly="false"，所以 result2 与 result1（result11）不是同一个对象，这一点从控制台输出结果可以看出。

⑤ 接下来执行一个 insert 操作，其结果就是清空了一、二级缓存。

⑥ sqlSession.commit()方法清空一级缓存，同时将一级缓存的内容存入二级缓存，但此时的一、二级缓存里实际上没有对象。

⑦ 在获取 result3 对象时，二级缓存、一级缓存均无此对象，所以 Cache Hit Ratio=1/4。同时执行 select 语句向数据库检索。

⑧ 接下来执行一个 delete 操作，其结果就是清空了一、二级缓存。

⑨ sqlSession.commit()方法清空一级缓存，同时将一级缓存的内容存入二级缓存，但此时的一、二级缓存里实际上没有对象。

⑩ 在获取 result4 对象时，二级缓存、一级缓存均无此对象，所以 Cache Hit Ratio=1/5。同时执行 select 语句向数据库检索。

⑪ sqlSession.commit()方法会清空一级缓存，同时将一级缓存的内容存入二级缓存。

⑫ 在获取 result5 对象时，二级缓存有此对象，所以 Cache Hit Ratio=2/6。由于 readOnly="false"，所以 result4、result5 不是同一个对象，这一点从控制台输出结果可以看出。

2.10.3 一、二级缓存使用注意事项

一级缓存的作用域为 SqlSession 的生命周期，基于 Map 数据类型实现（相同的 CacheKey 返回相同的对象），基本上能够满足普通应用的需求。

二级缓存则以 namespace 绑定，能够跨越多个 SqlSession，而且能够控制其返回的是原缓存对象还是其拷贝。但在需要缓存大量数据时，应当采用 MyBatis 官方提供的 ehcache-cache 工具（基于 EhCache 缓存框架）或者 Redis 缓存数据库来处理二级缓存。

二级缓存有潜在的“脏数据”隐患，这主要是由于某一个表 A 的 delete、insert、update 操作通常位于其自己的命名空间，而在与其他表 B 的关联查询中会缓存表 A 的查询结果。这样一来，表 A 的 delete、insert、update 操作无法及时刷新表 B 的二级缓存，从而导致数据的不一致。

为了避免“脏数据”可以配置“参照缓存”，即让几个相互关联的表使用同一个二级缓存，具体配置如下所示。

```
<mapper …>
<cache-red namespace="其他 mapper 的命名空间名 ">
…
</mapper>
```

常见的二级缓存使用场景如下。

① 查询为主，可以充分利用 select 查询结果的缓存机制。

② 单表操作为主，减少表间互联带来的“脏数据”问题。

2.11　本章小结

本章介绍了 JDK 动态代理的基本原理，并详细阐述了 MyBatis 框架及其基本用法。通过本章的学习，读者应当掌握 MyBatis 的基本原理，学会使用 Eclipse 和 Maven 搭建简单的实验环境，掌握在 Java Web Project 中使用 MyBatis 的基本方法和步骤。应当掌握 MyBatis 的映射器、动态 SQL 语句的具体用法，以及 MyBatis Generator 插件和 MyBatis 的缓存机制。

习题

1．简述 JDK 动态代理的基本原理和功能。

2．简述 MyBatis 中 XML 映射器的作用。

3．简述 MyBatis 中的一级缓存和二级缓存机制。

第3章　Spring入门

本章主要内容

Spring是Java EE开发中最常用的框架，可以帮助管理应用中各种对象的生命周期，借助Spring框架的IoC（inversion of control，控制反转）和AOP（aspect oriented programming，面向切面编程）机制，极大地减轻开发工作量。

本章首先介绍Spring框架的IoC机制及Spring中的Bean装配过程。通过一个简单的例子引出AOP的基本概念，并介绍Spring AOP机制、Spring框架中常用的JdbcTemplate。介绍将MyBatis整合到Spring框架中进行数据库读写的具体方法，并用实例向读者展示Spring的事务管理功能。

3.1　Spring IoC简介

IoC也称为依赖注入（dependency injection，DI），对象仅通过构造函数参数、工厂方法的参数或设置属性来定义其依赖项。容器在创建Bean时注入那些依赖项。如果将使用类的直接构造或服务定位器模式来控制其依赖项的实例化过程理解为正常过程的话，那么IoC则使用了“逆过程”，也因此称之为“控制反转”。

3.1.1　初步认识Spring IoC

本节简单介绍一下Spring的IoC技术。

1. IoC简介

在传统的Java应用中，需要显式地使用new关键字构建对象，然后对其进行必要的引用，整个过程由程序设计人员通过硬编码方式完成管理和维护。而在Spring IoC的帮助下，将对象的创建和引用交给IoC容器来管理，容器负责将对象“注入”到其他对象中，从而完成复杂对象的装配。

在Spring中，构成应用程序主干并由Spring IoC容器管理的对象称为Bean。Bean是由Spring IoC容器实例化、组装和以其他方式管理的对象。

下面通过一个小例子来体会一下Spring IoC带来的便捷。首先创建一个类Car和一个类Mortor，具体代码如下所示。

```
package learn.spring.ioc;
public class Car {
        private String modelName;
        private Motor motor;
        public String getModelName() {
                return modelName;
```

```
        }
        public void setModelName(String modelName) {
            this.modelName = modelName;
        }
        public Motor getMotor() {
            return motor;
        }
        public void setMotor(Motor motor) {
            this.motor = motor;
        }
        @Override
        public String toString() {
            // TODO Auto-generated method stub
            return modelName+"采用的发动机->"+motor.toString();
        }
}
package learn.spring.ioc;
public class Motor {
        private float displacement;     //排量
        private int cylinders;          //缸体数
        public Motor() {
            super();
        }
        public Motor(float displacement, int cylinders) {
            super();
            this.displacement = displacement;
            this.cylinders = cylinders;
        }
        public float getDisplacement() {
            return displacement;
        }
        public void setDisplacement(float displacement) {
            this.displacement = displacement;
        }
        public int getCylinders() {
            return cylinders;
        }
        public void setCylinders(int cylinders) {
            this.cylinders = cylinders;
        }
        @Override
        public String toString() {
            return "Motor [displacement=" + displacement + ", cylinders=" + cylinders + "]";
        }
}
```

接下来使用不同的方式创建一个 Car 对象，并为其“装配”一个 Motor 对象。

2．使用常规的方式创建

通常情况下需要自己创建两个对象，并设置它们的依赖关系，代码如下所示。

```
@Test
public void normal() {
    Motor motor=new Motor(2.0f,4);   //需要自己构建对象
    Car mycar=new Car();
    mycar.setModelName("梦想汽车");
    mycar.setMotor(motor);           //需要自己完成依赖的引用
    System.out.println(mycar.toString());
}
```

上述代码非常简单，创建对象和依赖的引用均有明确的代码控制。

3．使用 Spring IoC 容器

为了使用 Spring IoC 容器，需要首先在 Maven 的配置文件 pom.xml 中配置对 Spring 框架的依赖，代码如下所示。

```
<dependency>
    <groupId>org.springframework</groupId>
    <artifactId>spring-context</artifactId>
    <version>5.2.8.RELEASE</version>
</dependency>
```

其次，在工程目录/myhomework/src/main/resources 中新建一个 car-config.xml 文件，这个文件是 Spring IoC 容器所需的配置文件（后面会介绍注解方式），具体代码如下。

```
<?xml version="1.0" encoding="UTF-8" ?>
<beans xmlns="http://www.springframework.org/schema/beans"
xmlns:xsi="http://www.w3.org/2001/XMLSchema-instance"
xmlns:aop="http://www.springframework.org/schema/aop"
xsi:schemaLocation="http://www.springframework.org/schema/beans
http://www.springframework.org/schema/beans/spring-beans-2.0.xsd
http://www.springframework.org/schema/aop
http://www.springframework.org/schema/aop/spring-aop-2.0.xsd">
<bean id="motor" class="learn.spring.ioc.Motor">
    <property name="displacement" value="3.0" />
    <property name="cylinders" value="8" />
</bean>
<bean id="car" class="learn.spring.ioc.Car">
    <property name="modelName" value="希望汽车" />
    <property name="motor" ref="motor" />
</bean>
</beans>
```

在这个配置文件中，使用<bean>标签定义了两个对象。<bean>标签的基本用法如表 3-1 所示。

表3-1　<bean>标签的基本用法

标　签	属　性	含　义
<bean>	id	Bean的标识符，要求具有唯一性。通常Bean名称以小写字母开头，并使用“驼峰式”格式，例如userDao、loginController等
	class	创建Bean时使用的类名，要求为类的完全限定名称
<property>	name	属性名，要求存在对应的setter
	value	属性值，用于设置简单数据类型的属性值。Spring的转换服务会将这些值从字符串转换为属性或参数的实际类型
	ref	属性值，用于设置对象的引用，应当是已经存在的Bean的id或者name值（可以是同一容器或父容器中任何Bean，不用必须在同一XML文件中定义）

上述配置文件中配置了两个Bean对象，分别为Car和Motor类的实例，而且通过<property>设置了两个对象之间的依赖关系。编写如下代码测试Spring IoC容器。

```
@Test
public void ioc_test() {
    ApplicationContext ac=new ClassPathXmlApplicationContext ("car-config.xml");
    Car car=(Car)ac.getBean("car");
    System.out.println(car.toString());
}
```

上述代码中，首先创建了一个类ClassPathXmlApplicationContext的实例，这个实例从配置文件car-config.xml初始化IoC容器（该类是接口ApplicationContext的实现类）。其次，使用getBean方法从容器中获得一个名为“car”的对象，并复制给car，从而完成了创建一个car对象的预期任务。

通过分析不难发现，IoC容器完成了创建car对象和motor对象的工作，并且将motor对象注入到了car对象的内部。当使用car对象时，只需要让IoC容器传递即可。因此，IoC容器控制了对象的创建和依赖的设置，这种控制方式的转变就称为“控制反转”。

3.1.2　Spring IoC容器创建Bean的过程

Spring IoC容器创建Bean的过程比较复杂，但层次分明，因此可以从影响范围的角度划分为影响特定类、影响IoC容器和影响Bean工厂这三个层次。

1．接口介绍

在分层次介绍这个过程之前，先了解以下几个重要的接口。

① BeanFactory接口：Spring Bean容器的根接口，能够管理任何类型的对象。BeanFactory的子接口有ApplicationContext、AutowireCapableBeanFactory、ConfigurableApplicationContext、ConfigurableBeanFactory、ConfigurableListableBeanFactory、ConfigurableWebApplicationContext、HierarchicalBeanFactory、ListableBeanFactory、WebApplicationContext。这些子接口在BeanFactory接口的基础进行了扩展，以适用于不同场合。

② ApplicationContext接口： BeanFactory的子接口之一，是Spring应用程序中的中央接口，它的主要功能是支持创建大型业务应用程序，并向应用程序提供配置信息。它能与Spring的AOP功能轻松集成、支持消息资源处理（用于国际化）、支持事件发布、支持针对不同应用层的特定上下文，例如Web应用程序中使用的WebApplicationContext。

简而言之，BeanFactory 提供了配置框架和基本功能，而 ApplicationContext 添加了更多企业特定的功能。

2. 影响特定类

在这个层次中，类可以实现不同的接口，从而在类实例（Bean）的生命周期中的不同阶段进行一定的处理。

① BeanNameAware 接口：当 Bean 实现该接口时[setBeanName(String name)方法]，Bean 可以获悉其自身在容器中的实例名称。

② BeanFactoryAware 接口：当 Bean 实现该接口时[setBeanFactory(BeanFactory beanFactory)方法]，Bean 可以获悉其自身所属的 BeanFactory 对象（可以用于查找当前 Bean 的协作对象）。

③ ApplicationContextAware 接口：当 Bean 实现了该接口[setApplicationContext(ApplicationContext applicationContext)方法]且 IoC 容器实现了 ApplicationContext 接口时，Bean 可以获悉其自身所在的 ApplicationContext 对象（可以用于查找当前 Bean 的协作对象）。

④ InitializingBean 接口：当 Bean 实现了该接口[afterPropertiesSet()方法]，Bean 可以在 BeanFactory 设置了当前 Bean 的所有属性后进行必要的干预处理，例如：执行自定义的初始化操作，或者检查是否设置了所有强制属性。

⑤ DisposableBean 接口：当 Bean 实现了该接口[destroy()方法]，Bean 可以设置一些其销毁时所作出的必要操作（由 BeanFactory 在销毁单例时调用）。

除了上述接口以外，配置 Bean 时还可以自定义初始化和销毁的方法，这两个方法需要在配置文件中设置<bean>标签的 init-method 和 destroy-method 两个属性。

需要指出的是，对 BeanNameAware、BeanFactoryAware、ApplicationContextAware 接口的使用实际上是把 Bean 的代码与 Spring API 绑定在一起，且不再遵循“控制反转”的规则。

下面通过一个例子来理解上述过程。

步骤 1：首先创建一个类 Wheel，该类除了实现上述接口外还定义了一个自定义初始化方法 my_init 和自定义销毁方法 my_destroy，类代码如下。

```
package learn.spring.ioc;
import org.springframework.beans.BeansException;
import org.springframework.beans.factory.BeanFactory;
import org.springframework.beans.factory.BeanFactoryAware;
import org.springframework.beans.factory.BeanNameAware;
import org.springframework.beans.factory.DisposableBean;
import org.springframework.beans.factory.InitializingBean;
import org.springframework.context.ApplicationContext;
import org.springframework.context.ApplicationContextAware;
public class Wheel implements BeanNameAware,BeanFactoryAware,ApplicationContextAware,
InitializingBean,DisposableBean {
    private float size;
    public Wheel() {
        super();
        System.out.println("调用构造函数");
    }
    public float getSize() {  return size; }
    public void setSize(float size) {
```

```
            System.out.println("注入 Wheel.size");   this.size = size;
        }
        public void destroy() throws Exception {
            System.out.println("执行"+"DisposableBean.destroy()");
        }
        public void afterPropertiesSet() throws Exception {
            System.out.println("执行"+"InitializingBean.afterPropertiesSet()");
        }
        public void setApplicationContext(ApplicationContext applicationContext)
        throws BeansException {
            System.out.println("执行"+"ApplicationContextAware.setApplicationContext(),"
                        +"获得 ApplicationContext 对象"+applicationContext.toString());
        }
        public void setBeanFactory(BeanFactory beanFactory) throws BeansException {
            System.out.println("执行"+"BeanFactoryAware.setBeanFactory(),"+
                        "获得 BeanFactory 对象"+beanFactory.toString());
        }
        public void setBeanName(String name) {
            System.out.println("执行"+"BeanNameAware.setBeanName(),"
                        +"获得 bean 的 name="+name);
        }
        public void my_init() {
            System.out.println("执行"+"自定义初始化对象的方法 my_init");
        }
        public void my_destroy() {
            System.out.println("执行"+"自定义销毁对象的方法 my_destroy");
        }
}
```

步骤 2：在 car-config.xml 中配置一个 Wheel 的实例，代码如下所示。

```
<bean id="wheel" class="learn.spring.ioc.Wheel"
    init-method="my_init" destroy-method="my_destroy">
    <property name="size" value="15" />
</bean>
```

在<bean>标签中利用 init-method="my_init" 和 destroy-method="my_destroy" 两个属性配置了 Bean 的自定义初始化和销毁方法，并利用<property>子标签对 Bean 的 size 属性进行设置。

如果在顶层<beans />上设置 default-init-method="some_init"属性，则 Spring IoC 容器将对所有 Bean 调用名为 some_init 的初始化方法（要求所有 Bean 具备一个统一的初始化方法名）。同样，通过设置 default-destroy-method 属性可以统一配置所有 Bean 的销毁方法。

步骤 3：编写测试代码，如下所示。

```
@Test
public void bean_lifecycle() {
    ClassPathXmlApplicationContext ac=new ClassPathXmlApplicationContext ("car-config.xml");
    Wheel wheel=(Wheel)ac.getBean("wheel");
```

```
        System.out.println(wheel.toString());
        ac.close();//容器关闭
    }
```

运行上面的测试方法后，在控制台能够观察到如下输出结果。

```
调用构造函数
注入 Wheel.size
执行 BeanNameAware.setBeanName(),获得 bean 的 name=wheel
执行 BeanFactoryAware.setBeanFactory(),获得 BeanFactory 对象 org.springframework.beans.factory.support.DefaultListableBeanFactory@5a1c0542: defining beans [wheel]; root of factory hierarchy
执行 ApplicationContextAware.setApplicationContext(),获得 ApplicationContext 对象 org.springframework.context.support.ClassPathXmlApplicationContext@71f2a7d5: startup date [Mon Sep 14 02:32:36 CST 2020]; root of context hierarchy
执行 InitializingBean.afterPropertiesSet()
执行自定义初始化对象的方法 my_init
learn.spring.ioc.Wheel@52525845
执行 DisposableBean.destroy()
执行自定义销毁对象的方法 my_destroy
```

根据上述执行结果，可以绘制 Spring IoC 容器中 Bean 的生命周期流程图，如图 3-1 所示。

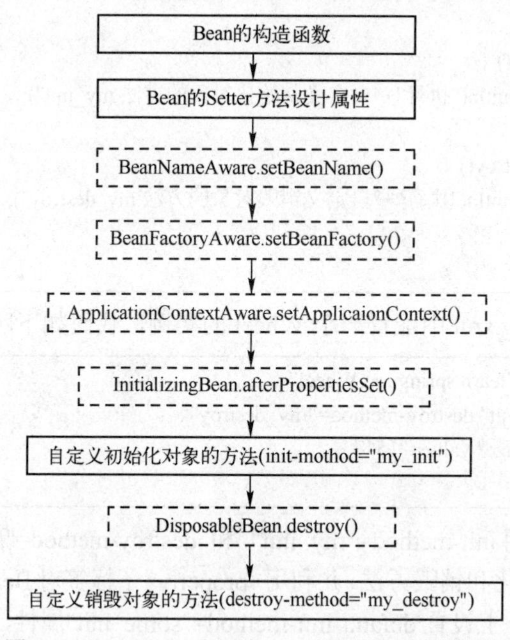

图 3-1 Spring IoC 容器中 Bean 的生命周期流程图

通过上面的流程图，可以对 Spring IoC 容器中 Bean 的生命周期有一个基本的了解。在实际生产中，可以根据需要让类实现所需的接口，从而对 Bean 的生命周期进行更加细化的控制。上述这些接口（方法）仅仅影响实现了这些接口的类实例，因此可以理解为仅仅影响特定的类实例。

3．影响 IoC 容器中的所有 Bean

BeanPostProcessor 接口是 Spring IoC 容器提供的一个扩展接口。在 Bean 的初始化阶段，Spring 会回调 BeanPostProcessor 接口中定义的两个方法，通过让 Bean 实现该接口可以执行一些特殊的逻辑功能，例如检查标记接口或用代理包装它们。ApplicationContext 可以在其 Bean 定义中自动检测 BeanPostProcessor bean，并将这些后处理程序应用于随后创建的任何 Bean。普通的 BeanFactory 允许对后处理器进行编程注册，将它们应用于通过 Bean 工厂创建的所有 Bean。

下面通过一个例子来理解上述过程。

步骤 1：创建一个类 MyBeanPostProcessor，该类实现了 BeanPostProcessor 接口，类代码如下所示。

```
package learn.spring.ioc;
import org.springframework.beans.BeansException;
import org.springframework.beans.factory.config.BeanPostProcessor;
public class MyBeanPostProcessor implements BeanPostProcessor {
    public Object postProcessBeforeInitialization(Object bean, String beanName)
    throws BeansException {
        System.out.println(beanName+"：执行"
                        +"BeanPostProcessor.postProcessBeforeInitialization()方法");
        return bean;
    }
    public Object postProcessAfterInitialization(Object bean, String beanName)
    throws BeansException {
        System.out.println(beanName+"：执行"
                        +"BeanPostProcessor.postProcessAfterInitialization()方法");
        return bean;
    }
}
```

在 BeanPostProcessor 接口中定义了两个方法，分别在 Bean 初始化的前和后被调用，本例中在控制台输出一些简单的信息。

步骤 2：在 car-config.xml 中新配置一个 MyBeanProcessor 的 Bean，完整代码如下。

```
<?xml version="1.0" encoding="UTF-8" ?>
<beans xmlns="http://www.springframework.org/schema/beans"
xmlns:xsi="http://www.w3.org/2001/XMLSchema-instance"
xmlns:aop="http://www.springframework.org/schema/aop"
xsi:schemaLocation="http://www.springframework.org/schema/beans
http://www.springframework.org/schema/beans/spring-beans-2.0.xsd
http://www.springframework.org/schema/aop
http://www.springframework.org/schema/aop/spring-aop-2.0.xsd">
<bean id="motor" class="learn.spring.ioc.Motor">
    <property name="displacement" value="3.0" />
    <property name="cylinders" value="8" />
</bean>
<bean id="car" class="learn.spring.ioc.Car">
    <property name="modelName" value="希望汽车" />
    <property name="motor" ref="motor" />
</bean>
<bean id="wheel" class="learn.spring.ioc.Wheel"
```

```
        init-method="my_init" destroy-method="my_destroy">
        <property name="size" value="15" />
    </bean>
    <bean id="MyBeanPostProcessor"
        class="learn.spring.ioc.MyBeanPostProcessor" />
    </beans>
```

最后，重新运行测试方法 bean_lifecycle，在控制台能够观察到如下输出结果。

```
motor：执行 BeanPostProcessor.postProcessBeforeInitialization()方法
motor：执行 BeanPostProcessor.postProcessAfterInitialization()方法
car：执行 BeanPostProcessor.postProcessBeforeInitialization()方法
car：执行 BeanPostProcessor.postProcessAfterInitialization()方法
调用构造函数
注入 Wheel.size
执行 BeanNameAware.setBeanName(),获得 bean 的 name=wheel
执行 BeanFactoryAware.setBeanFactory(),获得 BeanFactory 对象 org.springframework.beans.factory.support.DefaultListableBeanFactory@5a1c0542: defining beans [wheel,MyBeanPostProcessor]; root of factory hierarchy
执行 ApplicationContextAware.setApplicationContext(),获得 ApplicationContext 对象 org.springframework.context.support.ClassPathXmlApplicationContext@71f2a7d5: startup date [Tue Sep 15 10:42:38 CST 2020]; root of context hierarchy
wheel：执行 BeanPostProcessor.postProcessBeforeInitialization()方法
执行 InitializingBean.afterPropertiesSet()
执行自定义初始化对象的方法 my_init
wheel：执行 BeanPostProcessor.postProcessAfterInitialization()方法
learn.spring.ioc.Wheel@68ceda24
执行 DisposableBean.destroy()
执行自定义销毁对象的方法 my_destroy
```

根据上述执行结果，可以绘制一个如下的新流程图，如图 3-2 所示。

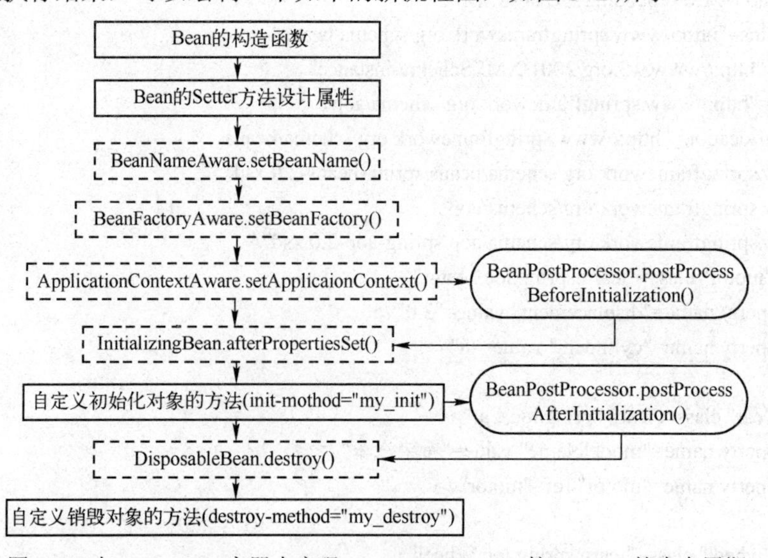

图 3-2 在 Spring IoC 容器中实现 BeanPostProcessor 接口 Bean 的生命周期

通过上面的流程图能够比较容易看出 BeanPostProcessor 接口中的两个方法分别在初始化操作的前、后被调用。需要注意的是，BeanPostProcessor 的两个方法作用在 Spring IoC 中的所有 Bean 上，因此控制台输出了“motor”和“car”两个 Bean 调用 postProcessBeforeInitialization()方法和 postProcessAfterInitialization()方法的过程。

4．影响 Bean 工厂中的 Bean 定义

在 Spring 中，Bean 的定义使用 BeanDefinition 对象来表达，其主要包含以下元数据。

① 包限定的类名：通常，定义了 Bean 的实际实现类。

② Bean 的行为配置：主要用于说明 Bean 在容器中的行为（例如作用域等）。

③ Bean 引用的其他 Bean：也称为协作者或依赖项。

④ 新创建的对象中设置的其他配置。

借助 BeanFactoryPostProcessor 接口，能够修改 ApplicationContext 中的 Bean 定义或是调整 BeanFactory 中 Bean 的属性值。例如可以让系统管理员覆盖在应用程序上下文中配置的 Bean 属性。虽然可以访问 Bean 定义甚至修改它，但不能与 Bean 实例交互，否则会导致过早的 Bean 实例化和对容器的侵入，从而导致非预期的意外效果。下面用一个例子来说明这个过程。

步骤 1：创建一个类 MyBeanFactoryPostProcessor，该类实现了 BeanFactoryPostProcessor 接口，类代码如下所示。

```
package learn.spring.ioc;
import org.springframework.beans.BeansException;
import org.springframework.beans.PropertyValue;
import org.springframework.beans.factory.config.BeanDefinition;
import org.springframework.beans.factory.config.BeanFactoryPostProcessor;
import org.springframework.beans.factory.config.ConfigurableListableBeanFactory;
public class MyBeanFactoryPostProcessor implements BeanFactoryPostProcessor {
        public void postProcessBeanFactory(ConfigurableListableBeanFactory beanFactory)
        throws BeansException {
                System.out.println("工厂后执行"
                                +"BeanFactoryPostProcessor.postProcessBeanFactory()方法");
        //获得配置文件中指定对象的定义信息
                BeanDefinition bd=beanFactory.getBeanDefinition("car");
                for(PropertyValue pv:bd.getPropertyValues().getPropertyValues()) {
                        System.out.println(pv.getName()+"="+pv.getValue());
                }
        }
}
```

本例中，postProcessBeanFactory 方法中读取了名为“car”的 Bean 的定义，将其包含的属性值输出到控制台（当然也可以增加或删除它们）。

步骤 2：在 car-config.xml 中新配置一个 MyBeanFacrtoryPostProcessor 的 Bean，完整代码如下所示。

```
<?xml version="1.0" encoding="UTF-8" ?>
<beans xmlns="http://www.springframework.org/schema/beans"
xmlns:xsi="http://www.w3.org/2001/XMLSchema-instance"
```

```
xmlns:aop="http://www.springframework.org/schema/aop"
xsi:schemaLocation="http://www.springframework.org/schema/beans
http://www.springframework.org/schema/beans/spring-beans-2.0.xsd
http://www.springframework.org/schema/aop
http://www.springframework.org/schema/aop/spring-aop-2.0.xsd">
<bean id="motor" class="learn.spring.ioc.Motor">
    <property name="displacement" value="3.0" />
    <property name="cylinders" value="8" />
</bean>
<bean id="car" class="learn.spring.ioc.Car">
    <property name="modelName" value="希望汽车" />
    <property name="motor" ref="motor" />
</bean>
<bean id="wheel" class="learn.spring.ioc.Wheel" init-method="my_init" destroy-method="my_destroy">
    <property name="size" value="15" />
</bean>
<bean id="MyBeanPostProcessor" class="learn.spring.ioc.MyBeanPostProcessor" />
<bean id="MyBeanFacrtoryPostProcessor" class="learn.spring.ioc.MyBeanFactoryPostProcessor" />
</beans>
```

最后，重新运行测试方法 bean_lifecycle，在控制台能够观察到如下输出结果。

```
工厂后执行 BeanFactoryPostProcessor.postProcessBeanFactory()方法
modelName=TypedStringValue: value [希望汽车], target type [null]
motor=<motor>
motor：执行 BeanPostProcessor.postProcessBeforeInitialization()方法
motor：执行 BeanPostProcessor.postProcessAfterInitialization()方法
car：执行 BeanPostProcessor.postProcessBeforeInitialization()方法
car：执行 BeanPostProcessor.postProcessAfterInitialization()方法
调用构造函数
注入 Wheel.size
执行 BeanNameAware.setBeanName(),获得 bean 的 name=wheel
执行 BeanFactoryAware.setBeanFactory(),获得 BeanFactory 对象 org.springframework.beans.factory. support.
DefaultListableBeanFactory@394e1a0f: defining beans [motor,car,wheel,MyBeanPostProcessor, MyBean-
FacrtoryPostProcessor]; root of factory hierarchy
执行 ApplicationContextAware.setApplicationContext(),获得 ApplicationContext 对象 org.springframework.
context.support.ClassPathXmlApplicationContext@71f2a7d5: startup date [Tue Sep 15 12:35:43 CST 2020]; root
of context hierarchy
wheel：执行 BeanPostProcessor.postProcessBeforeInitialization()方法
执行 InitializingBean.afterPropertiesSet()
执行自定义初始化对象的方法 my_init
wheel：执行 BeanPostProcessor.postProcessAfterInitialization()方法
learn.spring.ioc.Wheel@1f021e6c
执行 DisposableBean.destroy()
执行自定义销毁对象的方法 my_destroy
```

根据上述执行结果，可以绘制如下一个新的流程图，如图 3-3 所示。

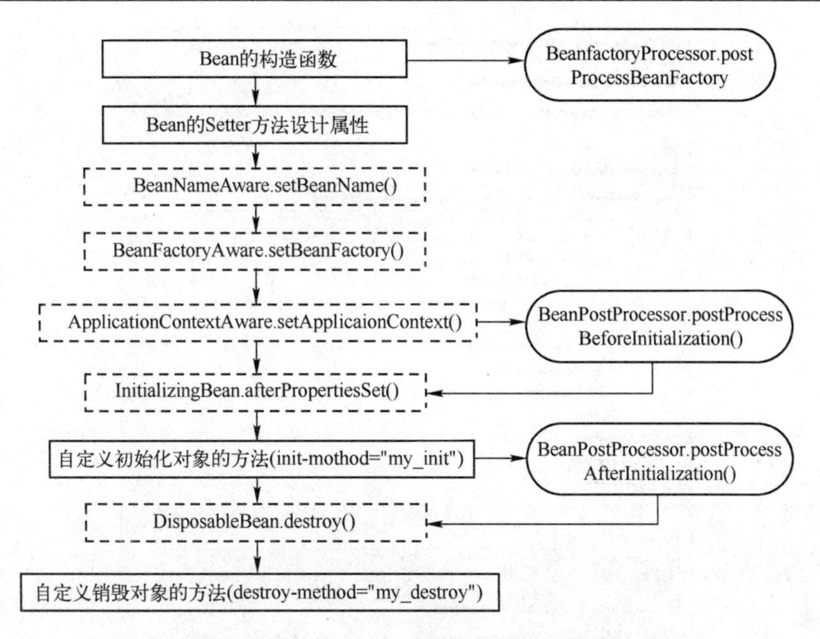

图 3-3　Spring IoC 中 Bean 的典型生命周期

图 3-3 比较完整地展示了 Spring IoC 中 Bean 的典型生命周期，其中涉及 Bean 工厂层次、特定类实例的层次、IoC 容器层次等不同的阶段，在实际使用中可以根据具体的需求在不同的阶段对 Bean 的状态进行干预。

3.2　Spring 中 Bean 的装配

本节讨论 Spring 中 Bean 的装配方法和步骤。

3.2.1　利用 XML 装配 Bean

3.1 节中实际已经开始使用 XML 文件来定义 Bean，这里详细地阐述这一过程。

1. 创建 Spring 的 XML 配置文件

手工创建 XML 始终不是一件令人愉快的事情，下面借助 Spring Tools 插件来创建 Spring Bean Configuration File。在 Eclipse 中 MarketPlace 中搜索并安装 Spring Tools 插件之后，使用 File→New→Other 菜单命令打开 New 对话框，如图 3-4 所示。

选择 Spring Bean Configuration File，并单击 Next 按钮。

下面选择新建配置文件的位置，并命名，如图 3-5 所示。

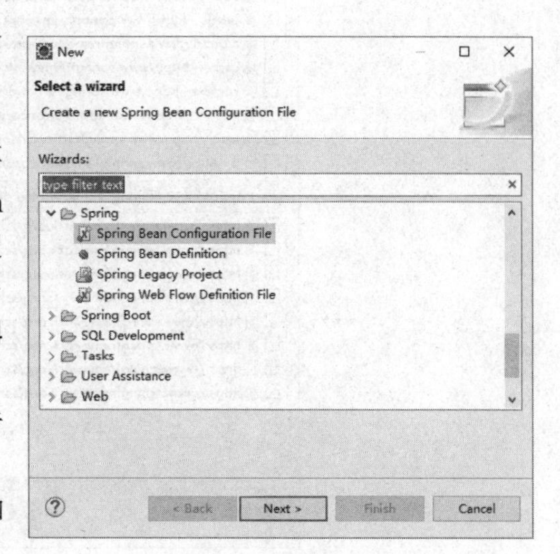

图 3-4　New 对话框

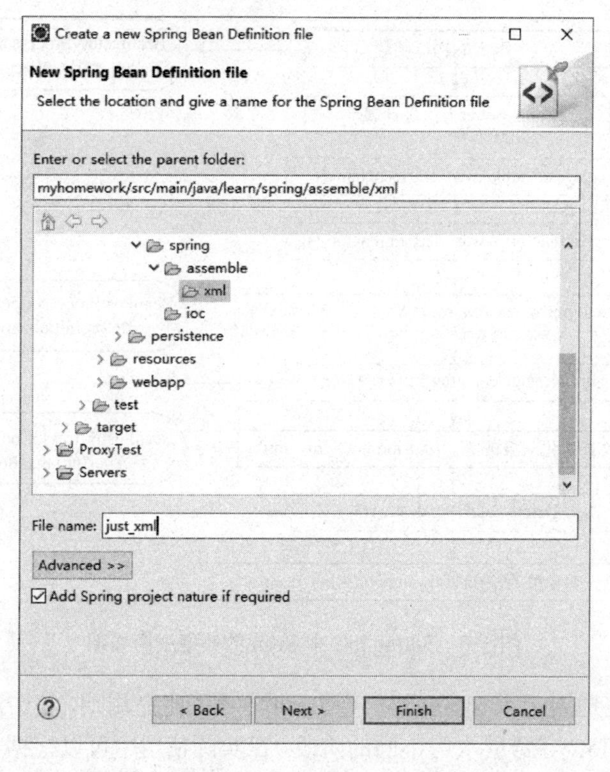

图 3-5　为 Spring Bean Configuration File 命名

最后需要选择引入的命名空间和 XSD 文件，如图 3-6 所示。

Create a new Spring Bean Definition file

New Spring Bean Definition file

Select XSD namespaces to use with the new Spring Bean Definition

Select desired XSD namespace declarations:

- ☐ aop - http://www.springframework.org/schema/aop
- ☑ beans - http://www.springframework.org/schema/beans
- ☐ c - http://www.springframework.org/schema/c
- ☐ cache - http://www.springframework.org/schema/cache
- ☐ context - http://www.springframework.org/schema/context
- ☐ jee - http://www.springframework.org/schema/jee
- ☐ lang - http://www.springframework.org/schema/lang
- ☐ p - http://www.springframework.org/schema/p

Select desired XSD (if none is selected the default will be used):

- ☐ https://www.springframework.org/schema/beans/spring-beans-2.5.xsd
- ☐ https://www.springframework.org/schema/beans/spring-beans-3.0.xsd
- ☐ https://www.springframework.org/schema/beans/spring-beans-3.1.xsd
- ☐ https://www.springframework.org/schema/beans/spring-beans-3.2.xsd
- ☐ https://www.springframework.org/schema/beans/spring-beans-4.0.xsd
- ☑ https://www.springframework.org/schema/beans/spring-beans-4.1.xsd
- ☐ https://www.springframework.org/schema/beans/spring-beans-4.2.xsd
- ☐ https://www.springframework.org/schema/beans/spring-beans-4.3.xsd

< Back　Next >　Finish　Cancel

图 3-6　选择命名空间和 XSD 文件

单击 Finish 按钮完成创建过程。

2．定义一个<bean>

在 Spring 的配置文件中，通过<bean>标签配置一个 Bean，并由容器负责调用指定类的无参构造函数创建一个类实例，默认情况下 Bean 为单例（容器中仅存在一个实例）。

下面的代码在容器中定义了一个 id 为 chain 的 Bean。

```
<bean id="chain" class="learn.spring.assemble.Chain">
…
</bean>
```

<bean>标签的常用属性及含义如表 3-2 所示。

表 3-2　<bean>标签的常用属性及含义

<bean>标签的常用属性	含　义
id	Bean 的唯一标识符，如果未明确提供名称或 ID，则容器将为该 Bean 生成一个唯一的名称。命名规则的约定：以小写字母开头，并从那里用驼峰式大小写
class	指定类的包限定类名：通常，定义了 Bean 的实际实现类。默认情况下调用无参构造函数
scope	用于指定 Bean 对象的作用范围

scope 属性的可用选项及含义如表 3-3 所示。

表 3-3　scope 属性的可用选项及含义

scope 属性的可用选项	含　义
singleton	默认值，在每个 Spring IoC 容器中限定为单一对象
prototype	可以有任意数量的实例
request	限定为单个 HTTP 请求的生命周期，即每个 HTTP 请求都有一个创建的 Bean 实例。此选项仅在 Spring ApplicationContext 上下文中有效
session	限定为 HTTP 会话的生命周期。此选项仅在 Spring ApplicationContext 上下文中有效
application	限定为 ServletContext 的生命周期。此选项仅在 Spring ApplicationContext 上下文中有效
websocket	限定为 WebSocket 的生命周期。此选项仅在 Spring ApplicationContext 上下文中有效

3．依赖注入的方式

在 Spring 中主要使用基于构造函数的依赖注入和基于 Setter 的依赖注入。下面分别进行介绍。

（1）基于构造函数的依赖注入

基于构造函数的依赖注入是通过容器调用构造函数的方式进行的，通常构造函数带有许多的参数，而每个参数代表了一个依赖项。

下面以配置类 Frame 的实例进行演示和说明。类 Frame 是一个代表自行车车架的类，代码如下所示。

```
package learn.spring.assemble;
import java.awt.Color;
public class Frame {
    private String material;
    private Float retailPrice;
```

```
    private double length;
    private Color color;
    public Frame(String material, Float retailPrice, double length, Color color) {
        super();
        this.material = material;
        this.retailPrice = retailPrice;
        this.length = length;
        this.color = color;
    }
    //由于 setter 和 getter 太过冗长，因此省略了所有 setter 和 getter，请读者自行补充。
    @Override
    public String toString() {
        return "Frame [material=" + material + ", retailPrice=" + retailPrice
                        + ", length=" + length + ", color="+ color + "]";
    }
}
```

下面在 Spring 的配置文件中使用<bean>标签定义一个 Frame 类的实例，并使用基于构造函数依赖注入的方式，注入所需的依赖项。具体代码片段如下。

```
<bean id="blueColor" class="java.awt.Color">
<constructor-arg index="0" value="0.0" />
<constructor-arg index="1" value="0.0" />
<constructor-arg index="2" value="1.0" />
</bean>
<bean id="frame" class="learn.spring.assemble.Frame">
        <constructor-arg index="0" value="铝合金" />
        <constructor-arg type="java.lang.Float" value="1288.5" />
        <constructor-arg type="double" value="1.586" />
        <constructor-arg name="color" ref="blueColor" />
</bean>
```

上面的 XML 片段中，除了<bean>标签之外，还有很多<constructor-arg />标签，用于向构造函数的参数注入数据。

在 Spring 中，使用参数类型对构造函数的参数进行匹配。如果 Bean 定义的构造函数参数中不存在潜在的歧义（指存在同一个类或者继承关系类的多个参数），则按照 Bean 定义中的参数顺序向构造函数提供这些参数，此时无需在<constructor-arg />标签中显式指定这些参数的索引或类型。此外，注入的参数值既可以是字面量（基本类型、字符串等），也可以是容器中的其他 Bean。<constructor-arg/>标签的常用属性及其含义如表 3-4 所示。

表 3-4　<constructor-arg/>标签的常用属性及其含义

属性名	含义
type	显式指定构造函数参数的类型。 容器可以按照构造函数中参数类型进行正确的匹配。例如，在<bean id="frame" class="learn.spring.assemble.Frame">的定义中，4 个<constructor-arg />标签中就有两个带有 type 属性。然而当构造函数中具有多个相同类型的参数时，类型匹配自然会产生歧义性

续表

属 性 名	含　义
index	显式指定构造函数参数的索引（从 0 开始）。 当构造函数中具有多个相同类型的参数时，通过指定参数的索引可以有效地解决这种歧义。例如，在<bean id="blueColor" class="java.awt.Color">的定义中，由于三个参数具有相同的类型，因此使用 index 属性对参数进行区分
name	显示指定构造函数中参数的名称。 例如<constructor-arg name="color" ref="blueColor" />标签，通过设定参数名称来注入 blueColor 这个 Bean。需要注意的是，如果使用 name 属性，则必须在编译代码时生成调试信息
value	将属性或构造函数的参数设置为字符串表示形式。 Spring 转换服务将这些值从字符串转换为属性或参数的实际类型
ref	将属性或构造函数的参数设置为容器管理的另一个 Bean（协作者）的引用

（2）基于 Setter 的依赖注入

Spring 中的 Setter 注入是通过无参构造函数或无参数静态工厂方法实例化 Bean 之后，调用 Bean 的 setter 方法来完成依赖项的注入。下面创建一个类 Chain，并演示基于 setter 的注入方式，类 Chain 的代码如下。

```
package learn.spring.assemble;
import java.awt.Color;
public class Chain {
    private float length;
    private Color color;
    //由于 setter 和 getter 太过冗长，因此省略了所有 setter 和 getter，请读者自行补充。
    @Override
    public String toString() {
        return "Chain [length=" + length + ", color=" + color + "]";
    }
}
```

下面在 Spring 的配置文件中使用<bean>标签定义一个 Chain 类的实例，并使用<property>对这个实例的属性依赖注入，配置 XML 的片段如下。

```
<bean id="chain" class="learn.spring.assemble.Chain">
    <property name="length" value="16.5" />
    <property name="color" ref="blueColor" />
</bean>
```

上述配置代码会调用 Chain 类的空构造函数实例化一个对象，并设置其 id 为 chain。之后调用该对象的 setLength()方法和 setColor()方法进行依赖项的注入。对于 length 属性注入一个 float 类型的数据，对 color 属性注入一个其他对象。<property>标签的用法比较简单，其主要属性和含义如表 3-5 所示。

表 3-5　<property>标签的主要属性和含义

属 性 名	含　义
name	依赖注入的目的属性
value	将属性设置为字符串表示形式。Spring 转换服务将这些值从字符串转换为属性或参数的实际类型
ref	将属性设置为容器管理的另一个 Bean（协作者）的引用

（3）关于基于构造函数的依赖注入和基于 Setter 的依赖注入的建议

在 ApplicationContext 容器中，这两种注入方式并非是互斥的，而是一种合作的关系，很多时候可以在已经通过构造函数方法注入了某些依赖项之后，还可以继续使用基于 Setter 的依赖注入。因此建议将构造函数用于强制性依赖项，并将 setter 方法用于可选依赖项。

有些特殊形况下，构造函数注入可能是唯一的选择。例如在没有源代码的第三方类时，如果第三方类未公开任何 Setter 方法，则构造函数注入可能是唯一可行的依赖注入方式。

4．注入集合类型的数据

在前面的例子中，已经学习了<constructor-arg>和<property>标签中的 value 属性和 ref 属性是如何向 Bean 中注入普通的简单数据（字面量）和容器中的其他 Bean 对象。在实际应用中还经常需要处理集合类型的数据，例如 List、Map、Set 和 Properties 等类型的对象。

下面创建一个类 Pedal 和一个类 Bicycle，并演示如何注入集合类型的数据。Pedal 类的代码如下。

```
package learn.spring.assemble;
public class Pedal {
        private String info;
        public String getInfo() {
                return info;
        }
        public void setInfo(String info) {
                this.info = info;
        }
        @Override
        public String toString() {
                return "Pedal [info=" + info + "]";
        }
}
```

Pedal 类非常简单，仅有一个 info 属性。Bicycle 类的代码如下。

```
package learn.spring.assemble;
import java.util.List;   import java.util.Map;   import java.util.Properties;
import java.util.Set;
public class Bicycle {
        private String modelType;                    //型号
        private Chain chain;                         //链条
        private Frame frame;                         //车架
        private List<Pedal> pedals;                  //脚踏
        private Map<String,Float> retailPrice;       //不同地区的零售价
        private Set<String> factories;               //可以制造该车的工厂
        private Properties otherProps;               //其他属性
        private String[] designers;                  //设计者
        public Bicycle() {}
        public Bicycle(String modelType, Chain chain, Frame frame,List<Pedal> pedals) {
```

```
            this.modelType = modelType;    this.chain = chain;
            this.frame = frame;    this.pedals = pedals;
        }
    public Bicycle(String modelType, Chain chain, Frame frame, List<Pedal> pedals,
                Map<String, Float> retailPrice,Set<String> factories, Properties otherProps,
                String[] designers) {
            this.modelType = modelType;
            this.chain = chain;    this.frame = frame;    this.pedals = pedals;
            this.retailPrice = retailPrice;    this.factories = factories;
            this.otherProps = otherProps;    this.designers = designers;
        }
        //由于 setter 和 getter 太过冗长，因此省略了所有 setter 和 getter，请读者自行补充。
        public String strDesigners() {
            String s="";
            for(int i=0;i<this.designers.length;i++) {
                s+=this.designers[i]+",";
            }
            return s;
        }
        @Override
        public String toString() {
            return "Bicycle [modelType=" + modelType + "\n chain=" + chain + "\n frame="
                    + frame+"\n pedals="+pedals+"\n retailPrice="+retailPrice+"\n designers="
                    +this.strDesigners()+"\n factories="+factories+"\n properties="
                    + this.otherProps + "]";
        }
    }
```

Bicycle 类稍微复杂一些，它的属性较多，而且属性类型比较复杂，除了简单数据类型和某些类的对象外，还有若干个集合类型和一个数组类型。此外，Bicycle 类还定义了一个空的构造函数和两个带有众多参数的构造函数。

下面在 Spring 的配置文件中使用<bean>标签定义一个 Bicycle 类的实例，配置 XML 的片段如下。

```
<bean id="bicycle" class="learn.spring.assemble.Bicycle">
    <constructor-arg name="modelType" value="希望之路" />
    <constructor-arg name="chain" ref="chain"/>
    <constructor-arg name="frame" ref="frame"/>
    <constructor-arg name="pedals">
        <list>
            <bean class="learn.spring.assemble.Pedal">
                <property name="info" value="左侧脚踏" />
            </bean>
            <bean class="learn.spring.assemble.Pedal">
                <property name="info" value="右侧脚踏" />
            </bean>
```

```
            </list>
        </constructor-arg>
        <property name="retailPrice">
            <map>
                <entry key="北京" value="888" />
                <entry key="上海" value="999" />
                <entry key="广州" value="966" />
            </map>
        </property>
        <property name="factories">
            <set>
                <value>北京通州制造厂</value>
                <value>天津武清制造厂</value>
            </set>
        </property>
        <property name="designers">
            <array>
                <value>张三</value>
                <value>李四</value>
            </array>
        </property>
        <property name="otherProps">
            <props>
            <prop key="designVersion">2.0.3</prop>
            <prop key="shortComing">前叉回弹不足</prop>
            </props>
        </property>
    </bean>
```

以上 XML 片段中使用<list>、<set>、<map>、<props>和<array>标签分别设置 Java 集合类型 List、Set、Map、Properties 和数组类型的属性（无论是在<constructor-arg>标签中还是在<property>标签中都是适用的）。

此外，该 XML 片段还展示了将构造函数注入和 Setter 注入混合使用的过程，解释如下。

① 容器调用 public Bicycle (String modelType, Chain chain, Frame frame, List<Pedal> pedals)构造函数实例化一个 Bicycle 对象。

② 容器调用Bicycle对象的Setter方法注入若干属性依赖（包括对前面已经出现过的Bean的引用）。

下面给出本例使用的完整 Spring 配置文件。感兴趣的读者也可以自行在路径/myhomework/src/main/java/learn/spring/assemble/xml/just_xml.xml 处查阅。

```
<?xml version="1.0" encoding="UTF-8"?>
<beans xmlns="http://www.springframework.org/schema/beans"
xmlns:xsi="http://www.w3.org/2001/XMLSchema-instance"
xsi:schemaLocation="http://www.springframework.org/schema/beans
https://www.springframework.org/schema/beans/spring-beans-4.1.xsd">
```

```
<bean id="chain" class="learn.spring.assemble.Chain">
        <property name="length" value="16.5" />
        <property name="color" ref="blueColor" />
</bean>
<bean id="blueColor" class="java.awt.Color">
        <constructor-arg index="0" value="0.0" />
        <constructor-arg index="1" value="0.0" />
        <constructor-arg index="2" value="1.0" />
</bean>
<bean id="frame" class="learn.spring.assemble.Frame">
        <constructor-arg index="0" value="铝合金" />
        <constructor-arg type="java.lang.Float" value="1288.5" />
        <constructor-arg type="double" value="1.586" />
        <constructor-arg name="color" ref="blueColor" />
</bean>
<bean id="bicycle" class="learn.spring.assemble.Bicycle">
        <constructor-arg name="modelType" value="希望之路" />
        <constructor-arg name="chain" ref="chain"/>
        <constructor-arg name="frame" ref="frame"/>
        <constructor-arg name="pedals">
                <list>
                        <bean class="learn.spring.assemble.Pedal">
                                <property name="info" value="左侧脚踏" />
                        </bean>
                        <bean class="learn.spring.assemble.Pedal">
                                <property name="info" value="右侧脚踏" />
                        </bean>
                </list>
        </constructor-arg>
        <property name="retailPrice">
                <map>
                        <entry key="北京" value="888" />
                        <entry key="上海" value="999" />
                        <entry key="广州" value="966" />
                </map>
        </property>
        <property name="factories">
                <set>
                        <value>北京通州制造厂</value>
                        <value>天津武清制造厂</value>
                </set>
        </property>
        <property name="designers">
                <array>
                        <value>张三</value>
                        <value>李四</value>
```

```
            </array>
        </property>
        <property name="otherProps">
            <props>
            <prop key="designVersion">2.0.3</prop>
            <prop key="shortComing">前叉回弹不足</prop>
            </props>
        </property>
    </bean>
    </beans>
```

5．编写测试代码

为了测试前面的类代码和配置文件，新建一个测试类 AssembleBeansTest，并添加一个测试方法，具体代码如下所示。

```
@Test
public void byXMLtest() {
    ApplicationContext ac = new
        ClassPathXmlApplicationContext ("learn/spring/assemble/xml/just_xml.xml");
    Bicycle bicycle=(Bicycle)ac.getBean("bicycle");
    assertThat(bicycle,notNullValue());
    System.out.println(bicycle.toString());
}
```

测试代码中，通过使用 ClassPathXmlApplicationContext 类读取 XML 配置文件创建了一个 ApplicationContext 实例，并获得了一个 Bicycle 实例。测试成功后在控制台可以获得如下输出。

```
Bicycle [modelType=希望之路
chain=Chain [length=16.5, color=java.awt.Color[r=0,g=0,b=255]]
frame=Frame [material=铝合金, retailPrice=1288.5, length=1.586, color=java.awt.Color[r=0,g=0,b=255]]
pedals=[Pedal [info=左侧脚踏], Pedal [info=右侧脚踏]]
retailPrice={北京=888.0, 上海=999.0, 广州=966.0}
designers=张三,李四,
factories=[北京通州制造厂, 天津武清制造厂]
properties={designVersion=2.0.3, shortComing=前叉回弹不足}]
```

3.2.2 使用命名空间简化 XML 配置

通过前面的学习，不仅看到了 Spring 容器的强大功能，也注意到了 XML 配置容器的方式比较烦琐和冗长。下面介绍在使用 XML 方式装配 Bean 时经常使用的两个命名空间：c-namespace 和 p-namespace，并演示如何借助这两个命名空间来简化<bean>标签的配置。先简单介绍一下 util-namespace。

1．简化配置文件

为了便于理解和比较，使用命名空间对前面使用的配置文件进行简化，简化后的配置文件（/myhomework/src/main/java/learn/spring/assemble/xml/just_xml_namespace.xml）内容如下。

```
<?xml version="1.0" encoding="UTF-8"?>
<beans xmlns="http://www.springframework.org/schema/beans"
xmlns:xsi="http://www.w3.org/2001/XMLSchema-instance"
xmlns:c="http://www.springframework.org/schema/c"
xmlns:p="http://www.springframework.org/schema/p"
xmlns:util="http://www.springframework.org/schema/util"
xsi:schemaLocation="http://www.springframework.org/schema/beans
http://www.springframework.org/schema/beans/spring-beans-4.1.xsd
http://www.springframework.org/schema/util
https://www.springframework.org/schema/util/spring-util-4.1.xsd">
<util:constant id="mygreen"
    static-field="java.awt.Color.green" />
<bean id="chain" class="learn.spring.assemble.Chain"
    p:length="16.5" p:color-ref="mygreen" />
<bean id="blueColor" class="java.awt.Color" c:r="0.0" c:_1="0.0"
    c:_2="1.0" />
<bean id="frame" class="learn.spring.assemble.Frame" c:_0="铝合金"
    c:retailPrice="1288.5" c:length="1.586" c:color-ref="blueColor" />
<bean id="commonPedal" class="learn.spring.assemble.Pedal">
    <property name="info" value="左侧脚踏" />
</bean>
<util:list id="pedals">
    <ref bean="commonPedal" />
    <bean class="learn.spring.assemble.Pedal">
        <property name="info" value="右侧脚踏" />
    </bean>
</util:list>
<util:map id="retailPrice">
    <entry key="北京" value="888" />
    <entry key="上海" value="999" />
    <entry key="广州" value="966" />
</util:map>
<util:set id="factories">
    <value>北京通州制造厂</value>
    <value>天津武清制造厂</value>
</util:set>
<util:properties id="props">
    <prop key="designVersion">2.0.3</prop>
    <prop key="shortComing">前叉回弹不足</prop>
</util:properties>
<bean id="bicycle" class="learn.spring.assemble.Bicycle"
    c:_0="希望之路" c:chain-ref="chain" c:frame-ref="frame"
    c:pedals-ref="pedals" p:retailPrice-ref="retailPrice"
```

```
        p:otherProps-ref="props" p:factories-ref="factories">
        <property name="designers">
            <array>
                <value>张三</value>
                <value>李四</value>
            </array>
        </property>
    </bean>
    </beans>
```

下面对配置文件的各个部分进行说明。

2．引入命名空间和 XSD 文件

为了使用 c-namespace、p-namespace 和 util-namespace，修改<beans>标签引入的空间和 xsd，具体代码如下。

```
<beans xmlns="http://www.springframework.org/schema/beans"
xmlns:xsi="http://www.w3.org/2001/XMLSchema-instance"
xmlns:c="http://www.springframework.org/schema/c"
xmlns:p="http://www.springframework.org/schema/p"
xmlns:util="http://www.springframework.org/schema/util"
xsi:schemaLocation="http://www.springframework.org/schema/beans
http://www.springframework.org/schema/beans/spring-beans-4.1.xsd
http://www.springframework.org/schema/util
https://www.springframework.org/schema/util/spring-util-4.1.xsd">
```

3．util-namespace 简介

借助 util-namespace 空间能方便地定义 List、Map、Set、Properties 类型的 Bean，也能将某个类的 public static 字段声明为一个 Bean。util-namespace 中的标签及其功能如表 3-6 所示。

表 3-6 util-namespace 中的标签及其功能

标签	功能
<util:list>	定义一个 List 类型的 Bean，可以包含值或者引用
<util:map>	定义一个 Map 类型的 Bean，可以包含值或者引用
<util:set>	定义一个 Set 类型的 Bean，可以包含值或者引用
<util:properties>	定义一个 Properties 类型的 Bean
<util:property-path>	引用一个 Bean 的某个属性（支持级联操作，例如 myobject.location.x），并将这个属性暴露为一个 Bean，例如：<util:property-path path="myobject.location.x" id="loction_x"/>
<util:constant>	将某个类的 public static 字段声明为一个 Bean

util-namespace 中主要标签的用法见如下代码。

```
<util:constant id="mygreen"
        static-field="java.awt.Color.green" />
<util:list id="pedals">
        <ref bean="commonPedal" />
        <bean class="learn.spring.assemble.Pedal">
```

```
            <property name="info" value="右侧脚踏" />
        </bean>
    </util:list>
    <util:map id="retailPrice">
        <entry key="北京" value="888" />
        <entry key="上海" value="999" />
        <entry key="广州" value="966" />
    </util:map>
    <util:set id="factories">
        <value>北京通州制造厂</value>
        <value>天津武清制造厂</value>
    </util:set>
    <util:properties id="props">
        <prop key="designVersion">2.0.3</prop>
        <prop key="shortComing">前叉回弹不足</prop>
    </util:properties>
```

本例借助 util-namespace 中的标签定义了若干个 Bean，包括一个 Color 类中的静态对象、一个 List、一个 Map、一个 Set 和一个 Properties。

4．使用 c-namespace 注入依赖

借助 c-namespace，可以使用<bean>标签的属性来注入构造函数的参数（不再使用<constructor-arg/>子标签），从而注入构造函数参数的过程。c-namespace 的主要用法如表 3-7 所示。

表 3-7　c-namespace 的主要用法

用法格式	用　途	说　明
c:_索引	注入字面量	除 c 命名空间的前缀（c:）外，需要使用下划线“_”和构造函数中参数的索引来代替对应的参数名（索引是从 0 开始），例如代码中的 c:r="0.0" c:_1="0.0" c:_2="1.0"
c:_索引-ref	注入对其他 Bean 的引用	除 c 命名空间的前缀（c:）外，需要使用下划线“_”、构造函数中参数的索引和“-ref”后缀来代替对应的参数名（索引是从 0 开始）
c:参数名	注入字面量	除了 c 命名空间的前缀（c:）外，直接使用构造函数中的参数名，例如代码中的 c:retailPrice="1288.5" c:length="1.586"（此种方式需要在编译时加入调试信息）
c:参数名-ref	注入对其他 Bean 的引用	除了 c 命名空间的前缀（c:）外，使用构造函数中的参数名和“-ref”后缀，例如代码中的 c:color-ref="blueColor"

下面的代码展示了 c-namespace 的基本用法。

```
<bean id="blueColor" class="java.awt.Color" c:r="0.0" c:_1="0.0" c:_2="1.0" />
<bean id="frame" class="learn.spring.assemble.Frame" c:_0="铝合金"
    c:retailPrice="1288.5" c:length="1.586" c:color-ref="blueColor" />
```

5．使用 p-namespace 注入依赖

借助 p-namespace，可以使用<bean>标签的属性向 Bean 注入依赖（可以不再使用<property />子标签，当然同时使用这两者也是没有问题的）。p-namespace 的主要用法如表 3-8 所示。

表 3-8 p-namespace 的主要用法

用法格式	用途	说明
p:属性名	注入字面量	除了 p 命名空间的前缀（p:）外，直接使用属性名，例如代码中的 p:length="16.5"
p:属性名-ref	注入对其他 Bean 的引用	除了 p 命名空间的前缀（p:）外，使用属性名和“-ref”后缀，例如代码中的 p:color-ref="mygreen"

下面的代码展示了 p-namespace 的基本用法。

```
<bean id="chain" class="learn.spring.assemble.Chain" p:length="16.5" p:color-ref="mygreen" />
```

6．c-namespace 和 p-namesapce 的混合使用

在实际使用中，c-namespace 和 p-namesapce 经常混合在一起使用，例如下面 Bean 的定义。

```
<bean id="bicycle" class="learn.spring.assemble.Bicycle"
      c:_0="希望之路" c:chain-ref="chain" c:frame-ref="frame"
      c:pedals-ref="pedals" p:retailPrice-ref="retailPrice"
      p:otherProps-ref="props" p:factories-ref="factories">
      <property name="designers">
            <array>
                  <value>张三</value>
                  <value>李四</value>
            </array>
      </property>
</bean>
```

在这个 Bean 的定义中，包含了如下过程。

① 使用构造函数 public Bicycle (String modelType, Chain chain, Frame frame, List<Pedal> pedals)实例化一个 Bicycle 的对象，并且使用 c-namesapce 进行了构造函数参数的注入（c:_0="希望之路" c:chain-ref="chain" c:frame-ref="frame" c:pedals-ref="pedals"）。

② 使用 p-namespace 进行属性的注入（p:retailPrice-ref="retailPrice" p:otherProps-ref="props" p:factories-ref="factories"）。

③ 使用<property>标签完成了集合类型的属性注入。

7．编写测试代码

为了测试命名空间的使用，向测试类 AssembleBeansTest 添加一个测试方法，具体代码如下。

```
@Test
public void byXML_NameSpacetest() {
      ApplicationContext ac = new
         ClassPathXmlApplicationContext ("learn/spring/assemble/xml/just_xml_namespace.xml");
      Bicycle bicycle=(Bicycle)ac.getBean("bicycle");
      assertThat(bicycle,notNullValue());
      System.out.println(bicycle.toString());
}
```

测试成功后在控制台可以获得如下输出。

```
Bicycle [modelType=希望之路
chain=Chain [length=16.5, color=java.awt.Color[r=0,g=255,b=0]]
frame=Frame [material=铝合金, retailPrice=1288.5, length=1.586, color=java.awt.Color[r=0,g=0,b=255]]
pedals=[Pedal [info=左侧脚踏], Pedal [info=右侧脚踏]]
retailPrice={北京=888.0, 上海=999.0, 广州=966.0}
designers=张三,李四,
factories=[北京通州制造厂, 天津武清制造厂]
properties={designVersion=2.0.3, shortComing=前叉回弹不足}]
```

3.2.3　在 Java 代码中利用注解装配

基于注解的配置方法提供了替代 XML 配置的方案，该配置依赖字节码数据来连接组件。通过使用相关类、方法或字段上的注释符号，开发人员无需使用 XML 标签来描述 Bean 的连接，而是将配置信息移入类代码中。

为了便于读者理解和比较，使用注解符号对前面使用的配置文件进行替换。

1．使用@Configuration 创建配置类

配置类替代了 XML 文件，并作为 Bean 定义的来源。创建配置类比较简单，只需要在类的定义上使用@Configuration 注解即可。在下面的例子中，使用一个名为 Config4Bicycle 的类作为配置类，其代码如下所示。

```
package learn.spring.assemble;
import java.awt.Color;
import java.util.ArrayList;
import java.util.HashMap;
import java.util.HashSet;
import java.util.List;
import java.util.Map;
import java.util.Properties;
import java.util.Set;
import org.springframework.beans.factory.annotation.Qualifier;
import org.springframework.context.annotation.Bean;
import org.springframework.context.annotation.ComponentScan;
import org.springframework.context.annotation.Configuration;
@Configuration
@ComponentScan(basePackages ="learn.spring.assemble")
public class Config4Bicycle {
    @Bean(name="mygreen")
    public Color getMyGreen() {
        return Color.green;
    }
    @Bean(name="blueColor")
    public Color aBlueColor(){
        return new Color(0.0f,0.0f,1.0f);
    }
    @Bean
```

```
    public Frame aFrame(@Qualifier("blueColor") Color color){
        return new Frame("铝合金", 1288.5f, 1.586, color);
    }
    @Bean
    public List<Pedal> pedals(Pedal commonPedal) {
        List<Pedal> pedals=new ArrayList<Pedal>();
        pedals.add(commonPedal);
        Pedal p=new Pedal();
        p.setInfo("右侧脚踏");
        pedals.add(p);
        return pedals;
    }
    @Bean
    public Map<String,Float> retailPrice(){
        Map<String,Float> map=new HashMap<String,Float>();
        map.put("北京", 888f);
        map.put("上海", 999f);
        map.put("广州", 966f);
        return map;
    }
    @Bean
    public Set<String> factories(){
        Set<String> set=new HashSet<>();
        set.add("北京通州制造厂");
        set.add("天津武清制造厂");
        return set;
    }
    @Bean("otherProps")
    public Properties props() {
        Properties props=new Properties();
        props.setProperty("designVersion", "2.0.3");
        props.setProperty("shortComing", "前叉回弹不足");
        return props;
    }
}
```

在类的定义部分使用了@Configuration 注解，从而表明这个类是一个配置类，其内部包含了容器中创建 Bean 的详细信息。

2．使用@Bean 定义 Bean

在类 Config4Bicycle 的内部看到了很多@Bean 注解的方法，这些方法会返回一个对象，并注册为 Spring 容器中的一个 Bean。实际上，@ Bean 注解与<bean />元素具有相同的作用。下面对@ Bean 注解进行介绍。

① 默认情况下，这个 Bean 的 id 值与方法名一致。如果需要设置不同的 id，可以使用 name 属性进行重新设定，例如代码中的@Bean(name="mygreen")和@Bean(name="blueColor")。

② @Bean 注解支持指定的初始化和销毁回调方法，其功能与 XML 配置文件中<bean>元

素的 init-method 和 destroy-method 属性类似，其格式为：@Bean(initMethod = "myinit", destroyMethod = "mydestroy")。当然，也可以单独使用其中一个。

③ 使用@Bean注解的方法可以具有任意数量的参数，这些参数代表了构建该Bean所需的依赖关系。当Spring创建该Bean时，会自动装配一个符合参数类型的Bean。

然而，在调用方法public Frame aFrame（Color color）时，Spring会发现容器中有不止一个Color类型的Bean（前面定义了两个Bean，@Bean(name="mygreen")和@Bean(name= "blueColor")）。这种情况下，必须消除这种歧义性，通常有两种方法。

① 由于自动装配会按照类型选择候选Bean，因此当多个Bean均满足自动装配的条件时，就需要明确指定哪一个被优先选择，此时可以使用@Primary注解对首选的Bean做标记。

② 当需要对选择Bean的过程进行更多控制时，可以使用@Qualifier注解，从而为方法的参数（也可是类的字段）选择特定的Bean，例如本例中使用的 public Frame aFrame(@Qualifier ("blueColor") Color color)。

在使用注解定义Bean时，如果需要明确说明Bean的作用范围，则可以使用@Scope注解来说明当前Bean的生命周期，例如@Scope("prototype")。

3．使用@Component定义Bean

在类的定义上使用@Component注解可以让Spring将这个类注册为一个Bean实例（也可以理解为组件）。如果想要定义当前组件Bean的作用范围，则需要使用@Scope注解。

实际上 Spring 提供了多种构造型注解：@ Component、@ Repository、@ Service 和 @Controller，后面三种注解均是@Component 的某种特例（分别在持久层、服务层和表示层中使用），具体解释如下。

① @Component是任何Spring托管组件的通用构造型。

② @Repository用于对实现存储的类进行标记（这些类对象也称为数据访问对象或DAO）。

③ @Service用于对服务层中的业务逻辑类进行标记。

④ @Controller用于标记MVC模型中的控制器类。

因此，虽然可以使用@Component 来标记任何一个组件类，但在实际使用中往往会按照类的具体功能来选择@ Repository、@ Service或@Controller之一来标记它们，这样确切标记的类更适合通过工具进行处理或与切面相关联。

使用@Component注解对类Chain，具体代码如下所示。

```
package learn.spring.assemble;
import java.awt.Color;
import org.springframework.beans.factory.annotation.Autowired;
import org.springframework.beans.factory.annotation.Qualifier;
import org.springframework.beans.factory.annotation.Value;
import org.springframework.stereotype.Component;
@Component(value="chain")
public class Chain {
    @Value("16.5")
    private float length;
    @Autowired
    @Qualifier("mygreen")
```

```
    private Color color;
    //篇幅所限，省略了所有 setter 和 getter
    @Override
    public String toString() {
        return "Chain [length=" + length + ", color=" + color + "]";
    }
}
```

下面对 Chain 类涉及的几个注解进行解释。

① 默认情况下会将 Bean 的 id 设置为与类名类似（类名的第一个字母变为小写），如果要设置不同的 id，则可以在@Component 注解中设置期望的 id 字符串，例如@Component (value= "chain")。

② @Value 注解向类的属性注入字面量，Spring 的转换服务会将字符串转换为与目标属性匹配的类型。

③ @Autowired 注解可以让构造函数、Setter 方法、普通方法和字段使用自动装配机制，即让 Spring 应用上下文寻找满足需求的 Bean。由于默认是将带@Autowired 注解的方法和字段作为必备依赖，因此当没有匹配的候选 Bean 可用时，自动装配将失败。如果需要改变这种默认的行为，可以使用@Autowired (required = false) 来取消这种必备的依赖。

④ @Qualifier 注解明确说明了 color 字段使用哪个特定的 Bean，例如@Qualifier("mygreen")。

基于上述的注解，类 Chain 就会被 Spring 容器实例化为一个 id 为 chain 的 Bean，而且这个 Bean 的 length 字段被设置为 16.5，其 color 字段被自动注入一个名为 mygreen 的 Color 类型的 Bean（这个 Bean 已经在配置类 Config4Bicycle 中定义）。

下面向类 Pedal 和类 Bicycle 添加注解（类 Frame 中没有使用注解），添加注解后的代码如下所示。

```
package learn.spring.assemble;
import org.springframework.beans.factory.annotation.Value;
import org.springframework.stereotype.Component;
@Component
public class Pedal {
    @Value("左侧脚踏")
    private String info;
    public String getInfo() {
        return info;
    }
    public void setInfo(String info) {
        this.info = info;
    }
    @Override
    public String toString() {
        return "Pedal [info=" + info + "]";
    }
}
```

向类 Pedal 添加了@Component 注解，因此 Spring 会实例化一个 Pedal 对象作为一个 Bean（id 为 pedal）。

```
package learn.spring.assemble;
import java.util.List;import java.util.Map;import java.util.Properties;
import java.util.Set;
import org.springframework.beans.factory.annotation.Autowired;
import org.springframework.beans.factory.annotation.Qualifier;
import org.springframework.beans.factory.annotation.Value;
import org.springframework.stereotype.Component;
@Component("bicycle")
public class Bicycle {
    private String modelType;                    //型号
    private Chain chain;                         //链条
    private Frame frame;                         //车架
    private List<Pedal> pedals;                  //脚踏
    private Map<String,Float> retailPrice;       //不同地区的零售价
    private Set<String> factories;               //可以制造该车的工厂
    private Properties otherProps;               //其他属性
    private String[] designers;                  //设计者
    public Bicycle() {}
    public Bicycle(String modelType, Chain chain, Frame frame,List<Pedal> pedals) {
        this.modelType = modelType; this.chain = chain;
        this.frame = frame; this.pedals = pedals;
    }
    @Autowired
    public Bicycle(@Value("希望之路") String modelType, Chain chain, Frame frame,
                List<Pedal> pedals, Map<String, Float> retailPrice,Set<String> factories,
                @Qualifier("otherProps") Properties otherProps,
                @Value("{'张三','李四'}") String[] designers) {
        super();
        this.modelType = modelType; this.chain = chain; this.frame = frame;
        this.pedals = pedals; this.retailPrice = retailPrice; this.factories = factories;
        this.otherProps = otherProps; this.designers = designers;
    }
    public String strDesigners() {
        String s="";
        for(int i=0;i<this.designers.length;i++) {   s+=this.designers[i]+",";       }
        return s;
  }  //篇幅所限，省略所有的 setter 和 getter 方法，请读者自行补充
    @Override
    public String toString() {
        return "Bicycle [modelType=" + modelType + "\n chain=" + chain
            + "\n frame=" + frame + "\n pedals=" + pedals+ "\n retailPrice="
            + retailPrice + "\n designers=" + this.strDesigners()+ "\n factories="
            + factories +"\n properties=" + this.otherProps +    "]";
```

```
    }
}
```

下面对类 Bicycle 中的注解进行解释。

① 向类 Bicycle 添加了@Component("bicycle")注解，因此 Spring 会实例化一个 Bicycle 类型的 Bean（id 为 bicycle）。

② 创建该 Bean 时将使用由@Autowired 注解标识的构造函数，即"public Bicycle(@Value ("希望之路") String modelType, Chain chain, Frame frame, List<Pedal> pedals, Map<String, Float> retailPrice, Set<String> factories, @Qualifier("otherProps") Properties otherProps, @Value("{'张三', '李四'}") String[] designers)"。构造函数中的参数使用@Value 注入了必要的字面量，使用@Qualifier 明确指定了所需的 Bean（id 为 otherProps 的 Bean 在配置类 Config4Bicycle 中定义）。

4．使用@ComponentScan 启动扫描

细心的读者已经发现，我们不仅在配置类 Config4Bicycle 中使用@Bean 定义了若干个 Bean，也使用@Component 注解将类 Chain、类 Pedal、类 Bicycle 定义成了组件（实际上也是 Bean），因此就需要自动检测这些组件类并注册相应的 Bean。

为了达到上述目的，将@ComponentScan 注解添加到配置类 Config4Bicycle 中（请参见前面的类代码），例如@ComponentScan(basePackages ="learn.spring.assemble")，其中 basePackages 属性是需要扫描的包（此处可以提供一个列表，用于指定多个基础包，例如{"a.b.c"，"e.f"}）。

本例中各个 Bean 之间的关系如图 3-7 所示。

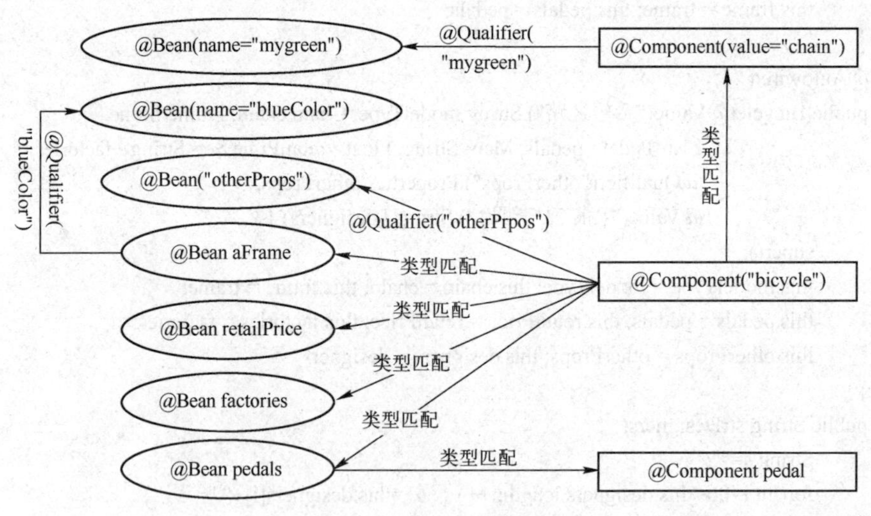

图 3-7 Bean 之间的关系

图 3-7 中椭圆形的 Bean 在配置类 Config4Bicycle 中使用@Bean 注解定义，矩形的组件则由@Component 注解在类中标识。图 3-7 中的连接线则表明了 Bean 之间的依赖，这些依赖有的来自类字段，有的来自函数参数。依赖的查找方式由连接线上的文字说明，有的使用类型匹配，有的使用@Qualifier 注解进行明确说明。

5．编写测试代码

为了测试配置类和各个组件类代码中的注解符号，向测试类 AssembleBeansTest 添加一个测试方法，具体代码如下所示。

```
@Test
public void byJavaConfig() {
    ApplicationContext ac = new
        AnnotationConfigApplicationContext (learn.spring.assemble.Config4Bicycle.class);
        Bicycle bicycle=(Bicycle)ac.getBean("bicycle");
        assertThat(bicycle,notNullValue());
        System.out.println(bicycle.toString());
}
```

类 AnnotationConfigApplicationContext 可以将使用了注解@Configuration 的配置类用作为输入，从而不需要借助 XML 来使用 Spring 容器。

测试成功后在控制台可以获得如下输出。

```
Bicycle [modelType=希望之路
chain=Chain [length=16.5, color=java.awt.Color[r=0,g=255,b=0]]
frame=Frame [material=铝合金, retailPrice=1288.5, length=1.586, color=java.awt.Color[r=0,g=0,b=255]]
pedals=[Pedal [info=左侧脚踏]]
retailPrice={北京=888.0, 上海=999.0, 广州=966.0}
designers={'张三','李四'},
factories=[天津武清制造厂, 北京通州制造厂]
properties={designVersion=2.0.3, shortComing=前叉回弹不足}]
```

3.2.4　混合装配

前面分别介绍了使用 XML 和注解两种方式配置 Spring 的方式。注解符号使用在源代码中，从而使配置更短、更简洁，但有人认为带注解的类已经不再是 POJO（Plain Ordinary Java Object，普通 Java 对象），而且注解符号让配置变得分散且难以控制。XML 则擅长连接组件，而不需要接触其源代码或重新编译它们，但也有人认为自动装配应当尽可能地放置在靠近源代码的地方。就这两种方式而言似乎没有谁更加完美的结论，在具体工程中究竟是使用 XML 配置文件，还是使用注解的方式，这个决定权掌握在具体的开发人员手中。

在很多时候需要交叉使用 XML 和注解，这就带了一个相互引用的问题，下面就这个问题进行说明。

1．向配置类中导入 XML 配置文件中的 Bean

为了说明这个问题，将之前使用的配置类 Config4Bicycle 中的两个 Bean（@Bean(name="mygreen")、@Bean(name="blueColor")）移动到一个新建的 part_xml.xml 文件中，也就是在 just_xml.xml 所在的路径下新建一个 part_xml.xml，其内容如下。

```
<?xml version="1.0" encoding="UTF-8"?>
<beans xmlns="http://www.springframework.org/schema/beans"
xmlns:xsi="http://www.w3.org/2001/XMLSchema-instance"
xmlns:c="http://www.springframework.org/schema/c"
xmlns:p="http://www.springframework.org/schema/p"
xmlns:util="http://www.springframework.org/schema/util"
```

```
xsi:schemaLocation="http://www.springframework.org/schema/beans
https://www.springframework.org/schema/beans/spring-beans-4.1.xsd
http://www.springframework.org/schema/util
https://www.springframework.org/schema/util/spring-util-4.1.xsd">
<util:constant id="mygreen" static-field="java.awt.Color.green" />
<bean id="blueColor" class="java.awt.Color" c:r="0.0" c:_1="0.0" c:_2="1.0" />
</beans>
```

在这个 XML 文件中，使用<util:constant>和<bean>标签定义了两个 Bean，分别是 mygreen 和 blueColor。

下面新建一个配置类 PartConfig4Bicycle，这个类基本上与配置类 Config4Bicycle 的内容一致，仅仅是去掉了名为 mygreen 和 blueColor 的两个 Bean 的定义，具体代码如下。

```
package learn.spring.assemble;
import java.awt.Color;import java.util.ArrayList;import java.util.HashMap;
import java.util.HashSet;import java.util.List;import java.util.Map;
import java.util.Properties;import java.util.Set;
import org.springframework.beans.factory.annotation.Qualifier;
import org.springframework.context.annotation.Bean;
import org.springframework.context.annotation.ComponentScan;
import org.springframework.context.annotation.Configuration;
import org.springframework.context.annotation.ImportResource;
@Configuration
@ComponentScan(basePackages ="learn.spring.assemble")
//当以 part_xml2 作为配置文件时应当注释掉本行。
@ImportResource("learn/spring/assemble/xml/part_xml.xml")
public class PartConfig4Bicycle {
    @Bean
    public Frame aFrame(@Qualifier("blueColor") Color color){
        return new Frame("铝合金", 1288.5f, 1.586, color);
    }
    @Bean
    public List<Pedal> pedals(Pedal commonPedal) {
        List<Pedal> pedals=new ArrayList<Pedal>();
        pedals.add(commonPedal);
        Pedal p=new Pedal();   p.setInfo("右侧脚踏");   pedals.add(p);
        return pedals;
    }
    @Bean
    public Map<String,Float> retailPrice(){
        Map<String,Float> map=new HashMap<String,Float>();
        map.put("北京", 888f); map.put("上海", 999f); map.put("广州", 966f);
        return map;
    }
    @Bean
    public Set<String> factories(){
```

```
            Set<String> set=new HashSet<>();
            set.add("北京通州制造厂");
            set.add("天津武清制造厂");
            return set;   }
        @Bean("otherProps")
        public Properties props() {
            Properties props=new Properties();
            props.setProperty("designVersion", "2.0.3");
            props.setProperty("shortComing", "前叉回弹不足");
            return props;
        }
    }
```

细心的读者会发现在这个新的配置类中，增加了一个注解 @ImportResource。在以配置类为主的应用程序中，配置类可以使用@ImportResource 导入所需的 XML。这种方法既可以让开发者用“以 Java 为中心”的方法来配置容器，又可以让 XML 的使用保持在较低限度。

最后，编写一个测试方法来测试这个过程，代码如下所示。

```
    @Test
    public void byJavaConfigAndXML() {//配置类里含有对 xml 配置的导入
        ApplicationContext ac = new
            AnnotationConfigApplicationContext (learn.spring.assemble.PartConfig4Bicycle.class);
        Bicycle bicycle=(Bicycle)ac.getBean("bicycle");
        assertThat(bicycle,notNullValue());
        System.out.println(bicycle.toString());
    }
```

测试成功后在控制台可以获得如下输出。

```
    Bicycle [modelType=希望之路
    chain=Chain [length=16.5, color=java.awt.Color[r=0,g=255,b=0]]
    frame=Frame [material=铝合金, retailPrice=1288.5, length=1.586, color=java.awt.Color[r=0,g=0,b=255]]
    pedals=[Pedal [info=左侧脚踏]]
    retailPrice={北京=888.0, 上海=999.0, 广州=966.0}
    designers={'张三','李四'},
    factories=[天津武清制造厂, 北京通州制造厂]
    properties={designVersion=2.0.3, shortComing=前叉回弹不足}]
```

实际上，除了@ImportResource 注解外，还可以在配置类中使用另一个注解@Import，@Import 允许从另一个配置类加载@Bean 定义，其基本用法如下所示。

① @Import(AConfig.class)：导入一个配置类。

② @Import({AConfig.class，BConfig.class，… })：导入多个配置类。

借助@Import 注解，可以在应用程序中将配置信息分布在多个配置类中，并在一个主配置类中导入它们就可以了。由于只需要处理一个配置类，这种方法不仅从一定程度上简化了容器的实例化，而且也无需担心多个@Configuration 类造成的混乱。

2．向 XML 配置文件中导入配置类中的 Bean

在以“XML 为中心”的应用中，可能会面临导入配置类中定义的 Bean 的实际需求，这时需要将配置类定义为 XML 中的 Bean，同时使用<context:annotation-config/>标签让 Spring 检测 Bean 中的注解标记。

首先，将 part_xm1.xml 的文件内容进行适当的修改，并保存为 part_xm2.xml 文件，具体内容如下所示。

```
<?xml version="1.0" encoding="UTF-8"?>
<beans xmlns="http://www.springframework.org/schema/beans"
xmlns:xsi="http://www.w3.org/2001/XMLSchema-instance"
xmlns:c="http://www.springframework.org/schema/c"
xmlns:p="http://www.springframework.org/schema/p"
xmlns:util="http://www.springframework.org/schema/util"
xmlns:context="http://www.springframework.org/schema/context"
xsi:schemaLocation="
http://www.springframework.org/schema/beans
https://www.springframework.org/schema/beans/spring-beans-4.1.xsd
http://www.springframework.org/schema/util
https://www.springframework.org/schema/util/spring-util-4.1.xsd
http://www.springframework.org/schema/context
https://www.springframework.org/schema/context/spring-context.xsd">
<util:constant id="mygreen"
        static-field="java.awt.Color.green" />
<bean id="blueColor" class="java.awt.Color" c:r="0.0" c:_1="0.0" c:_2="1.0" />
<bean class="learn.spring.assemble.PartConfig4Bicycle" />
        <context:annotation-config />
</beans>
```

与 part_xm1.xml 相比，part_xm2.xml 中增加了一个新的命名空间 context 及其 xsd，并使用<context:annotation-config />标签激活了 Spring 框架对 Bean 的注解检测功能。此外，还将配置类 PartConfig4Bicycle 定义为一个 Bean。

经过上述修改后，当使用 part_xm2.xml 文件配置 Spring 容器时，就能够正常访问配置类 PartConfig4Bicycle 中的 Bean（同时也会按照配置类 PartConfig4Bicycle 中的注解@ComponentScan (basePackages="learn.spring.assemble")进行相应的组件扫描），因此能够得到一个名为“bicycle”的 Bean。

最后，编写一个测试方法来测试这个过程，代码如下。

```
@Test
//使用 xml 配置 Spring,并引入配置类中的 Bean
public void byXML_NameSpacetestAndJavaConfig() {
        ApplicationContext ac = new
                ClassPathXmlApplicationContext ("learn/spring/assemble/xml/part_xm2.xml");
        Bicycle bicycle=(Bicycle)ac.getBean("bicycle");
        assertThat(bicycle,notNullValue());
        System.out.println(bicycle.toString());
```

```
}
```

测试成功后，在控制台可以得到如下输出。

```
Bicycle [modelType=希望之路
chain=Chain [length=16.5, color=java.awt.Color[r=0,g=255,b=0]]
frame=Frame [material=铝合金, retailPrice=1288.5, length=1.586, color=java.awt.Color[r=0,g=0,b=255]]
pedals=[Pedal [info=左侧脚踏]]
retailPrice={北京=888.0, 上海=999.0, 广州=966.0}
designers={'张三','李四'},
factories=[天津武清制造厂, 北京通州制造厂]
properties={designVersion=2.0.3, shortComing=前叉回弹不足}]
```

实际上，在“以 XML 为中心”的应用中，为了避免 XML 文件过大，经常将 Bean 的定义分散在多个 XML 文件中。每个单独的 XML 配置文件都代表了体系结构中的不同逻辑层或模块，此时可以借助<import>标签加载外部的 Bean 定义，例如<import resource="resources/mySource.xml"/>。被导入的文件内容（含顶级<beans />元素）必须是有效的 XML Bean 定义。

3.2.5　Spring 表达式语言简介

Spring 表达式语言（spring expression language，SpEL）是一种功能强大的表达式语言，其基本格式为 #{....}。SpEL 不仅支持在运行时查询和操作对象图，也支持常见的运算符以及正则表达式。Spring 表达式语言中常用的运算符如表 3-9 所示。

表 3-9　Spring 表达式语言中常用的运算符

运算符类型	常用的运算符
关系运算符	lt (<)、gt (>)、le (<=)、ge (>=)、eq (==)、ne (!=) not (!)
逻辑运算符	and (&&)、or (||)、not (!)
数学运算符	+、-、*、div (/)、mod (%)、
赋值运算符	=
类操作符	T()

本节主要关注 SpEL 在装配 Bean 时的主要用法，对于 SpEL 中丰富的运算符及其用法请读者查阅 SpEL 的官方文档。

下面通过一个简单的例子来说明 SpEL 的基本用法。首先新建一个类 Lamp，具体代码如下。

```
package learn.spring.springEL;
import java.awt.Color;
public class Lamp {//台灯
    public Color color;
}
```

在 Lamp 类中仅仅包含一个公共字段 color。下面，新建一个配置类 Config4EL，具体代码如下。

```
package learn.spring.springEL;
import java.awt.Color;import java.util.ArrayList;import java.util.List;
import org.springframework.context.annotation.Bean;
import org.springframework.context.annotation.ComponentScan;
import org.springframework.context.annotation.Configuration;
@Configuration
@ComponentScan
public class Config4EL {
        @Bean("mycolor")
        public Color getMyColor() {
                return Color.lightGray;
        }
        @Bean("mylamp")
        public Lamp getMyLamp() {
                Lamp lamp=new Lamp();
                lamp.color=Color.yellow;
                return    lamp;
        }
        @Bean("namelist")
        public List<String> getColorList(){
                List<String> l=new ArrayList<String>();
                l.add("Vivian");
                l.add("David");
                l.add("Kevin");
                return l;
        }
}
```

这个配置类定义了三个 Bean: @Bean("mycolor")、@Bean("mylamp")、@Bean("namelist")，它们的类型分别为 Color、Lamp 和 List<String>。

下面创建一个组件类 Component4EL，具体代码如下。

```
package learn.spring.springEL;
import java.awt.Color;import org.springframework.beans.factory.annotation.Value;
import org.springframework.stereotype.Component;
@Component
public class Component4EL {
        @Value("#{true}")//逻辑值
        Boolean t;
        @Value("#{1.2+2.8}")//运算结果
        Float f;
        @Value("#{'I am a String!'}")//字符串
        String s;
        @Value("#{mycolor}")//注入一个 Bean
        Color color;
        @Value("#{mycolor.getRed()}")//Bean 方法调用的结果
        int color_red;
```

```
        @Value("#{mylamp.color}")//Bean 的属性
        Color lamp_color;
        @Value("#{mylamp?.color}")//安全情况下使用 Bean
        Color lamp2_color;
        @Value("#{T(java.awt.Color).red}")//类的静态字段
        Color static_color;
        @Value("#{T(java.awt.Color).getColor('blue')}")//类的静态方法
        Color static_method_color;
        @Value("#{namelist[1].length()}")//使用集合或数组中的元素
        int namelist_name_length;
        //篇幅所限，此处省略了所有的 setter 和 getter
        @Override
        public String toString() {
            return "Component4EL [t=" + t + ", f=" + f + ", s=" + s + ", color=" + color
                    + ", color_red=" + color_red+ ", lamp_color=" + lamp_color
                    + ", lamp2_color=" + lamp2_color + ", static_color=" + static_color
                    + ", static_method_color=" + static_method_color
                    + ", namelist_name_length=" + namelist_name_length + "]";
        }
    }
```

在类 Component4EL 中使用@Value 和 SpEL 完成不同类型的依赖注入，简述如下。

① @Value("#{true}")：使用 true 或 false 注入 Boolean 类型。

② @Value("#{1.2+2.8}")：支持常见的运算符，这里是加法。

③ @Value("#{'I am a String!'}")：注入字符串。

④ @Value("#{mycolor}")：将名为 mycolor 的 Bean 注入类属性，本例中这个 Bean 在配置类 Config4EL 中定义。

⑤ @Value("#{mycolor.getRed()}")：将名为 mycolor 的 Bean 的 getRed()方法的返回值注入类属性。

⑥ @Value("#{mylamp.color}")：将名为 mylamp 的 Bean 的 color 属性注入类属性，本例中这个 Bean 在配置类 Config4EL 中定义。

⑦ @Value("#{mylamp?.color}")：当名为 mylamp 的 Bean 不为 null 时，才将其 color 属性注入类属性。

⑧ @Value("#{T(java.awt.Color).red}")：获取 java.awt.Color 类的静态成员 red，并注入类属性。其中 T(...)的作用是将 java.awt.Color 转化为 Java 的类（除了包 java.lang 中的类外，其他类需要给出全限定名），所以才可以访问其静态成员。

⑨ @Value("#{T(java.awt.Color).getColor('blue')}")：获取 java.awt.Color 类的静态方法 getColor('blue')的执行结果，并注入类属性。

⑩ @Value("#{namelist[1].length()}")：获取集合中的指定元素，将该对象 length()方法的执行结果注入类属性。本例中这个名为 namelist 的 Bean 在配置类 Config4EL 中定义。

本例中，在@Value 注解中使用了 SpEL，当利用 XML 配置文件时，同样可以使用表达式对属性或构造函数的参数值进行设置，如下面的程序所示。

```
<property name="randNumr" value="#{ T(java.lang.Math).random()}"/>
```

最后，创建一个测试类，对上述代码进行测试，代码如下所示。

```
package learn.spring.springEL;
import static org.hamcrest.CoreMatchers.notNullValue;
import static org.junit.Assert.*;
import org.junit.Test;
import org.springframework.context.ApplicationContext;
import org.springframework.context.annotation.AnnotationConfigApplicationContext;
import learn.spring.assemble.Bicycle;
public class Config4ELTest {
    @Test
    public void test() {
        ApplicationContext ac = new
            AnnotationConfigApplicationContext (learn.spring.springEL.Config4EL.class);
        Component4EL c=(Component4EL)ac.getBean("component4EL");
        assertThat(c,notNullValue());
        System.out.println(c.toString());
    }
}
```

测试成功后在控制台可以获得如下输出。

```
Component4EL [t=true, f=4.0, s=I am a String!, color=java.awt.Color[r=192,g=192,b=192], color_red=192, lamp_color=java.awt.Color[r=255,g=255,b=0], lamp2_color=java.awt.Color[r=255,g=255,b=0], static_color=java.awt.Color[r=255,g=0,b=0], static_method_color=null, namelist_name_length=5]
```

3.3 Spring AOP 简介

面向切面的编程（aspect oriented programming，AOP）提供了一种跨越多个对象进行编程的思路，从而对面向对象的编程（object oriented programming，OOP）进行了补充。如果说“模块化”在 OOP 中体现为类或对象的话，那么在 AOP 中模块化的重点是 Aspect（方面）。

3.3.1 AOP 基本概念

为了更好地解释 AOP 中的相关概念和术语，可以假设一个简单的应用场景：在用户登录系统时进行身份验证，使用 admin 用户名时需要抛出异常。

为了完成上述需求，首先创建一个接口 UserService，具体代码如下所示。

```
package learn.spring.aop.service;
public interface UserService {
    public Boolean verify(String userID,String password) throws Exception;
}
```

再提供一个简单的实现类 UserServiceImpl，具体代码如下所示。

```
package learn.spring.aop.service;
public class UserServiceImpl implements UserService {
    public Boolean verify(String userID, String password) throws Exception {
        if(userID.equals("admin")) {
            throw new Exception("不允许使用 admin 作为用户名!!! ");
        }
        if(userID.equals("tom")&&password.equals("123")) {
            return true;
        }
        else {
            return false;
        }
    }
}
```

随着系统功能的逐渐扩充，对身份验证需要提供更加丰富的功能，举例如下。

① 过滤功能：用户名或者密码为空时不要进行身份验证。

② 记录功能：在验证时需要在指定文件中记录信息，包括验证开始的时间、结束的时间、验证的结果、用户提交的验证信息、异常信息记录。

最简单的方法自然是修改 UserServiceImpl 的 verify 方法，然而这样做却并不是一个好的方法，因为新增的两个功能与“业务逻辑”的身份并不十分契合，而且从长远考虑可能会有很多的“业务逻辑”需要在执行之前进行“过滤”，并准确“记录”相关信息，从而形成类似如图 3-8 所示的结构。

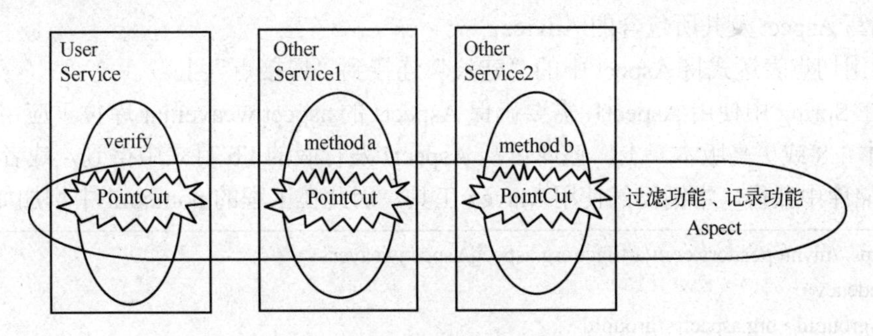

图 3-8　具有横向切面的逻辑结构

下面结合图 3-8 阐述 Spring AOP 中的基本概念。

① Aspect（方面）：跨越多个类的某种关注点的模块化实现，例如将“过滤、记录功能”模块化后编写的类。

② Join Point（连接点）：程序执行中的某一点。在 Spring AOP 内，连接点只有“方法的执行”这一种类型，例如 verify 方法的执行。

③ Advice（建议）：Aspect 在连接点处采取的操作（有的资料翻译成“通知”）。例如，过滤、记录等操作都是建议。Spring AOP 中支持 5 种类型的 Advice，如表 3-10 所示。

④ PointCut（切点）：切点的用途是匹配特定的连接点，同时与切点表达式关联的 Advice 便在匹配的连接点处执行。Spring AOP 默认使用 AspectJ 的切点表达式语言，例如横向的

Aspect 和纵向的 Service 之间的“交汇点”，图中用星形图形标注。

⑤ Introduction（引入）：可以将指定接口及其实现“引入”到“被建议”的类，可以理解为向已有的类增加新的方法或属性。

⑥ Target object（目标对象）：被 Aspect“建议”的对象，即“被建议的对象”，也可以理解为“应用程序中的原始对象”。

⑦ AOP proxy（AOP 代理对象）：由 AOP 框架创建的对象，具备 Aspect 中的各种 Advice 方法。在 Spring Framework 中，AOP 代理默认采用 JDK 动态代理，但当目标对象没有实现任何接口时则使用 CGLIB 来生成代理对象。

⑧ Weaving（编织）：将 Aspect 与对象连接，并创建出“被建议的对象”的过程。

表 3-10　Spring AOP 中支持的 5 种建议类型

Advice 类型	含　义	注解符号	XML 标签
Before	运行在连接点之前，且不能阻止执行流程继续到连接点（除非它引发异常）	@Before	<aop:before>
After returning	连接点正常执行完成后运行该 Advice（连接点处没有引发异常）	@AfterReturning	<aop:after-returning>
After throwing	连接点处的方法由于引发了异常而退出，此时运行该 Advice	@AfterThrowing	<aop:after-throwing>
After	无论连接点的方法是正常运行还是引发了异常都会运行 Advice（有点类似于 finally）	@After	<aop:after>
Around	该建议可以在连接点方法调用之前和之后执行自定义的代码，也可以控制是否执行连接点方法，又或者改写连接点方法的返回值或者直接触发一个异常	@Around	<aop:around>

从上述概念的介绍可知，在 Spring AOP 中，主要任务包括如下两项。

① 编写 Aspect 及其所包含的 Advice。

② 利用切点表达式将 Aspect 中的“建议”连接到“连接点”上。

为了在 Spring 中使用 AspectJ，需要确保 AspectJ 的 aspectjweaver.jar 库位于应用程序的类路径（版本 1.8 或更高版本）上。该库可从 AspectJ 发行版的 lib 目录中得到，或者从 Maven Central 存储库中获得。本例仍然使用 Maven 工具，因此在工程的 pom.xml 中增加如下代码。

```
<!-- https://mvnrepository.com/artifact/org.aspectj/aspectjweaver -->
<dependency>
    <groupId> org.aspectj</groupId>
    <artifactId> aspectjweaver</artifactId>
    <version> 1.8.7</version>
</dependency>
```

3.3.2　编写 Aspect

Spring AOP 中 Aspect 的编写比较简单，只需要创建一个类，并包含所需的功能代码即可。本例创建一个类 RecordAspect 作为 Aspect，并在其中定义了一些方法，具体代码如下。

```
package learn.spring.aop;
import java.io.File;import java.io.FileWriter;import java.io.IOException;import java.io.PrintWriter;
import java.time.LocalDateTime;import java.time.ZoneId;
```

```
public class RecordAspect {
    private String recordFilePath;//此处省略了其 setter 和 getter 方法,请读者自行补充
    public void recordBeforeTime() {
        LocalDateTime localDateTime = LocalDateTime.now(ZoneId.of("Asia/Shanghai"));
        String record = "@Before 时间=" + localDateTime.toString();
        writeRecord(record);
    }
    public void recordVerifyInfo(String userID, String password) {
        String record = "@Before VerifyInfo=" + userID + ",password=" + password;
        writeRecord(record);
    }
    public void recordVerifyResult(Boolean result) {
        String record = "@AfterReturning VerifyResult=" + result;
        writeRecord(record);
    }
    public void recordVerrifyException(Exception exception) {
        String record = "@AfterThrowing VerifyException=" + exception;
        writeRecord(record);
    }
    public void recordAfterTime() {
        LocalDateTime localDateTime = LocalDateTime.now(ZoneId.of("Asia/Shanghai"));
        String record = "@After 时间=" + localDateTime.toString();
        writeRecord(record);
    }
    public Object recordAround(ProceedingJoinPoint pjp) throws Throwable {
        Object re = null;
        writeRecord("@Around...在 proceed 之前");
        Object[] args = pjp.getArgs();
        Signature signature = pjp.getSignature();
        writeRecord("@Around...args=" + getStr(args) + ",signature=" + signature);
        if (args[0].equals("") || args[1].equals("")) {// 可以不调用
            writeRecord("@Around...用户密码为空串,不会调用 verify ! ");
        } else {
            writeRecord("@Around...调用 verify ! ");
            re = pjp.proceed();
        }
        writeRecord("@Around...在 proceed 之后");
        return re;
    }
    private static String getStr(Object[] obs) {
        String s = "";
        for (Object o : obs) {
            s += o.toString() + "\t";
        }
        return s;
    }
```

```
    private void writeRecord(String record) {
        FileWriter fileWriter = null;
        try {
            File f = new File(recordFilePath);
            fileWriter = new FileWriter(f, true);// append
        } catch (IOException e) {
            e.printStackTrace();
        }
        PrintWriter printerWriter = new PrintWriter(fileWriter);
        printerWriter.println(record);
        printerWriter.flush();
        try {
            fileWriter.flush();
            printerWriter.close();
            fileWriter.close();
        } catch (IOException e) {
            e.printStackTrace();
        }
    }
}
```

下面对 Aspect 中的属性和方法进行简单解释。

① recordFilePath 属性：保存一个文件路径，用于保存每条记录的详细内容。

② recordBeforeTime()：Aspect 中的 Advice 方法，记录连接点方法开始执行的时间。

③ recordVerifyInfo (String userID, String password)：Aspect 中的 Advice 方法，记录验证用户身份时使用的用户名和密码（可拓展为记录连接点方法的形参）。

④ recordVerifyResult (Boolean result)：Aspect 中的 Advice 方法，记录验证用户身份的结果（可拓展为记录连接点方法的执行结果）。

⑤ recordVerrifyException (Exception exception)：Aspect 中的 Advice 方法，记录验证用户身份时出现的异常信息（可拓展为记录连接点方法抛出的异常）。

⑥ recordAfterTime()：Aspect 中的 Advice 方法，记录连接点方法结束的时间。

⑦ recordAround (ProceedingJoinPoint pjp)：Aspect 中的 Advice 方法，当用户提交的用户名和密码为“空串”时，不进行身份验证（可拓展对连接点方法执行前后进行必要的逻辑判断，以及对连接点方法的返回结果进行覆盖）。

⑧ getStr (Object[] obs)：Aspect 中的辅助性方法，将 Object 类数组中的 object 用适当的字符串输出。

⑨ writeRecord (String record)：Aspect 中的辅助性方法，将字符串形式的 record 写入 recordFilePath 指向的文件。

3.3.3 编写切点表达式

在 Spring AOP 中使用 AspectJ 的切点表达式来定义切点，但仅仅使用了 AspectJ 的切点指示器的一个子集，具体内容如表 3-11 所示。

表 3-11　Spring AOP 中使用的切点表达式

AspectJ 指示器	连接点描述
execution()	匹配特定的方法作为连接点
within()	匹配特定的类型，该类型内声明的方法都作为连接点
this()	当代理对象（Spring AOP 生成的代理对象）为特定类型时，该对象的所有方法作为连接点
target()	当目标对象（应用程序中的原对象）为特定类型时，对象的所有方法作为连接点
args()	当方法的参数是特定类型的实例时，该方法作为连接点
@within()	被执行方法在声明时所在的类型使用了特定的注解时，该方法作为连接点
@target()	该方法的目标对象（应用程序中的原对象）的类型使用了特定的注解时，该方法作为连接点
@args()	被执行方法的参数所属的类型使用了特定的注解时，该方法作为连接点
@annotation	被执行方法使用了特定的注解时，该方法作为连接点

上述指示器可以使用逻辑运算符&&、|| 和!进行连接，其含义为“与”“或”“非”，也可以使用 and、or 和 not 代替。

本例编写的切点表达式及匹配的连接点如表 3-12 所示。

表 3-12　切点表达式及匹配的连接点

切点表达式	匹配的连接点
within(learn.spring.aop.service.*)	learn.spring.aop.service 包中的所有类的所有方法
execution(* learn.spring.aop.service. UserService. verify (String,String))&&args(userID,password)	learn.spring.aop.service.UserService 类中的 verify 方法，该方法可以有任意类型的返回值，但必须具有两个 String 类型的参数。同时利用 args (userID, password)向 advice 传递两个名为 userID，password 的参数
execution(Boolean learn.spring.aop.service. UserService.verify(..))	learn.spring.aop.service.UserService 类中的 verify 方法，该方法需要具备 Boolean 类型的返回值，“(..)”表明参数任意
execution(* learn.spring.aop.service.*.*(..))	learn.spring.aop.service 包中任意类的任意方法，该方法可以有任意类型的返回值，参数任意
execution(** learn.spring.aop.service.UserService. verify(String,String)	learn.spring.aop.service.UserService 类中的 verify 方法，该方法的访问修饰符任意，而且可以有任意类型的返回值，但必须具有两个 String 类型的参数

在切点表达式中，execution()是比较常用的，其格式如下所示。

```
execution(modifiers-pattern? ret-type-pattern declaring-type-pattern?
          name-pattern(param-pattern) throws-pattern?)
```

其中，

① modifiers-pattern（可选）：匹配方法的修饰符可以是 public、protected、private 或者*（*匹配所有情况）。

② ret-type-pattern：确定该方法的返回类型必须满足什么条件，才能使连接点匹配。“*”是最常用的返回类型的匹配模式，它可以匹配任何返回类型。当使用完全限定的类型名称时，则仅在方法返回此类型时匹配。

③ declaring-type-pattern（可选）：匹配方法的类路径，例如“包名.包名.类型名”。

④ name-pattern：匹配的方法名，此处可以使用“*”通配符用对方法名进行全部或部分匹配。

⑤ param-pattern：匹配方法包含的形参。基本用法如下：()匹配不带参数的方法；(..)

匹配任意数量（零个或多个）的参数；(*) 匹配一个参数的方法，参数类型不限；(*，String) 匹配两个参数的方法，且第一个参数类型不限，但第二个参数的类型必须是 String。

⑥ throws-pattern（可选）：匹配方法抛出的异常类型。

如果想全面了解 AspectJ 中的切点表达式，可以参考 AspectJ 编程指南中的语言语义相关章节（https://www.eclipse.org/aspectj/doc/released/progguide/semantics-pointcuts.html）。

3.3.4 配置 AOP

为了让 Aspect 中的方法在连接点上发生作用，需要配置 Aspect 和 Advice，从而将 Aspect 中的功能“织入”到特定的连接点。在 Spring AOP 中可以使用基于注解的方法，也可以使用基于 XML 配置文件的方法。

1. 使用注解配置 AOP

（1）定义 Aspect

在 Spring 中使用注解定义 Aspect 比较简单，只需要使用注解@Aspect 在 Aspect 类上做标记即可。本例中类 RecordAspect 是 Aspect 类，因此修改其代码加注@Aspect 注解即可，代码如下所示。

```
…
@Aspect
public class RecordAspect {…}
```

（2）定义建议

下面使用建议的注解符号和切点表达式，标记 RecordAspect 类中的方法。这里结合具体代码进行讲解。

步骤 1：使用@ Pointcut 定义一个切点，方便后面的建议引用，基本格式如下所示。

```
@Pointcut("execution(Boolean learn.spring.aop.service.UserService.verify(..))")
public void verify_pointcut() {        }
```

步骤 2：使用@Before 定义一个 Before Advice，代码如下所示。

```
@Before("within(learn.spring.aop.service.*)")
public void recordBeforeTime() {
LocalDateTime localDateTime = LocalDateTime.now(ZoneId.of("Asia/Shanghai"));
        String record = "@Before 时间=" + localDateTime.toString();
        writeRecord(record);
}
```

步骤 3：使用@Before 定义一个 Before Advice，同时借助切点表达式中的 args(userID, password)向 recordVerifyInfo (String userID, String password)方法中传递了两个参数（注意参数名称的匹配），使得在 Advice 中可以访问连接点处的参数值，代码如下所示。

```
@Before("execution(*learn.spring.aop.service.UserService.verify(String,String))
            &&args(userID,password)")
public void recordVerifyInfo(String userID, String password) {
```

```
        String record = "@Before VerifyInfo=" + userID + ",password=" + password;
        writeRecord(record);
    }
```

步骤 4：使用@AfterReturning 定义一个 After returning Advice，借助 returning = "result" 向方法 recordVerifyResult (Boolean result)传递了连接点处的返回值（注意参数名称的匹配），这样在 Advice 中可以访问连接点处的返回值，代码如下所示。

```
    @AfterReturning(pointcut = "execution(Boolean learn.spring.aop.service.UserService.verify(..))",
                    returning = "result")
    public void recordVerifyResult(Boolean result) {
        String record = "@AfterReturning VerifyResult=" + result;
        writeRecord(record);
    }
```

步骤 5：使用@AfterThrowing 定义一个 After Throwing Advice，但这里并没有使用 execution 等 AspectJ 指示器，而是使用了前面已经定义的“切点”(pointcut = "verify_ pointcut()")。同时 throwing = "exception"向方法 recordVerifyException(Exception exception)传递了连接点处抛出的异常（注意参数名称的匹配），这样在 Advice 中可以访问连接点处的异常对象，代码如下所示。

```
    @AfterThrowing(pointcut = "verify_pointcut()", throwing = "exception")
    public void recordVerifyException(Exception exception) {
        String record = "@AfterThrowing VerifyException=" + exception;
        writeRecord(record);
    }
```

步骤 6：使用@After 定义一个 After Advice，代码如下所示。

```
    @After("execution(* learn.spring.aop.service.*.*(..))")
    public void recordAfterTime() {
        LocalDateTime localDateTime = LocalDateTime.now(ZoneId.of("Asia/Shanghai"));
        String record = "@After 时间=" + localDateTime.toString();
        writeRecord(record);
    }
```

步骤 7：使用@Around 定义一个 Around Advice。在 Around Advice 中，pjp.proceed()语句代表了调用连接点处的方法，因此可以进行“事前”和“事后”的处理，从而形成“围绕”的效果。本例借助 pjp.getArgs()方法，获得了连接点处待执行方法的参数数组，并记录到文件中。此外当参数数组中包含“空白”字符串时，直接跳过 pjp.proceed()语句，否则继续执行连接点处的方法，并让 recordAround 方法返回连接点处方法的执行结果，代码如下所示。

```
    @Around("execution(** learn.spring.aop.service.UserService.verify(String,String))")
    public Object recordAround(ProceedingJoinPoint pjp) throws Throwable {
        Object re = null;
        writeRecord("@Around...在 proceed 之前");
        Object[] args = pjp.getArgs();
```

```
        Signature signature = pjp.getSignature();
        writeRecord("@Around...args=" + getStr(args) + ",signature=" + signature);
        if (args[0].equals("") || args[1].equals("")) {// 可以不调用
            writeRecord("@Around...用户密码为空串,不会调用 verify！");
        } else {
            writeRecord("@Around...调用 verify！");
            re = pjp.proceed();
        }
        writeRecord("@Around...在 proceed 之后");
        return re;
    }
```

（3）创建配置类

为了在配置类中对切面@AspectJ 标记的支持，需要在配置类中使用@EnableAspectJAutoProxy 注解启动自动代理功能（如果希望在配置文件中启动对@AspectJ 注解类的自动代理功能支持，则需要在配置文件中使用<aop:aspectj-autoproxy/>）。

在配置类 Config4Aop 中定义了两个 Bean，分别是 RecordAspect 类型（Aspect）和 UserService 类型。同时，还设置 RecordAspect 中“记录文件”的名称为 record.txt，代码如下所示。

```
package learn.spring.aop;
import org.springframework.context.annotation.Bean;
import org.springframework.context.annotation.Configuration;
import org.springframework.context.annotation.EnableAspectJAutoProxy;
import learn.spring.aop.service.UserService;
import learn.spring.aop.service.UserServiceImpl;
@Configuration
@EnableAspectJAutoProxy
public class Config4Aop {
    @Bean
    public RecordAspect getRecordAspect() {
        RecordAspect ra = new RecordAspect();
        ra.setRecordFilePath("record.txt");// 会出现在 /myhomework/record.txt
        return ra;
    }
    @Bean("userService")
    public UserService getUserService() {
        UserService userService=new UserServiceImpl();
        return userService;
    }
}
```

（4）编写测试代码

新建一个测试类 AopTest，代码如下所示。

```
package learn.spring.aop;
import static org.hamcrest.CoreMatchers.notNullValue;import static org.junit.Assert.*;
import org.junit.Test;import org.springframework.context.ApplicationContext;
```

```
import org.springframework.context.annotation.AnnotationConfigApplicationContext;
import learn.spring.aop.service.UserService;
public class AopTest {
    @Test
    public void testRecordAspectByAnnotation() throws Exception {
        ApplicationContext ac = new
            AnnotationConfigApplicationContext (learn.spring.aop.Config4Aop.class);
        UserService us=(UserService)ac.getBean("userService");
        assertThat(us,notNullValue());
        us.verify("tom", "123");
        us.verify("tom", "");
        us.verify("admin", "123");
    }
}
```

上述代码中，使用 AnnotationConfigApplicationContext 类和 Config4Aop 类初始化了一个 ApplicationContext 实例。之后，从容器中获得了名为“userService”的 Bean，并调用了三次 verify 方法，每次参数均不相同。下面结合 record.txt 的内容进行分析，详细情况如表 3-13 所示。

表 3-13　测试方法 testRecordAspectByAnnotation()分析

连　接　点	分　　析	record.txt 记录的信息
us.verify("tom", "123");	Around Advice 的前置部分：没有使用空串作为参数，所以 Around Advice 中的会正常调用 verify 方法 Before Advice：记录开始时间 Before Advice：记录需要验证的信息 连接点：符合验证规则，verify 会返回 true After Returning Advice：记录正常返回时的结果 After Advice：记录结束时间 Around Advice 的后置部分：执行	@Around...在 proceed 之前 @Around...args=tom123,signature=Boolean learn.spring.aop.service.UserService.verify(String,String) @Around...调用 verify！ @Before 时间=2020-10-17T23:15:52.836 @Before VerifyInfo=tom,password=123 @AfterReturning VerifyResult=true @After 时间=2020-10-17T23:15:52.839 @Around...在 proceed 之后
us.verify("tom", "");	Around Advice 的前置部分：使用空串作为参数，所以 Around Advice 中不会调用 verify 方法 Around Advice 的后置部分：执行	@Around...在 proceed 之前 @Around...args=tom,signature=Boolean learn.spring.aop.service.UserService.verify(String,String) @Around...用户密码为空串,不会调用 verify！ @Around...在 proceed 之后
us.verify("admin", "123");	Around Advice 的前置部分：没有使用空串作为参数，所以 Around Advice 中的会正常调用 verify 方法 Before Advice：记录开始时间 Before Advice：记录需要验证的信息 连接点：不符合禁用“admin”作为用户名的规则，所以会抛出一个异常 After Throwing Advice：记录异常信息 After Advice：记录结束时间	@Around...在 proceed 之前 @Around...args=admin123,signature=Boolean learn.spring.aop.service.UserService.verify(String,String) @Around...调用 verify！ @Before 时间=2020-10-17T23:15:52.842 @Before VerifyInfo=admin,password=123 @AfterThrowing VerifyException=java.lang.Exception：不允许使用 admin 作为用户名！！！ @After 时间=2020-10-17T23:15:52.844

本例在同一个 Aspect 中定义了多个 Advice，而且这些 Advice 虽然类型不同但却都运行

在同一个连接点上，这就会有一个 Advice 顺序的问题。

在使用注解符号配置 Spring AOP 时，当同一个 Aspect 中的 Advice 运行在相同的连接点时，遵循以下规则（至少在 Spring Framework 5.2.8 中是这样的）。

① Advice 类型的优先级（从高到低）：@Around、@Before、@After、@AfterReturning、@AfterThrowing。

② 进入连接点时，高优先级 Advice 先执行。

③ 离开连接点时，高优先级 Advice 后执行。

④ 任何@ AfterReturning Advice 或@ AfterThrowing Advice 之后都会执行@After advice。

需要特别注意的是，对于同一个 Aspect 中的同类型 Advice，当运行在相同的连接点时，由于优先级相同，它们的执行顺序是无法确定的。此种情况下，可以采取以下措施。

① 将这些同类型的 Advice 分布在不同的连接点。

② 将这些同类型的 Advice 重构在不同的 Aspect 类中，然后利用@Order 注解定义切面的优先级（数值小，优先级高）。

2．使用 XML 配置 AOP

使用 XML 文件配置 AOP 与注解方法没有本质的差异，但由于无需改动源代码，使得这种方法在无法编辑源代码时非常方便。本例新建一个 XML 文件 aop_xml.xml（/myhomework/src/main/java/learn/spring/aop/aop_xml.xml），其代码如下所示。

```
<?xml version="1.0" encoding="UTF-8"?>
<beans xmlns="http://www.springframework.org/schema/beans"
xmlns:xsi="http://www.w3.org/2001/XMLSchema-instance"
xmlns:aop="http://www.springframework.org/schema/aop"
xsi:schemaLocation="
    http://www.springframework.org/schema/beans
    https://www.springframework.org/schema/beans/spring-beans.xsd
    http://www.springframework.org/schema/aop
    https://www.springframework.org/schema/aop/spring-aop.xsd">
<bean id="userService" class="learn.spring.aop.service.UserServiceImpl">  </bean>
<bean id="recordAspect" class="learn.spring.aop.RecordAspect">
    <property name="recordFilePath" value="record_xml.txt" />
</bean>
<aop:config>
    <aop:aspect ref="recordAspect">
        <aop:pointcut id="verify_pointcut"
            expression="execution(Boolean learn.spring.aop.service.UserService.verify(..))" />
        <aop:before pointcut="within(learn.spring.aop.service.*)"
            method="recordBeforeTime" />
        <aop:before
            pointcut="execution(*learn.spring.aop.service.UserService.verify(String,String))
                and args(userID,password)"
            method="recordVerifyInfo" />
        <aop:after-returning
```

```
                    pointcut="execution(Boolean learn.spring.aop.service.UserService.verify(..))"
                    returning="result" method="recordVerifyResult" />
                <aop:after-throwing pointcut-ref="verify_pointcut"
                    throwing="exception" method="recordVerifyException" />
                <aop:after
                    pointcut="execution(* learn.spring.aop.service.*.*(..))"
                    method="recordAfterTime" />
                <aop:around
                    pointcut="execution(** learn.spring.aop.service.UserService.verify(String,String))"
                    method="recordAround" />
            </aop:aspect>
        </aop:config>
</beans>
```

上面的配置文件中，主要配置了如下内容。

① 在<beans>标签中导入了 AOP 命名空间。

② 定义了一个 id 为 userService 的 Bean，代表了业务逻辑对象。

③ 定义了一个 id 为 recordAspect 的 Bean，代表了 Aspect 对象。Aspect 中“记录文件”的名称为 record_xml.txt。

④ 在<aop:config>标签配置 Aspect 和 Advice。

⑤ 在< aop:aspect >中使用 ref 属性引用 Aspect 对象 recordAspect。

⑥ 使用<aop: pointcut >定义了一个切点，id 为切点名（可供后面的标签引用），expression 为切点表达式（切点表达式已经在前面解释过不再累述）。

⑦ 使用<aop:before>标签定义了两个 Before Advice，method 属性为 Aspect 对象 recordAspect 中的方法名，pointcut 为切点表达式。

⑧ 使用< aop:after-returning>标签定义了一个 After Returnning Advice，method 属性为 Aspect 对象 recordAspect 中的方法名，pointcut 为切点表达式，returning 为连接点方法的返回值。

⑨ 使用< aop:after-throwing>标签定义了一个 After Throwing Advice，method 属性为 Aspect 对象 recordAspect 中的方法名，pointcut-ref 用于引用已经定义的切点, throwing 为连接点方法抛出的异常对象。

⑩ 使用<aop: after>标签定义了一个 After Advice，method 属性为 Aspect 对象 recordAspect 中的方法名，pointcut 为切点表达式。

⑪ 使用<aop: around>标签定义了一个 Around Advice，method 属性为 Aspect 对象 recordAspect 中的方法名，pointcut 为切点表达式。

在测试类 AopTest 中增加一个方法，具体代码如下所示。

```
@Test
public void testRecordAspectByXML() throws Exception {
    ApplicationContext ac = new
            ClassPathXmlApplicationContext ("learn/spring/aop/aop_xml.xml");
    UserService us=(UserService)ac.getBean("userService");
```

```
        assertThat(us,notNullValue());
        us.verify("tom", "123");
        us.verify("tom", "");
        us.verify("admin", "123");
    }
```

上述代码中，使用 ClassPathXmlApplicationContext 类和配置文件 aop_xml.xml 初始化了一个 ApplicationContext 实例。之后的内容与前面的测试方法 testRecordAspectByAnnotation 完全相同。下面结合 record_xml.txt 的内容进行分析，详细内容如表 3-14 所示。

表 3-14 测试方法 testRecordAspectByXML()分析

连 接 点	分 析	record_xml.txt 记录的信息
us.verify("tom", "123");	Before Advice：记录开始时间 Before Advice：记录需要验证的信息 Around Advice 的前置部分：没有使用空串作为参数，所以 Around Advice 中的会正常调用 verify 方法 连接点：符合验证规则，verify 会返回 true Around Advice 的后置部分：执行 After Advice：记录结束时间 After Returning Advice：记录正常返回时的结果	@Before 时间=2020-10-18T22:11:04.288 @Before VerifyInfo=tom,password=123 @Around...在 proceed 之前 @Around...args=tom123,signature=Boolean learn.spring.aop.service.UserService.verify(String,String) @Around...调用 verify！ @Around...在 proceed 之后 @After 时间=2020-10-18T22:11:04.296 @AfterReturning VerifyResult=true
us.verify("tom", "");	Before Advice：记录开始时间 Before Advice：记录需要验证的信息 Around Advice 的前置部分：使用空串作为参数，所以 Around Advice 中不会调用 verify 方法 Around Advice 的后置部分：执行 After Advice：记录结束时间 After Returning Advice：记录一个 null 的返回结果	@Before 时间=2020-10-18T22:11:04.296 @Before VerifyInfo=tom,password= @Around...在 proceed 之前 @Around...args=tom,signature=Boolean learn.spring.aop.service.UserService.verify(String,String) @Around...用户密码为空串,不会调用 verify！ @Around...在 proceed 之后 @After 时间=2020-10-18T22:11:04.298 @AfterReturning VerifyResult=null
us.verify("admin", "123");	Before Advice：记录开始时间 Before Advice：记录需要验证的信息 Around Advice 的前置部分：没有使用空串作为参数，所以 Around Advice 中的会正常调用 verify 方法 连接点：不符合禁用 “admin” 作为用户名的规则，所以会抛出一个异常 After Advice：记录结束时间 After Throwing Advice：记录异常信息	@Before 时间=2020-10-18T22:11:04.299 @Before VerifyInfo=admin,password=123 @Around...在 proceed 之前 @Around...args=admin123,signature=Boolean learn.spring.aop.service.UserService.verify(String,String) @Around...调用 verify！ @After 时间=2020-10-18T22:11:04.301 @AfterThrowing VerifyException=java.lang.Exception: 不允许使用 admin 作为用户名！！！

细心的读者一定发现了，虽然仅仅是从注解方式替换为 XML 配置的方式，但是 Advice 的执行顺序却出现了很大的不同。实际上在使用 XML 配置 Spring AOP 时，当同一个 Aspect 中的 Advice 运行在相同的连接点时，遵循以下规则。

① Advice 的优先级：先定义的 Advice 优先级高。

② 进入连接点时，高优先级 Advice 先执行。

③ 离开连接点时，高优先级 Advice 后执行。

基于上述规则，通过查看 aop_xml.xml 文件的内容，不难得到如下的一个优先级表格，如表 3-15 所示。

表 3-15　相同连接点上不同 Advice 的优先级

<table>
<tr><th>Advice 类型</th><th>定 义 顺 序</th><th>优先级顺序</th><th>切面中的方法</th></tr>
<tr><td><aop:before></td><td>1</td><td rowspan="6">最高
↓
最低</td><td>recordBeforeTime</td></tr>
<tr><td><aop:before></td><td>2</td><td>recordVerifyInfo</td></tr>
<tr><td><aop:after-returning></td><td>3</td><td>recordVerifyResult</td></tr>
<tr><td><aop:after-throwing></td><td>4</td><td>recordVerifyException</td></tr>
<tr><td><aop:after></td><td>5</td><td>recordAfterTime</td></tr>
<tr><td><aop:around></td><td>6</td><td>recordAround</td></tr>
</table>

读者可以借助上述优先级信息，自行验证 record_xml.txt 文件的内容，这里不再累述。

实际上，对于同一个 Aspect 中的同类型 Advice，当运行在相同的连接点时，虽然使用 XML 配置文件可以明确它们的优先级，但仍然建议采取如下措施。

① 将这些同类型的 Advice 分布在不同的连接点。

② 将这些同类型的 Advice 重构在不同的 Aspect 类中，然后利用@Order 注解定义 Aspect 的优先级（数值小，优先级高）。

③ 将这些同类型的 Advice 重构在不同的 Aspect 类中，然后利用<aop:aspect>标签的 order 属性来配置切面的优先级（数值小，优先级高）。

3.3.5　利用 Aspect 为 Bean 增加新的功能

如果说前面看到的 Advice 都是对目标对象的方法进行“增强”，那么下面看一看如何利用 Spring AOP 的“引入”（introductions）机制来为目标对象增加新的功能。

假设已经有一个用于添加时间戳的功能性组件及其方法接口，代码如下。

```
package learn.spring.aop.service;
public interface TimeStampComponent {
public String addTimeStamp(String originalStr);
}
package learn.spring.aop.service;
import java.sql.Timestamp;
import java.util.Date;
public class TimeStampComponentImpl implements TimeStampComponent {
    @Override
    public String addTimeStamp(String originalStr) {
        Timestamp time = new Timestamp(new Date().getTime());
        return originalStr + time.toString();
    }
}
```

TimeStampComponent 接口及其实现类 TimeStampComponentImpl 非常简单，仅包含一个 addTimeStamp 方法，用于为输入的 originalStr 字符串追加一个时间戳。

出于某种考虑，我们希望 UserService 接口的实现类也能具备这个功能，即可以调用 addTimeStamp 方法，并获得具备时间戳的返回结果。这种需求实际上是希望对 UserService

接口增加新的功能。

为了达到上述目的，新建一个 Aspect 类 UtilAspect，并使用注解@Aspect 进行标记，其具体代码如下。

```
package learn.spring.aop;
import org.aspectj.lang.annotation.Aspect;
import org.aspectj.lang.annotation.DeclareParents;
import learn.spring.aop.service.TimeStampComponent;
import learn.spring.aop.service.TimeStampComponentImpl;
@Aspect
public class UtilAspect {
@DeclareParents(value="learn.spring.aop.service.UserService+", defaultImpl=TimeStampComponentImpl.class)
public    TimeStampComponent es;
}
```

其中，由@ DeclareParents 注解所标注的接口实例（TimeStampComponent es）即为新增加的接口。@ DeclareParents 注解的含义如下。

① value="learn.spring.aop.service.UserService+"：value 属性指明了何种类型的 Bean 需要引入接下来的接口（TimeStampComponent）。本例的 User Service+表明，User Service 接口的实现类都需要引入接口 TimeStampComponent。

② defaultImpl=TimeStampComponentImpl.class：defaultImpl 属性指定了新引入的接口的实现类。本例使用 TimeStampComponentImpl 类作为新引入的接口 TimeStampComponent 的实现类。

如果使用 XML 配置文件，则需要在本例的 aop_xml.xml 文件中增加如下的内容。

```
<bean id="utilAspect" class="learn.spring.aop.UtilAspect" />
<aop:aspect ref="utilAspect">
        <aop:declare-parents
            types-matching="learn.spring.aop.service.UserService+"
            implement-interface="learn.spring.aop.service.TimeStampComponent"
            default-impl="learn.spring.aop.service.TimeStampComponentImpl" />
</aop:aspect>
```

该配置代码中，除了已经熟悉的<bean>和<aop:aspect>外，主要是利用<aop:declare-parents>标签向 User Service 接口的实现类引入接口 TimeStampComponent 的功能，具体含义如下。

① types-matching="learn.spring.aop.service.UserService+"：types-matching 属性指明了何种类型的 Bean 需要引入接下来的接口（TimeStampComponent）。本例中的 User Service+表明，User Service 接口的实现类都需要引入接口 TimeStampComponent。

② implement-interface="learn.spring.aop.service.TimeStampComponent"：implement-interface 属性指明了新引入的接口类型。

③ default-impl="learn.spring.aop.service.TimeStampComponentImpl"：default-impl 属性指定了新引入的接口的实现类。本例使用 TimeStampComponentImpl 类作为新引入的接口 TimeStampComponent 的实现类。

为了测试上述代码和配置，在测试类 AopTest 中新增一个测试方法，代码如下所示。

```
@Test
public void testIntroduction() {
//      ApplicationContext ac=new
//          AnnotationConfigApplicationContext (learn.spring.aop.Config4Aop.class);//使用配置类
        ApplicationContext ac = new
            ClassPathXmlApplicationContext("learn/spring/aop/aop_xml.xml");//使用配置文件
        UserService us=(UserService)ac.getBean("userService");
        TimeStampComponent tsc=(TimeStampComponent)us;
        String re=tsc.addTimeStamp("tom");
        System.out.println(re);
}
```

以上测试代码首先从容器中获得了一个 UserService 接口的实例 us，之后进行了 TimeStampComponent 接口的强制转换，并调用了 TimeStampComponent 接口中的 addTimeStamp 方法，最后输出一个带有时间戳的字符串。

在这个例子中，借助 Spring AOP 的“引入”机制，向 User Service 接口的实例增加了 TimeStampComponent 接口中的方法 addTimeStamp。

3.3.6　其他 AspectJ 指示器

通过前面的例子，已经对 AspectJ 指示器（execution()、within()、args()）有了一些了解，也认识到了它们对于切点表达式的重要性。但对常用的 AspectJ 指示器的讨论还不够全面，下面对尚未涉及的指示器进行较为详细的分析。

1．区分 this()和 target()

前面已经给出了 this()和 target()指示器的基本含义。

① this()：当代理对象（Spring AOP 生成的代理对象）为特定类型时，该对象的所有方法作为连接点。

② target()：当目标对象（应用程序中的原对象）为特定类型时，对象的所有方法作为连接点。

但在深入学习它们的用法之前，有必要对 Spring AOP 中的动态代理机制进行简单的了解。Spring AOP 默认使用标准的 JDK 动态代理来生成代理对象（要求目标对象至少实现了一个接口），但当目标对象没有实现任何接口时，则使用 CGLIB 来生成代理对象，不过也可以通过配置相关属性来强迫使用 CGLIB，具体方法如下。

① 使用 XML 配置 AOP 时：设置<aop:config>的 proxy-target-class 属性为 true，例如<aop:config proxy-target-class="true">。

② 使用注解配置 AOP 时：配置类中的@EnableAspectJAutoProxy 注解的 proxyTargetClass 属性设置为 true，例如@EnableAspectJAutoProxy(proxyTargetClass = true)。

③ 启动@AspectJ 注解，但用 XML 配置 Spring 时：配置文件中用于启用支持@AspectJ 注解的<aop:aspectj-autoproxy>标签的 proxy-target-class 属性设置为 true，例如<aop:aspectj-autoproxy proxy-target-class="true"/>。

但是 JDK 动态代理和 CGLIB 代理方式存在本质的区别。JDK 动态代理是生成一个“实现”了与目标类相同接口的代理类，当调用代理对象的方法（接口中定义的方法）时，将方法调用委托给原始目标对象；而 CGLIB 代理通过在运行时生成目标类的子类来工作，当调用代理对象的方法时，则将方法调用委托给原始目标对象。因此，JDK 动态代理类、CGLIB 代理类和原始目标类存在如下关系。

① JDK 动态代理类与原始目标类：接口一致，不存在继承关系。

② CGLIB 代理类与原始目标类：存在继承关系。

下面通过一个小例子来实际体会 this()和 target()这两个指示器的区别。新建一个 Manager 和 AdvancedRespect，具体代码如下。

```
package learn.spring.aop;
import learn.spring.aop.service.UserService;
import learn.spring.aop.service.UserServiceImpl;
public class Manager {
    public void beFired() {
    }
}
package learn.spring.aop;
import org.aspectj.lang.annotation.Aspect;import org.aspectj.lang.annotation.Before;
@Aspect
public class AdvancedRespect {
//代理对象的类型匹配到 UserService 时
@Before("this(learn.spring.aop.service.UserService)")
public void match_this() {
    System.out.println("match this(UserService)!");
}
//目标对象（原对象）的类型匹配到 UserService 时
@Before("target(learn.spring.aop.service.UserService)")
public void match_target() {
    System.out.println("match target(UserService)!");
}
//代理对象的类型匹配到 UserServiceImpl 时
@Before("this(learn.spring.aop.service.UserServiceImpl)")
public void match_this2() {
    System.out.println("match this(UserServiceImpl)!");
}
//目标对象（原对象）的类型匹配到 UserServiceImpl 时
@Before("target(learn.spring.aop.service.UserServiceImpl)")
public void match_target2() {
    System.out.println("match target(UserServiceImpl)!");
}
//代理对象的类型匹配到 Manager 时
@Before("this(learn.spring.aop.Manager)")
public void match_this3() {

    System.out.println("match this(Manager)!");
```

```
    }
    //目标对象（原对象）的类型匹配到 Manager 时
    @Before("target(learn.spring.aop.Manager)")
    public void match_target3() {
        System.out.println("match target(Manager)!");
    }
```

在 AdvancedRespect 中，@Before 注解使用了不同的切点表达式，具体解释如表 3-16 所示。

表 3-16　AdvancedRespect 中的切点表达式

切点表达式	匹 配 条 件
"this(learn.spring.aop.service.UserService)"	代理对象的类型匹配到 UserService 时
"target(learn.spring.aop.service.UserService)"	目标对象（原对象）的类型匹配到 UserService 时
"this(learn.spring.aop.service.UserServiceImpl)"	代理对象的类型匹配到 UserServiceImpl 时
"target(learn.spring.aop.service.UserServiceImpl)"	目标对象（原对象）的类型匹配到 UserServiceImpl 时
"this(learn.spring.aop.Manager)"	代理对象的类型匹配到 Manager 时
"target(learn.spring.aop.Manager)"	目标对象（原对象）的类型匹配到 Manager 时

修改配置类 Config4Aop 的代码，修改后的代码如下。

```
package learn.spring.aop;import org.springframework.context.annotation.Bean;
import org.springframework.context.annotation.Configuration;
import org.springframework.context.annotation.EnableAspectJAutoProxy;
import learn.spring.aop.service.UserService;import learn.spring.aop.service.UserServiceImpl;
@Configuration
@EnableAspectJAutoProxy
public class Config4Aop {
    @Bean
    public RecordAspect getRecordAspect() {
        RecordAspect ra = new RecordAspect();
        ra.setRecordFilePath("record.txt");// 会出现在 /myhomework/record.txt
        return ra;
    }
    @Bean("userService")
    public UserService getUserService() {
        UserService userService=new UserServiceImpl();
        return userService;
    }
    @Bean("manager")
    public Manager getManager() {
        return new Manager();
    }
    @Bean

    public AdvancedRespect getAdvancedAspect() {
```

```
            return new AdvancedRespect();
        }
    }
```

在配置类 Config4Aop 中，增加了两个 Bean，分别为 Manager 类和 AdvancedRespect 类的实例，结合 Spring AOP 中代理的相关知识可知，@Bean("userService")和@Bean("manager")将分别使用 JDK 动态代理和 CGLIB 代理来创建代理对象，具体分析如下。

① @Bean("userService")：原始对象（目标对象）是 UserServiceImpl 的实例（UserServiceImpl 类实现了 UserService 接口），所以 target()可以匹配 UserServiceImpl 类和 UserService 接口。由于 Spring 默认使用 JDK 代理，则会创建一个代理对象（代理类实现了接口 UserService），所以 this()可以匹配 UserService 接口，但不能匹配 UserServiceImpl 类。

② @Bean("manager")：原始对象（目标对象）是 Manager 的实例，所以 target()可以匹配 Manager 类。由于 Manager 类没有实现接口，所以 Spring 此时使用 CGLIB 来创建一个代理对象（代理类是 Manager 类的子类），所以 this()可以匹配 Manager 类。

基于上述分析，可以得到 AdvancedAspect 类中切点表达式与 Bean 的匹配结果，如表 3-17 所示。

表 3-17 AdvancedAspect 类中切点表达式与 Bean 的匹配结果

切点表达式	匹 配 结 果	应用连接点
"this(learn.spring.aop.service.UserService)"	@Bean("userService")匹配	该 Bean 的所有方法作为连接点
"target(learn.spring.aop.service.UserService)"	@Bean("userService")匹配	
"this(learn.spring.aop.service.UserServiceImpl)"	@Bean("userService")不匹配	无
"target(learn.spring.aop.service.UserServiceImpl)"	@Bean("userService")匹配	该 Bean 的所有方法作为连接点
"this(learn.spring.aop.Manager)"	@Bean("manager")匹配	
"target(learn.spring.aop.Manager)"	@Bean("manager")匹配	

最后，创建一个新的测试方法进行测试，以验证分析结果。测试方法的代码如下。

```
@Test
public void testAdvancedAspectByAnnotation () throws Exception {
    ApplicationContext ac = new
        AnnotationConfigApplicationContext (learn.spring.aop.Config4Aop.class);
    UserService us=(UserService)ac.getBean("userService");
    us.verify("tom", "123");
    System.out.println("--------------------");
    Manager m=(Manager)ac.getBean("manager");
    m.beFired();
}
```

运行测试，在控制台得到如下输出，与分析一致。

```
match target(UserService)!
match target(UserServiceImpl)!
match this(UserService)!
--------------------
```

```
match target(Manager)!
match this(Manager)!
```

2．@within()、@target()、@args()、@annotation 的基本用法

通过前面的学习，已经知道@within()、@target()、@args()、@annotation 4 个指示器需要与注解符号配合使用。

① @within()：被执行方法在声明时所在的类型使用了特定的注解时，该方法作为连接点。

② @target()：该方法的目标对象（应用程序中的原始对象）的类型使用了特定的注解时，该方法作为连接点。

③ @args()：被执行方法的参数所属的类型使用了特定的注解时，该方法作为连接点。

④ @annotation：被执行方法使用了特定的注解时，该方法作为连接点。

下面通过一个例子来学习这 4 个指示器的基本用法。

步骤 1：创建两个自定义的注解类，MyLabel 和 MyMark。

```
package learn.spring.aop;
import static java.lang.annotation.ElementType.TYPE;
import static java.lang.annotation.RetentionPolicy.RUNTIME;
import java.lang.annotation.Inherited;
import java.lang.annotation.Retention;
import java.lang.annotation.Target;
@Retention(RUNTIME)
@Target(TYPE)
public @interface MyLabel {
String value() default "";
}
package learn.spring.aop;
import static java.lang.annotation.ElementType.METHOD;
import static java.lang.annotation.RetentionPolicy.RUNTIME;
import java.lang.annotation.Retention;
import java.lang.annotation.Target;
@Retention(RUNTIME)
@Target(METHOD)
public @interface MyMark {
    String value() default "";
}
```

上述代码中的两个元注解的含义如下。

① @Retention (RUNTIME)：设置注解的生命周期。RUNTIME 代表该注解不仅被保存到 class 文件中，而且在 JVM 加载 class 文件之后仍然存在。

② @Target (METHOD)：限制此注解可以应用的 Java 元素类型。METHOD 代表可用于方法声明，TYPE 代表可用于类、接口（包括注解类型）和枚举的声明。

鉴于自定义注解并非本书的关注点，因此不再展开讨论，请感兴趣的读者参考其他学习资料进行详细的学习。

步骤 2：下面使用这两个自定义注解对代码进行标注，具体步骤如下。

① 对 UserService 接口添加注解@MyLabel。

② 对 UserServiceImpl 类中的 verify 方法添加注解@MyMark。

③ 对 Manager 类添加注解@MyLabel。对 Manager 类中的 beFired 方法添加注解@MyMark，同时新增一个 beEmployed()方法也添加@MyMark 注解。

修改后的 User Service 接口如下所示。

```
package learn.spring.aop.service;import learn.spring.aop.MyLabel;
@MyLabel
public interface UserService {
    public Boolean verify(String userID,String password) throws Exception;
}
```

修改后的 UserServiceImpl 类如下所示。

```
package learn.spring.aop.service;import learn.spring.aop.MyLabel;
import learn.spring.aop.MyMark;
public class UserServiceImpl implements UserService {
    @MyMark
    public Boolean verify(String userID, String password) throws Exception {
        if(userID.equals("admin")) {
            throw new Exception("不允许使用 admin 作为用户名!!! ");
        }
        if(userID.equals("tom")&&password.equals("123")) {
            return true;
        }
        else {
            return false;
        }
    }
}
```

修改后的 Manager 类如下所示。

```
package learn.spring.aop;import learn.spring.aop.service.UserService;
@MyLabel
public class Manager {
@MyMark
public void beFired() { }
@MyMark
public void beEmployed() { }
    public void checkUserService(UserService us) {      }
}
```

新建一个 SubManager 类，其继承自 Manager 类，代码如下所示。

```
package learn.spring.aop;
public class SubManager extends Manager {
    @Override
```

```
    public void beFired() { }
}
```

注意：SubManager 类并没有使用@MyLabel 注解，而且覆盖了父类中的方法 beFired()。

步骤 3：向 AdvancedAspect 类添加如下 Advice。

```
@Before("@target(learn.spring.aop.MyLabel)")
public void match_myLabel_annotation(){
    System.out.println("match @target(MyLabel)!");
}
@Before("@annotation(learn.spring.aop.MyMark)")
public void match_mymark_annotation(){
    System.out.println("match @annotation(MyMark)!");
}
@Before("@within(learn.spring.aop.MyLabel)")
public void match_annotation_within() {
    System.out.println("match @within(MyLabel)!");
}
@Before("@args(learn.spring.aop.MyLabel)")
public void match_annotation_args() {
    System.out.println("match @args(MyLabel)!");
}
```

上述代码中的 4 个 Advice 中的切点表达式含义如表 3-18 所示。

表 3-18　AdvancedAspect 中的切点表达式及其含义

切点表达式	含　义
@target(learn.spring.aop.MyLabel)	该方法的目标对象（应用程序中的原对象）的类型使用了@MyLabel 注解
@annotation(learn.spring.aop.MyMark)	被执行方法使用了@MyMark 注解
@within(learn.spring.aop.MyLabel)	被执行方法在声明时所在的类型使用了@MyLabel 注解
@args(learn.spring.aop.MyLabel)	被执行方法的参数所属的类型使用了@MyLabel 注解

步骤 4：修改测试方法 testAdvancedAspectByAnnotation 后，代码如下所示。

```
@Test
public void testAdvancedAspectByAnnotation() throws Exception {
    ApplicationContext ac = new
        AnnotationConfigApplicationContext (learn.spring.aop.Config4Aop.class);
    System.out.println("---------userService-----------");
    UserService us=(UserService)ac.getBean("userService");    us.verify("tom", "123");
    System.out.println("---------manager-----------");
    Manager m=(Manager)ac.getBean("manager"); m.beFired();
    System.out.println("---------manager-----------");
    m.checkUserService(us);
    System.out.println("----------subManager----------");
    SubManager subm=(SubManager)ac.getBean("subManager");    subm.beFired();
```

```
        System.out.println("---------subManager-----------");
        subm.beEmployed();
    }
```

在测试代码中，出现了 3 个方法调用，结合前面的切点表达式可以得出如下分析，详见表 3-19。

表 3-19　AdvancedAspect 中的切点表达式匹配分析

切点表达式	是 否 匹 配				
	us.verify()	m.beFired()	m.checkUserService()	subm.beFired()	subm.beEmployed()
@target (learn.spring.aop. MyLabel)	否。User ServiceImpl 类没有使用@MyLabel	是。Manager 类使用了@MyLabel	是。Manager 类使用了@MyLabel	否。此方法被覆盖，且 SubManager 类未使用@MyLabel	否。SubManager 类未使用@MyLabel
@annotation(learn. spring.aop.MyMark)	是。UserServiceImpl 类的 verify 方法使用了@MyMark	是。Manager 类的 beFired()方法使用了@MyMark	否。Manager 类的 checkUserService ()方法未使用@MyMark	否。此方法被覆盖，且未使用@MyMark	是。此方法未被覆盖，实际调用父类 Manager 中的方法，父类中使用了@MyMark
@within (learn.spring.aop. MyLabel)	否。User ServiceImpl 类没有使用@MyLabel	是。Manager 类使用了@MyLabel	是。Manager 类使用了@MyLabel	否。此方法被覆盖，且 SubManager 类未使用@MyLabel	是。此方法未被覆盖，由父类 Manager 中定义，父类 Manager 类使用了@MyLabel
@args (learn.spring.aop. MyLabel)	否。Verify 的形参为 String 类型未使用@MyLabel	否。beFired() 没有形参	否。checkUserService() 没有形参	否。此方法被覆盖，beFired()没有形参	否。此方法未被覆盖，beEmployed ()没有形参

运行测试后，在控制台可以得到如下输出结果，与上述的分析结果一致。

```
---------userService-----------
match @annotation(MyMark)!
…
---------manager-----------
match @within(MyLabel)!
match @target(MyLabel)!
match @annotation(MyMark)!
…
---------manager-----------
match @args(MyLabel)!
match @within(MyLabel)!
match @target(MyLabel)!
…
----------subManager----------
…
---------subManager-----------
match @within(MyLabel)!
match @annotation(MyMark)!
…
```

通过这个例子，可以得出如下基本经验。

① @target：强调的是方法的目标对象（原始对象）的类型是否使用了特定的注解符号。

② @within：强调的是“方法”在声明处所属的类型是否使用了特定的注解符号。本例

中，SubManager 类的覆盖方法 beFired()和非覆盖方法 beEmployed()在调用时的差异体现了这一点。

③ @annotation：强调的是“执行”的方法是否使用了特定的注解符号。本例中，SubManager 类中的非覆盖方法 beEmployed()在调用时的差异体现了这一点。

3.4　Spring 中的 JDBC 编程

这一节介绍 Spring 中 JDBC 的使用和编程方法。

3.4.1　JDBC 使用方法简介

相信大多数读者对于 JDBC 都不陌生，借助 JDBC 的强大功能，不仅能够使用数据库的所有特性，而且还能对数据的读写性能进行优化。然而正是由于 JDBC 较为底层的特点，也使得程序员不得不处理与数据库相关的所有事情，例如连接的管理、异常的处理等。一个典型的 JDBC 模板代码如下。

```
package learn.spring.jdbctemplate;
import java.sql.Connection; import java.sql.DriverManager;import java.sql.ResultSet;
import java.sql.SQLException;import java.sql.Statement;
public class NormalJdbc {
        public static void main(String[] args) {
                Connection conn = null;
                Statement statement = null;
                try {
                        conn = DriverManager.getConnection("jdbc:mysql://localhost:3306/myhomework",
                                                                        "root", "111111");
                        statement = conn.createStatement();
                        ResultSet rs = statement.executeQuery("select count(*) from teacher ");
                        if (rs.next()) {
                                System.out.println("查询得到记录数=" + rs.getInt(1));
                        }
                } catch (SQLException e) {
                        e.printStackTrace();
                } finally {
                        if (statement != null) {
                                try {
                                        statement.close();
                                } catch (SQLException e) {
                                        e.printStackTrace();
                                }
                        }
                        if (conn != null) {
                                try {
                                        conn.close();
                                } catch (SQLException e) {
```

```
                        e.printStackTrace();
                    }
                }
            }
        }
    }
```

在上面 35 行代码中，大部分代码用于获取连接、语句、结果集和处理异常，真正用于执行 SQL 的代码仅有寥寥几行。当应用程序中存在大量利用 JDBC 来操作数据的 DAO 时，这种模板代码带给编程者的感受是十分痛苦和糟糕的。这是因为对资源的管理、异常的处理是必须被关注并被正确处理的内容，即使代码看上去并不优雅和美观。

Spring 的 JDBC 抽象框架提供了对资源管理和异常处理的支持，可以让开发者从烦琐的 JDBC 模板代码中解脱，从而将注意力放在真正读写数据的代码上。

3.4.2 Spring 中 JDBC 编程的常见方式

Spring 为 JDBC 编程提供了如下的几种方式，使用过程中既可以单独使用其中一种，也可以混合使用。下列方法都需要一个兼容 JDBC 2.0 的驱动程序（高级特性可能需要 JDBC 3.0 驱动）。

① JdbcTemplate：经典且最受欢迎的 Spring JDBC 模板。JdbcTemplate 是“最低级别”的，后续其他方式都在其基础之上建立。

② NamedParameterJdbcTemplate：包装了一个 JdbcTemplate 来提供命名参数，而不是传统的 JDBC 占位符（？）。当 SQL 语句有多个参数时，这种方法提供了更好的可读性和易用性。

③ SimpleJdbcInsert、SimpleJdbcCall：优化了数据库的元数据，从而减少了必要的配置信息。在数据库提供足够的元数据时，只需要提供表名或过程的名称，以及用于匹配列名的参数映射即可。

④ RDBMS objects：在数据访问层初始化期间创建可重用且线程安全的对象。此方法以 JDO Query 为模型，需要事先定义查询字符串，声明参数并编译查询。之后便可以使用各种参数值多次调用 execute、update 和 findObject 等方法。

鉴于上述方式中均使用了 JdbcTemplate，因此下面的内容主要围绕 JdbcTemplate 的基本用法展开。对其他方式感兴趣的读者请参阅 Spring 官方文档（https://docs.spring.io/spring-framework/docs/5.2.8.RELEASE/spring-framework-reference/data-access.html#spring-data-tier）。

3.4.3 使用 JdbcTemplate 操作数据库

JdbcTemplate 是 Spring JDBC 核心包中的重要类型，位于 org.springframework.jdbc.core 包中。JdbcTemplate 帮助程序员处理资源的创建和释放，从而避免常见的错误（例如忘记关闭连接）。在实际使用时，JdbcTemplate 负责执行 JDBC 模板代码中的基本任务（例如语句的创建和执行），应用程序只需要负责提供 SQL 语句并接受执行结果。

受篇幅所限，下面的例子仅使用 Java Config 的方式配置 Spring 容器。

1．配置数据源和 JdbcTemplate

在通常情况下，JdbcTemplate 类需要依赖一个 DataSource 类型的 Bean，所以在配置类中配置了一个 DataSource 类型的 Bean 和一个 JdbcTemplate 类型的 Bean，并将 DataSource 注入 JdbcTemplate 中。

为了使用 JdbcTemplate 和 Tomcat JDBC Connection Pool，需要在 Maven 的 pom.xml 中添加如下依赖项。

```
<dependency>
    <groupId>org.apache.tomcat</groupId>
    <artifactId>tomcat-juli</artifactId>
    <version>9.0.39</version>
</dependency>
<dependency>
    <groupId>org.springframework</groupId>
    <artifactId>spring-jdbc</artifactId>
    <version>5.2.8.RELEASE</version>
</dependency>
```

创建一个配置类 Config4JDBCTemplate，具体代码如下所示。

```
package learn.spring.jdbctemplate;
import java.io.InputStream; import java.util.Properties; import javax.sql.DataSource;
import org.apache.tomcat.dbcp.dbcp2.BasicDataSourceFactory;
import org.springframework.context.annotation.Bean;
import org.springframework.context.annotation.ComponentScan;
import org.springframework.context.annotation.Configuration;
import org.springframework.jdbc.core.JdbcTemplate;
@Configuration
@ComponentScan(basePackages ="learn.spring.jdbctemplate")
public class Config4JDBCTemplate {
    @Bean("dataSource")
    public DataSource dbcpDataSource() {
        DataSource dataSource=null;
        try { //从 properties 创建 Data Source
            InputStream inputStream =
              Config4JDBCTemplate.class.getClassLoader().getResourceAsStream(
                    "learn/spring/springMybatis/dbcp.properties");
            Properties props = new Properties();
            props.load(inputStream);
            dataSource= BasicDataSourceFactory.createDataSource(props);
        } catch (Exception e) {
            e.printStackTrace();
        }
        return dataSource;
    }
    @Bean("jdbcTemplate")
```

```
        public JdbcTemplate getJdbctemplate() {
            return   new JdbcTemplate(dbcpDataSource());
        }
}
```

下面对配置类中的两个 Bean 进行简单的介绍。

① @Bean("dataSource")：这里使用 Tomcat JDBC Connection Pool 作为数据源，相关的配置信息保存在 dbcp.properties 文件中，其基本配置信息如表 3-20 所示。

关于 Tomcat JDBC Connection Pool 的详细配置，请参阅其官方文档（https://tomcat.apache.org/tomcat-9.0-doc/jdbc-pool.html）。

表 3-20　Tomcat JDBC Connection Pool 的配置项

配 置 信 息	含　义
driverClassName=com.mysql.cj.jdbc.Driver	驱动程序
url=jdbc:mysql://localhost:3306/myhomework	连接字符串
username=root	用户名
password=111111	密码
initialSize=10	启动池时创建的初始连接数
maxTotal=30	同时从此池分配的活动连接的最大数量，设置为负数时表明无限制
maxIdle=15	池中可以保持空闲（不释放多余连接）的最大连接数，设置为负数时表明无限制
maxWaitMillis=10000	池在引发异常之前将等待返回（没有可用连接时）的最大毫秒数（如果没有可用的连接），设置为-1 时则无限期等待
onnectionProperties=useUnicode=true;characterEncoding=utf8	建立新连接时将发送到 JDBC 驱动程序的连接属性
defaultAutoCommit=true	此池创建的连接的默认自动提交状态。如果未设置，则不会调用 setAutoCommit 方法
defaultTransactionIsolation=READ_UNCOMMITTED	池创建的连接的默认 TransactionIsolation 状态，可以是以下之一：NONE、READ_COMMITTED、READ_UNCOMMITTED、REPEATABLE_READ、SERIALIZABLE

② @Bean("jdbcTemplate")：将前面配置的 dataSource 提供给 JdbcTemplate 使用，因为 JdbcTemplate 实例就是线程安全的，所以每次运行 SQL 时都不需要创建 JdbcTemplate 类的新实例。但是，如果应用程序需要访问多个数据库，则需要创建多个 JdbcTemplate 实例（也需要多个数据源，并注入不同的 JdbcTemplate 实例）。

2．在 DAO 中使用 JdbcTemplate

在数据库中新建一个 teacher 表，其中 teacher_id 字段设为自增类型，构建表的 SQL 脚本内容如下所示。

```
CREATE TABLE 'teacher' (
  'teacher_id' bigint NOT NULL AUTO_INCREMENT,
  'teacher_name' varchar(50) NOT NULL,
  'college_id' bigint NOT NULL,
  PRIMARY KEY ('teacher_id'),
  UNIQUE KEY 'teacher_name' ('teacher_name')
) ENGINE=InnoDB AUTO_INCREMENT=18 DEFAULT CHARSET=utf8;
```

创建一个实体类 Teacher，代码如下所示。

```
package persistence.mybatis.model;
import java.io.Serializable;
public class Teacher implements Serializable {
private static final long serialVersionUID = 6900838355981735032L;
private Long teacherId; private String teacherName;   private Long collegeId;
//篇幅所限，省略了所有 setter/getter，请读者自行补充
@Override
public String toString() {
    return "Teacher [teacherId=" + teacherId + ", teacherName=" + teacherName
                + ", collegeId=" + collegeId + "]";}
}
```

创建一个名为 TeacherDao 的接口，代码如下所示。

```
package learn.spring.jdbctemplate;
import java.util.List; import org.springframework.stereotype.Repository;
import persistence.mybatis.model.Teacher;
public interface TeacherDao {
    public int insertTeacher(Teacher newTeacher);
    public int deleteTeacher(Long teacherId);
    public int updateTeacher(Teacher modifiedTeacher);
    public List<Teacher> queryTeachersByCollege(Long collegeId);
    public Teacher findOneTeacherById(Long teacherId);
    public int countTeacher();
}
```

创建一个 TeacherDao 的接口的实现类 TeacherDaoJdbc，代码如下所示。

```
package learn.spring.jdbctemplate;
import java.sql.PreparedStatement;import java.sql.Statement;import java.util.List;
import org.springframework.beans.factory.annotation.Autowired;
import org.springframework.beans.factory.annotation.Qualifier;
import org.springframework.jdbc.core.JdbcTemplate;
import org.springframework.jdbc.core.PreparedStatementCreator;
import org.springframework.jdbc.core.RowMapper;
import org.springframework.jdbc.support.GeneratedKeyHolder;
import org.springframework.jdbc.support.KeyHolder;
import org.springframework.stereotype.Repository;
import persistence.mybatis.model.Teacher;
@Repository("teacherDao")
public class TeacherDaoJdbc implements TeacherDao {
    @Autowired//    @Qualifier("jdbcTemplate")//可以不写，容器中只有一个实例
    private JdbcTemplate jdbcTemplate;
    public JdbcTemplate getJdbcTemplate() { return jdbcTemplate;    }
    public void setJdbcTemplate(JdbcTemplate jdbcTemplate) {
        this.jdbcTemplate = jdbcTemplate;
```

```
    }
    private final RowMapper<Teacher> actorRowMapper = (resultSet, rowNum) -> {
        Teacher teacher = new Teacher();
        teacher.setTeacherId(resultSet.getLong("teacher_id"));
        teacher.setCollegeId(resultSet.getLong("college_id"));
        teacher.setTeacherName(resultSet.getString("teacher_name"));
        return teacher;
    };
    @Override
    public int insertTeacher(Teacher newTeacher) {
        //如果需要获取自增的主键，则需要一些额外的处理
        KeyHolder keyHolder = new GeneratedKeyHolder();
        PreparedStatementCreator preparedStatementCreator = con -> {
            PreparedStatement ps = con.prepareStatement(
                        "insert into teacher(teacher_name,college_id) values(?,?)",
                        Statement.RETURN_GENERATED_KEYS);
            ps.setString(1, newTeacher.getTeacherName());
            ps.setLong(2, newTeacher.getCollegeId());
            return ps;
        };
        int re=jdbcTemplate.update(preparedStatementCreator, keyHolder);
        newTeacher.setTeacherId(keyHolder.getKey().longValue());//读取自增的主键值
        return re;
        //如果不需要获取自增的主键值，则很简单
    //return this.jdbcTemplate.update("insert into teacher(teacher_name,college_id) values(?,?);",
        //newTeacher.getTeacherName(), newTeacher.getTeacherId());
    }
    @Override
    public int deleteTeacher(Long teacherId) {
        return this.jdbcTemplate.update("delete from teacher where teacher_id=?",
                    teacherId);
    }
    @Override
    public int updateTeacher(Teacher modifiedTeacher) {
        return this.jdbcTemplate.update("update teacher set teacher_name=?,college_id=?
            where teacher_id=?",modifiedTeacher.getTeacherName(),
            modifiedTeacher.getCollegeId(),modifiedTeacher.getTeacherId());
    }
    @Override
    public List<Teacher> queryTeachersByCollege(Long collegeId) {
        //返回一个 List<Teacher>
        return this.jdbcTemplate.query("select * from teacher where college_id=?",
                        actorRowMapper,collegeId);
    }
    @Override
    public Teacher findOneTeacherById(Long teacherId) {
```

```
            //返回一个 Teacher 对象
            return this.jdbcTemplate.queryForObject("select * from teacher where teacher_id=?",
                                    actorRowMapper,teacherId);
        }
        @Override
        public int countTeacher() {
            //返回一个数
            return this.jdbcTemplate.queryForObject("select count(*) from teacher", Integer.class);
        }
    }
```

TeacherDaoJdbc 类使用了@Repository ("teacherDao")注解进行标识，该注解主要用于标识实现了存储功能的类（即数据访问对象，DAO）。此外，TeacherDaoJdbc 类定义一个 JdbcTemplate 类型的成员用于 Setter 注入，定义了一个 RowMapper 接口的实例用于将 ResultSet 转换为 Teacher 对象（此处使用了 Lambda 表达式，设置了具体的转换方式）。

下面针对 TeacherDaoJdbc 类中实现的 TeacherDao 接口方法来讲解 JdbcTemplate 的基本用法。

（1）调用 JdbcTemplate 进行查询操作（select）。

① queryForObject 方法返回一个整数。

② this.jdbcTemplate.queryForObject("select count(*) from teacher", Integer.class)，其中 Integer.class 参数指明了该语句的返回对象类型。

③ query 方法获得一个 List<Teacher>对象。

④ this.jdbcTemplate.query("select * from teacher where college_id=?", actorRowMapper, collegeId)。其中的 actorRowMapper 用于将查询结果转换为指定的对象，collegeId 用于填入 SQL 中的参数。

⑤ queryForObject 方法返回一个 Teacher 对象。

⑥ this.jdbcTemplate.queryForObject("select*from teacher where teacher_id=?", actorRowMapper, teacherId)。其中的 actorRowMapper 用于将查询结果转换为指定的对象，teacherId 用于填入 SQL 中的参数。

（2）调用 JdbcTemplate 的更新的方法进行修改操作（insert、update、delete）。

① 插入记录：his.jdbcTemplate.update("insert into teacher(teacher_name,college_id) values (?,?);", newTeacher.getTeacherName(), newTeacher.getTeacherId())。此处没有获取自增主键的返的值，newTeacher 对象的两个 getter 方法的返回值用于填入 SQL 中的参数。

② 更新记录：this.jdbcTemplate.update("update teacher set teacher_name=?, college_id=? where teacher_id=?", modifiedTeacher.getTeacherName(), modifiedTeacher.getCollegeId(), modifiedTeacher.getTeacherId())。modifiedTeacher 对象的三个 getter 方法的返回值用于填入 SQL 中的参数。

③ 删除记录：this.jdbcTemplate.update("delete from teacher where teacher_id=?", teacherId)。teacherId 用于填入 SQL 中的参数。

④ 插入记录并获得自增主键值：JdbcTemplate 的 update 方法支持 JDBC 3.0 标准中“获取自增主键值”的特征，此时需要使用包 org.springframework.jdbc.support 中的 KeyHolder 和 PreparedStatementCreator 两个接口。PreparedStatementCreator 接口实例作为 update 方法的第一

个参数，该接口的实现类包含一个创建具体 PreparedStatement 对象的方法实现（本例中使用了 Lambda 表达式）。update 方法的另一个参数是 KeyHolder 接口实例（本例中使用的 GeneratedKeyHolder 实现类），它将保存数据库生成的主键值。具体代码参见方法 public int insertTeacher(Teacher newTeacher)。

3．编写测试类

创建测试类 TestJdbcTemplate，用于测试 TeacherDaoJdbc 中的各个方法，具体代码如下所示。

```
package learn.spring.jdbctemplate;
import static org.hamcrest.CoreMatchers.equalTo;
import static org.hamcrest.CoreMatchers.notNullValue;
import static org.junit.Assert.*; import org.junit.Test;
import org.springframework.context.ApplicationContext;
import org.springframework.context.annotation.AnnotationConfigApplicationContext;
import learn.spring.assemble.Bicycle; import persistence.mybatis.model.Teacher;
public class TestJdbcTemplate {
    @Test
    public void testTeacherDao() {
        int re=0;
        ApplicationContext ac = new AnnotationConfigApplicationContext
                (learn.spring.jdbctemplate.Config4JDBCTemplate.class);
        TeacherDao td=(TeacherDao)ac.getBean("teacherDao");
        assertThat(td,notNullValue());
        System.out.println(td.countTeacher());//查询总数
        System.out.println(td.queryTeachersByCollege(2L));//查询多条记录
        Teacher newTeacher=new Teacher();//插入一条新记录
        newTeacher.setTeacherId(null);
        newTeacher.setCollegeId(1L);
        newTeacher.setTeacherName("曹操");
        re=0;
        re=td.insertTeacher(newTeacher);//插入
        assertThat(re,equalTo(1));//应当插入一条记录
        assertThat(newTeacher.getTeacherId(),notNullValue());//应当取得自增的主键
        System.out.println(newTeacher);
        newTeacher.setTeacherName("刘备");
        newTeacher.setCollegeId(2L);
        re=0;
        re=td.updateTeacher(newTeacher);//修改
        assertThat(re,equalTo(1));//应当更新一条记录
        System.out.println(newTeacher);
        //查询一条记录
        Teacher findTeacher=td.findOneTeacherById(newTeacher.getTeacherId());
        assertThat(findTeacher,notNullValue());
        System.out.println(findTeacher);
```

```
            re=0;
            re=td.deleteTeacher(newTeacher.getTeacherId());
            assertThat(re,equalTo(1));//应当删除一条记录
        }
    }
```

测试方法 testTeacherDao()中的代码主要包含如下内容。

① 使用类 Config4JDBCTemplate 初始化 Spring 容器。

② 利用 TeacherDaoJdbc 类中的方法进行增、删、改、查等操作，并验证方法的返回值是否符合预期。

测试方法 testTeacherDao()的执行结果如下。

```
3
[Teacher [teacherId=2, teacherName=Jerry, collegeId=2], Teacher [teacherId=3, teacherName=Tomcat, collegeId=2]]
Teacher [teacherId=20, teacherName=曹操, collegeId=1]
Teacher [teacherId=20, teacherName=刘备, collegeId=2]
Teacher [teacherId=20, teacherName=刘备, collegeId=2]
```

3.4.4 整合 Spring 和 MyBatis 操作数据库

前面讲解了如何使用 Spring 中的 JdbcTemplate 操作数据库，并从一定程度上简化了操作数据的过程。

下面将 Spring 和 MyBatis 进行整合，为了更好地与 JdbcTemplate 进行比较，仍然使用 TeacherDao 中的方法作为数据访问的接口，只不过借助 MyBatis 框架，不再需要提供接口的实现类了。

为了将 Spring 和 MyBatis 进行整合，需要使用一个名为 MyBatis-Spring 的模块，这是由 MyBatis 社区开发的一个子项目。在 Maven 的 pom.xml 文件中，添加针对 mybatis-spring-2.0.5.jar 的依赖项，具体配置代码如下所示。

```
<dependency>
    <groupId>org.mybatis</groupId>
    <artifactId>mybatis-spring</artifactId>
    <version>2.0.5</version>
</dependency>
```

关于 MyBatis-Spring 模块的更多信息，请读者参阅其主页（http://mybatis.org/spring/zh/index.html）。

1．配置一个 SqlSessionFactory 类型的 Bean

在学习 MyBatis 时，借助工具类 SqlSessionFactoryBuilder 从配置文件中创建 SqlSessionFactory 实例，并从中获得 Session 实例，其过程类似如下代码。

```
Reader reader = Resources.getResourceAsReader("mybatis-config.xml");
SqlSessionFactory sqlSessionFactory = new SqlSessionFactoryBuilder().build(reader);
```

```
SqlSession sqlSession =sqlSessionFactory.openSession();
MajorMapper mapper= (MajorMapper) sqlSession.getMapper(MajorMapper.class);
mapper.selectByPrimaryKey(1L);
sqlSession.commit();
sqlSession.close();
```

在 MyBatis-Spring 中，需要使用 SqlSessionFactoryBean 类来创建 SqlSessionFactory 实例。而 SqlSessionFactoryBean 类实现了 Spring 的 FactoryBean 接口，因此 SqlSessionFactoryBean 类的 getObject()方法将返回 SqlSessionFactory 实例。

下面创建一个配置类 Config4SpringMybatis 来具体解释相关内容（使用 XML 配置方式也是可以的，请读者自行完成），配置类的具体代码如下所示。

```
package learn.spring.springMybatis;
import java.io.InputStream;import java.util.Properties;import javax.sql.DataSource;
import org.apache.ibatis.session.SqlSessionFactory;
import org.apache.tomcat.dbcp.dbcp2.BasicDataSourceFactory;
import org.mybatis.spring.SqlSessionFactoryBean;
import org.mybatis.spring.annotation.MapperScan;
import org.springframework.context.annotation.Bean;
import org.springframework.context.annotation.Configuration;
import org.springframework.core.io.ClassPathResource;
import org.springframework.core.io.Resource;
import org.springframework.core.io.support.PathMatchingResourcePatternResolver;
import org.springframework.core.io.support.ResourcePatternResolver;
@Configuration
@MapperScan("persistence.mybatis.mapper")//自动扫描 Mapper 接口
public class Config4SpringMybatis {
    @Bean("dataSource")
    public DataSource dbcpDataSource() {
        DataSource dataSource=null;
        try {//从 properties 创建 Data Source
            InputStream inputStream = Config4SpringMybatis.class.getClassLoader().
                    getResourceAsStream("learn/spring/springMybatis/dbcp.properties");
            Properties props = new Properties(); props.load(inputStream);
            dataSource= BasicDataSourceFactory.createDataSource(props);
        } catch (Exception e) {   e.printStackTrace(); }
        return dataSource;
    }
    @Bean("sqlSessionFactory")
    public SqlSessionFactory sqlSessionFactory() throws Exception {
        ResourcePatternResolver resolver = new PathMatchingResourcePatternResolver();
        SqlSessionFactoryBean sqlSessionFactoryBean = new SqlSessionFactoryBean();
        sqlSessionFactoryBean.setDataSource(dbcpDataSource() );//注入 DataSource
        //sqlSessionFactoryBean.setConfigLocation(new ClassPathResource
        //("learn/spring/springMybatis/spring-mybatis-config.xml"));这个功能一样
        //MyBatis 的基础配置文件
```

```
        sqlSessionFactoryBean.setConfigLocation(resolver.getResource
                ("classpath:learn/spring/springMybatis/spring-mybatis-config.xml"));
         //mapper 的 XML 文件，可以使用通配符
        Resource mappers[]=resolver.getResources
                        ("classpath:persistence/mybatis/mapper/*.xml");
        sqlSessionFactoryBean.setMapperLocations(mappers);
        return sqlSessionFactoryBean.getObject();
    }
}
```

该配置类中的主要内容如下所示。

（1）配置类使用@MapperScan("persistence.mybatis.mapper")注解，用于自动扫描各个 Mapper 接口，本例中是扫描 persistence.mybatis.mapper 包。在 MyBatis-Spring 中，支持如下方法对类路径进行扫描来发现 Mapper 接口（其余两种方法请读者自行查阅资料）。

① 在 Spring 配置文件中使用<mybatis:scan/> 元素。

② 在 Spring 配置类上使用@MapperScan 注解。

③ 在 Spring 中注册一个 MapperScannerConfigurer 对象。

（2）@Bean("dataSource")：注册了一个 DataSource 实例（这与配置类 Config4JDBCTemplate 中的代码完全一样，不再累述）。

（3）@Bean("sqlSessionFactory")：注册了一个 SqlSessionFactory 实例。利用 SqlSessionFactoryBean 实例的 getObject()方法获得该 SqlSessionFactory 实例，而 SqlSessionFactoryBean 对象依赖如下内容。

① setDataSource 方法：注入用于 JDBC 的 DataSource 对象。这里注入的是已经定义的 Bean("dataSource")。

② setConfigLocation 方法：设置 MyBatis 的 XML 配置文件路径。这个配置文件通常包含<settings>或<typeAliases>元素，且并不需要是一个完整的 MyBatis 配置。文件中的任何<environments>、<DataSource>和<transactionManager>标签都会被忽略。SqlSessionFactoryBean 会创建它自有的 MyBatis 环境配置，并按要求设置自定义环境的值。

③ setMapperLocations 方法：注入映射器 XML 文件（可以包含多个文件）。这里使用了一个 Resource 数组，其内容来自 ResourcePatternResolver 对象的 getResources 方法（配合通配符使用）。

MyBatis 的配置文件 spring-mybatis-config.xml 的内容如下所示。

```
<?xml version="1.0" encoding="UTF-8" ?>
<!DOCTYPE configuration
    PUBLIC "-//mybatis.org//DTD Config 3.0//EN"
    "http://mybatis.org/dtd/mybatis-3-config.dtd">
<configuration>
    <settings>
        <setting name="logImpl" value="LOG4J"/>
        <setting name="cacheEnabled" value="true"/>
        <setting name="aggressiveLazyLoading" value="false"/>
        <setting name="mapUnderscoreToCamelCase" value="true"/>
```

```
        </settings>
        <typeAliases>
                <package name="persistence.mybatis.model" />
        </typeAliases>
</configuration>
```

相关内容在 MyBatis 部分已经进行了讲解，此处不再累述。

2．编写 Mapper 及其 XML 文件

TeacherMapper 中的方法和 TeacherDao 中的方法完全一致，但为了遵循 Mybatis 的习惯，新建了一个接口 TeacherMapper（或者将 TeacherDao 接口改名），具体代码如下。

```
package persistence.mybatis.mapper;
import java.util.List;import org.apache.ibatis.annotations.Param;
import persistence.mybatis.model.Teacher;
public interface TeacherMapper {
        //没有使用@Param,所以在 XML 中直接写属性即可访问
        public int insertTeacher(Teacher newTeacher);
        public int deleteTeacher(@Param("teacherId")Long teacherId);
        //需要在 XML 中写 mTeacher.属性
        public int updateTeacher(@Param("mTeacher")Teacher modifiedTeacher);
        public List<Teacher> queryTeachersByCollege(@Param("collegeId")Long collegeId);
        public Teacher findOneTeacherById(@Param("teacherId")Long teacherId);
        public int countTeacher();
}
```

部分方法的参数中使用了 MyBatis 中的@Param 注解，对方法参数进行命名。TeacherMapper.xml 文件的内容如下所示。

```
<?xml version="1.0" encoding="UTF-8"?>
<!DOCTYPE mapper PUBLIC
  "-//mybatis.org//DTD Mapper 3.0//EN"
  "http://mybatis.org/dtd/mybatis-3-mapper.dtd">
<mapper namespace="persistence.mybatis.mapper.TeacherMapper">
<cache/>
<resultMap id="BaseTeacherMap"
        type="persistence.mybatis.model.Teacher">
        <id column="teacher_id" jdbcType="BIGINT" property="teacherId" />
        <result column="teacher_name" jdbcType="VARCHAR" property="teacherName" />
        <result column="college_id" jdbcType="BIGINT"    property="collegeId" />
</resultMap>
<delete id="deleteTeacher">
        delete from teacher where teacher_id=#{teacherId,jdbcType=BIGINT}
</delete>
<insert id="insertTeacher" keyColumn="teacher_id" keyProperty="teacherId"
        parameterType="persistence.mybatis.model.Teacher"   useGeneratedKeys="true">
        insert into teacher(teacher_name,college_id)
        values (#{teacherName,jdbcType=VARCHAR}, #{collegeId,jdbcType=BIGINT})
```

```
</insert>
<update id="updateTeacher" parameterType="persistence.mybatis.model.Teacher">
    update teacher set teacher_name=#{mTeacher.teacherName,jdbcType=VARCHAR},
        college_id=#{mTeacher.collegeId,jdbcType=BIGINT}
        where teacher_id=#{mTeacher.teacherId,jdbcType=BIGINT}
</update>
<select id="findOneTeacherById" resultMap="BaseTeacherMap">
    select * from teacher where teacher_id=#{teacherId,jdbcType=BIGINT}
</select>
<select id="countTeacher" resultType="java.lang.Integer">
    select count(*) from teacher
</select>
<select id="queryTeachersByCollege" resultMap="BaseTeacherMap">
    select * from teacher where college_id=#{collegeId,jdbcType=BIGINT}
</select>
</mapper>
```

相关内容在 MyBatis 部分已经进行了讲解，此处不再累述。

3．编写测试类

创建一个测试类 SpringMybatisTest，其代码如下。

```
package learn.spring.springMybatis;
import static org.hamcrest.CoreMatchers.equalTo;
import static org.hamcrest.CoreMatchers.notNullValue;
import static org.hamcrest.Matchers.greaterThanOrEqualTo;
import static org.hamcrest.Matchers.is;import static org.junit.Assert.*;import java.util.List;
import org.apache.ibatis.session.SqlSessionFactory;import org.junit.Test;
import org.mybatis.spring.annotation.MapperScan;
import org.springframework.context.ApplicationContext;
import org.springframework.context.annotation.AnnotationConfigApplicationContext;
import learn.spring.jdbctemplate.TeacherDao;import persistence.mybatis.mapper.CollegeMapper;
import persistence.mybatis.mapper.TeacherMapper;import persistence.mybatis.model.College;
import persistence.mybatis.model.Major;import persistence.mybatis.model.Teacher;
public class SpringMybatisTest {
    @Test
    public void test() {
        int re=0;
        ApplicationContext ac=new AnnotationConfigApplicationContext
                (learn.spring.springMybatis.Config4SpringMybatis.class);
        //由@MapperScan("persistence.mybatis.mapper")自动扫描得到 Bean
        //TeacherMapper td=(TeacherMapper)ac.getBean("teacherMapper");
        //都可以
        TeacherMapper td=(TeacherMapper)ac.getBean(TeacherMapper.class);
        assertThat(td,notNullValue());
        System.out.println(td.countTeacher());//查询总数
        System.out.println(td.queryTeachersByCollege(2L));//查询多条记录
        Teacher newTeacher=new Teacher();//插入一条新记录
```

```
            newTeacher.setTeacherId(null);
            newTeacher.setCollegeId(1L);
            newTeacher.setTeacherName("曹操");
            re=0;   re=td.insertTeacher(newTeacher);//插入
            assertThat(re,equalTo(1));//应当插入一条记录
            assertThat(newTeacher.getTeacherId(),notNullValue());//应当取得自增的主键
            System.out.println(newTeacher);
            newTeacher.setTeacherName("刘备");
            newTeacher.setCollegeId(2L);
            re=0;        re=td.updateTeacher(newTeacher);//修改
            assertThat(re,equalTo(1));//应当更新一条记录
            System.out.println(newTeacher);
            //查询一条记录
            Teacher findTeacher=td.findOneTeacherById(newTeacher.getTeacherId());
            assertThat(findTeacher,notNullValue());
            System.out.println(findTeacher);
            re=0;   re=td.deleteTeacher(newTeacher.getTeacherId());
            assertThat(re,equalTo(1));//应当删除一条记录
    }
}
```

上述测试代码与 3.4.3 节中测试类 TestJdbcTemplate 的代码基本相同，只是初始化 Spring 容器所使用的配置类不同罢了。

当将 Log4j 的级别设为 DEBUG 后，能够看到在日志中记录了每次调用 TeacherMapper 方法时都会创建一个新的 SqlSession 对象，这与 3.4.3 节中单独使用 MyBatis 时利用 SqlSessionFactory 对象获取 SqlSession 对象的操作是一样的。

3.5 Spring 中的事务管理

事务就是一系列动作构成的可单独工作的单元。事务管理是企业级应用程序开发中必不可少的技术，用来确保数据的完整性和一致性。Spring 为事务管理提供了一致的抽象，并提供了较为全面的事务支持，其主要特点如下。

① 为不同的事务 API（JTA、JDBC、JPA 等）提供了一致的编程模型。

② 支持声明式的事务管理。

③ 简洁的编程式事务管理。

④ 可与 Spring Data 集成使用。

3.5.1 Spring 中事务管理的主要接口

在 Spring 的事务管理中涉及若干个接口类型，简单介绍如下。

（1）TransactionDefinition 接口

定义了事务的细节，主要包括传播方式、隔离级别、超时时间和只读状态，具体含义如表 3-21 所示。

表 3-21　TransactionDefinition 接口定义的事务属性

名　称	含　义
Propagation	传播方式。当运行一个需要事务支持的方法时，该如何处理与当前事务之间的关系。例如代码可以在现有事务中继续运行（常见情况），也可以暂停现有事务并创建新事务。Spring 提供了 EJB CMT 中常见的所有事务传播选项
Isolation	隔离级别。当前事务与其他事务的工作隔离程度，例如当前事务能否看到来自其他事务的未提交的写操作
Timeout	超时时间。事务应当在此时间耗尽前结束，否则会被底层的事务结构自动回滚
Read-only status	只读事务。当代码仅读取数据而不修改数据时，可以使用只读事务

（2）TransactionStatus 接口

用于控制事务执行和查询事务状态。

（3）TransactionManager 接口

定义了事务的策略，具有如下两个子接口类型。

① PlatformTransactionManager 接口：主要作为 SPI（service provider interface，服务提供商接口）用于命令型事务管理。该接口的代码如下。

```
public interface PlatformTransactionManager extends TransactionManager {
    TransactionStatus getTransaction(TransactionDefinition definition) throws TransactionException;
    void commit(TransactionStatus status) throws TransactionException;
    void rollback(TransactionStatus status) throws TransactionException;
}
```

② ReactiveTransactionManager 接口：用于反应型事务管理，该接口的代码如下。

```
public interface ReactiveTransactionManager extends TransactionManager {
    Mono<ReactiveTransaction> getReactiveTransaction(TransactionDefinition definition)
                        throws TransactionException;
    Mono<Void> commit(ReactiveTransaction status) throws TransactionException;
    Mono<Void> rollback(ReactiveTransaction status) throws TransactionException;
}
```

在上述两个接口中，接口方法可以抛出 TransactionException 异常（继承自 RuntimeException），应用程序开发者可以自主选择是否处理它们。

Spring 框架中，类 DataSourceTransactionManager 继承自类 AbstractPlatformTransactionManager，而后者又实现了接口 PlatformTransactionManager，因此很多时候在容器中将类 DataSourceTransactionManager 配置为一个 Bean（配置时需要注入一个 DataSource 对象，例如 org.apache.commons.dbcp.BasicDataSource 的实例），用于具体的事务管理。

如果需要在 Java EE 容器中使用 JTA，则将类 AbstractPlatformTransactionManager 的另一个子类 JtaTransactionManager 配置为事务管理器（此时的 DataSource 通过 JNDI 获得，不需要显示注入 JtaTransactionManager 的 Bean 中）。

3.5.2　SQL 中的隔离级别简介

在数据库事务中，由于并发事务的存在，会产生一些需要关注的特殊现象，如表 3-22 所示。

表 3-22 并发所导致的现象

名 称	原 因 分 析
脏读	事务 A 读取了另一个事务 B 中尚未提交的修改内容，从而造成了事务 A 读取了并不一定存在的数据（当事务 B 回滚时）
不可重复读	事务 A 在不同时刻对同一数据的读取结果不一致，这主要时在事务 A 的两次读取期间另一个事务 B 进行了更新操作，并提交了事务 B
幻读	事务 A 在不同时刻对某一范围的数据读取结果不一致，这主要时在事务 A 的两次读取期间另一个事务 B 进行了插入或删除操作，并提交了事务 B（事务 A 的第二次读取好像出现了幻觉）

在本书使用的 MySQL 中，隔离级别及可能出现的问题如表 3-23 所示。

表 3-23 MySQL 中的隔离级别及可能出现的问题

隔 离 级 别	脏 读	不可重复读	幻 读
READ UNCOMMITTED	可能	可能	可能
READ COMMITTED	不可能	可能	可能
REPEATABLE READ	不可能	不可能	可能
SERIALIZABLE	不可能	不可能	不可能

3.5.3 Spring 中的事务传播方式

Spring 中的事务传播方式有多种，下面做简单介绍。

1. PROPAGATION_REQUIRED

这是传播方式的默认值。强制有一个物理事务，如果没有事务存在，则对当前作用域执行本地事务，或者参与更大作用域定义的现有“外部”事务（默认情况下忽略本地隔离级别、超时和只读标记。如果将 validateExistingTransactions 设置为 true，则拒绝参与不一致的外部事务）。

Spring 官方文档给出了该传播方式的示意图，如图 3-9 所示。

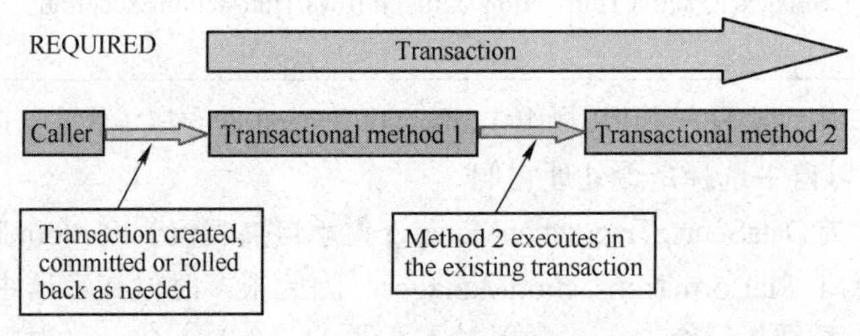

图 3-9 PROPAGATION_REQUIRED 传播方式的示意图

PROPAGATION_REQUIRED 传播方式具有如下特点。

① 为应用该设置的每个方法创建一个逻辑事务，每个逻辑事务作用域可以单独设置 rollback-only 状态，而外部事务作用域在逻辑上独立于内部事务作用域。

② 所有这些逻辑事务都映射到相同的物理事务，因此内部逻辑事务所设置 rollback-only 标记会对外部事务的提交产生影响。例如当内部事务设置了 rollback-only 标记，而外部事务提交事务，则会出现一个非预期的回滚（这是由内部事务触发的），这时外部调用者会收到一个 UnexpectedRollbackException 类型的异常。

2．PROPAGATION_REQUIRES_NEW

始终为每个受影响的范围使用独立的物理事务（可以设置单独的隔离级别、超时时间和只读标记），从不参与外部范围的现有事务（也不会继承外部事物的特性）。由于底层事务是不同的，所以它们可以独立提交或回滚。外部事务不受内部事务回滚状态的影响，内部事务的锁在事务完成后立即释放。

Spring 官方文档给出了该传播方式的示意图，如图 3-10 所示。

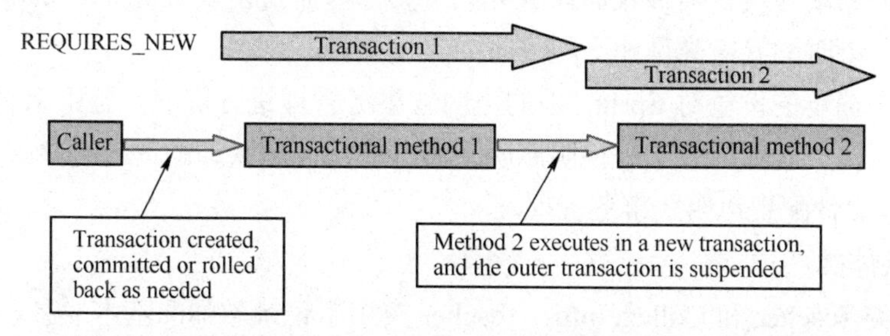

图 3-10　PROPAGATION_REQUIRES_NEW 传播方式的示意图

3．PROPAGATION_NESTED

使用单一的物理事务，但是拥有多个保存点用于回滚操作。这种部分回滚机制允许内部事务作用域触发其自身的回滚操作，而外部事务能够不受影响地继续执行物理事务。该传播方式通常映射到 JDBC 的保存点，因此它只适用于基于 JDBC 的事务。

3.5.4　Spring 中的声明式事务管理

Spring 提供了编程式的事务管理和声明式的事务管理，由于编程式事务管理的编码和配置比较烦琐，因此仅适合包含较少事务性操作的情况。在实际生产中，人们更愿意使用声明式的事务管理，因此下面的内容将围绕声明式事务展开讨论。

1．基本流程和特点

借助 Spring 框架中的 AOP 代理机制，声明式事务将事务代码（作为 Advice）放置在业务逻辑之外，而且极大地简化了配置工作（与 EJB CMT 相比其配置成本显著降低）。AOP 代理对象结合了事务元数据，并负责在目标方法调用的前后驱动事务的管理，在这个过程中会涉及 TransactionInterceptor 对象（需绑定一个具体的 TransactionManager 对象）。

Spring 官方文档给出了在事务代理上调用方法的基本流程，具体如图 3-11 所示。

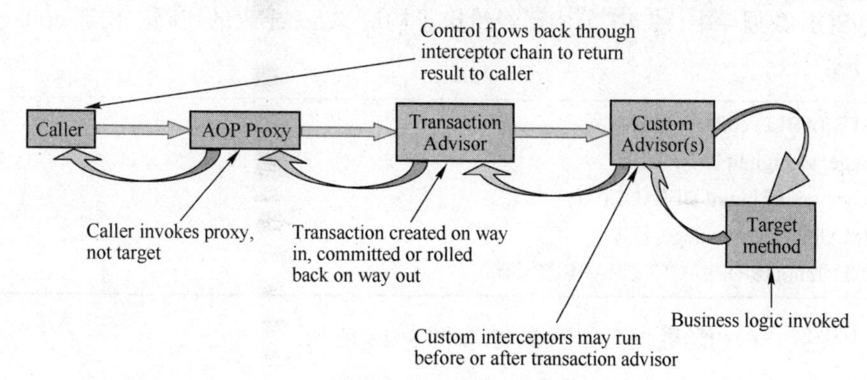

图 3-11　在事务代理上调用方法的基本流程

Spring 中的声明式事务具有如下特点。

① 通过调整配置信息，能够用于 JTA 和本地事务（JDBC、JPA 等）。

② 可以用于任何类，并不像 EJB 那样必须用于特殊的类。

③ 在默认配置下，Spring 的事务机制在捕获到运行时异常、未检查异常时，将事务标记为回滚。因此，在应用了声明式事务的代码中，抛出 RuntimeException 类型异常和 Error 类型异常都会让事务回滚（这也提醒我们在事务上下文中，需要谨慎对待 try…catch 语句），也可以明确地指定回滚时的异常类型和不回滚时的异常类型。

下面用一个简单的例子对 Spring 中的声明式事务管理进行讲解，鉴于 XML 配置方式比较冗长和烦琐，仅使用注解方式来说明声明式事务管理，感兴趣的读者可参阅 Spring 官方文档学习用 XML 文件配置声明式事务管理。

2．创建实体类

创建实体类 Teacher 和 CollegeInfo，Teacher 类用于记录教师的基本信息，CollegeInfo 类记录与 College 类相关的信息（这里仅仅有一个教师总数的信息）。3.4.3 节中已经给出了 Teacher 的代码，CollegeInfo 类的具体代码如下所示。

```
package persistence.mybatis.model;
public class CollegeInfo {
        private Long collegeId;//学院 id
        private Integer teacherCount;//学院中的教师数
        public CollegeInfo() {
        }
        //省略了 setter、getter，请读者自行补充完整
        public CollegeInfo(Long collegeId, Integer teacherCount) {
                super();
                this.collegeId = collegeId;
                this.teacherCount = teacherCount;
        }
}
```

3．创建数据表

在 MySQL 数据库中，3.4.3 节中已经给出了构造 Teacher 表的代码，构造 college_info 表的代码如下。

```
CREATE TABLE 'college_info' (
   'college_id' bigint NOT NULL,
   'teacher_count' bigint DEFAULT '0',
   PRIMARY KEY ('college_id'))
ENGINE=InnoDB DEFAULT CHARSET=utf8;
```

在表中设置一些初始数据，如图 3-12 和图 3-13 所示。

teacher_id	teacher_name	college_id
1	zw	1
2	Jerry	2
3	Tomcat	3

图 3-12　表 teacher 表中的数据

college_id	teacher_count
1	1
2	1
3	

图 3-13　表 college_info 中的数据

4．创建 MyBatis Mapper 及其 XML 文件

TeacherMapper 接口定义和 3.4.3 节中给出的定义是一致的，这里仅给出本例中使用的一个方法，如下所示。

```
package persistence.mybatis.mapper;
import java.util.List;
import org.apache.ibatis.annotations.Param;
import persistence.mybatis.model.Teacher;
public interface TeacherMapper {    public int insertTeacher(Teacher newTeacher);…}
```

XML 文件的内容如下所示。

```
<?xml version="1.0" encoding="UTF-8"?>
<!DOCTYPE mapper PUBLIC
  "-//mybatis.org//DTD Mapper 3.0//EN"
"http://mybatis.org/dtd/mybatis-3-mapper.dtd">
<mapper namespace="persistence.mybatis.mapper.TeacherMapper"> <cache/>
    <resultMap id="BaseTeacherMap"
            type="persistence.mybatis.model.Teacher">
            <id column="teacher_id" jdbcType="BIGINT" property="teacherId" />
            <result column="teacher_name" jdbcType="VARCHAR"    property="teacherName" />
            <result column="college_id" jdbcType="BIGINT"     property="collegeId" />
    </resultMap>
    <insert id="insertTeacher" keyColumn="teacher_id" keyProperty="teacherId"
            parameterType="persistence.mybatis.model.Teacher" useGeneratedKeys="true">
            insert into teacher(teacher_name,college_id)
            values (#{teacherName,jdbcType=VARCHAR}, #{collegeId,jdbcType=BIGINT})
    </insert>
</mapper>
```

CollegeInfoMapper 接口包含三个功能：查询指定学院的教师数、增加教师数和减少教师数。CollegeInfoMapper 代码如下所示。

```
package persistence.mybatis.mapper;
import java.util.List;
import org.apache.ibatis.annotations.Param;
import persistence.mybatis.model.CollegeInfo;
public interface CollegeInfoMapper {
    //查询指定学院的学院信息
    public CollegeInfo queryByCollegeId(@Param("collegeId") Long collegeId);
    public int increaseTeacherCount(@Param("collegeId") Long collegeId);// 教师数增加 1
    public int decreaseTeacherCount(@Param("collegeId") Long collegeId);// 教师数减少 1
}
```

XML 文件的内容如下所示。

```
<?xml version="1.0" encoding="UTF-8"?>
<!DOCTYPE mapper PUBLIC "-//mybatis.org//DTD Mapper 3.0//EN"
"http://mybatis.org/dtd/mybatis-3-mapper.dtd">
<mapper namespace="persistence.mybatis.mapper.CollegeInfoMapper">
    <resultMap id="BaseCollegeInfoMap" type="CollegeInfo">
        <id column="college_id" jdbcType="BIGINT" property="collegeId" />
        <result column="teacher_count" jdbcType="BIGINT"
            property="teacherCount" />
    </resultMap>
    <select id="queryByCollegeId" resultMap="BaseCollegeInfoMap">
        SELECT * FROM college_info where college_id=#{collegeId,jdbcType=BIGINT}
    </select>
    <update id="increaseTeacherCount">
        update college_info set teacher_count=teacher_count+1 where
        college_id=#{collegeId,jdbcType=BIGINT}
    </update>
    <update id="decreaseTeacherCount">
        update college_info set teacher_count=teacher_count-1 where
        college_id=#{collegeId,jdbcType=BIGINT}
    </update>
</mapper>
```

5．创建业务逻辑

在使用 Spring 的声明式事务管理时，只需要在业务逻辑的类或接口（也可以是方法）上使用注解@Transactional。@Transactional 注解是事务元数据，它指定了被标注的接口，类或方法必须具有事务语义（可以表达例如“在调用此方法时启动一个全新的只读事务，并暂停任何现有事务”这样的含义）。

在使用时，应当将@Transactional 注解应用于具有 public 可见性的方法。虽然将@Transactional 注解用于 protected、private 可见性的方法不会引发任何错误，但此时事务管理是不存在的。

@Transactional 注解的属性及其含义如表 3-24 所示。

表 3-24　@Transactional 注解的属性及其含义

属　性	类　型	含　义
value	String	可以指定事务管理器
propagation	Propagation 枚举	传播设置
isolation	Isolation 枚举	隔离级别（仅在传播设置为 REQUIRED、REQUIRES_NEW 时有效）
timeout	int，以秒为单位	超时时间（仅在传播设置为 REQUIRED、REQUIRES_NEW 时有效）
readOnly	boolean	设为只读事务或读写事务（仅在传播设置为 REQUIRED、 REQUIRES_NEW 时有效）
rollbackFor	Class 对象数组（应当继承自 Throwable）	必须回滚的异常类的 class 对象
rollbackForClassName	类名数组（应当继承自 Throwable）	必须回滚的异常类的类名
noRollbackFor	Class 对象数组（应当继承自 Throwable）	不允许回滚的异常类的 class 对象
noRollbackForClassName	类名数组（应当继承自 Throwable）	不允许回滚的异常类的类名

默认情况下的@Transactional 注解的设置如下。

① 传播设置为 PROPAGATION_REQUIRED。

② 隔离级别为 ISOLATION_DEFAULT。

③ 事务是读写的。

④ 事务超时默认为基础事务系统的默认超时，如果不支持超时，则默认为无。

⑤ 任何 RuntimeException 都会触发回滚，而任何受查的 Exception 都不会触发回滚。

需要注意的是：尽管可以在接口上使用@Transactional 注解，但是在此种情况下只有基于接口的代理才能正常使用事务管理。这也就是说，当使用基于类的代理（如 CGLIB）时，如果在接口上使用@Transactional 注解，则生成的代理类并不具有事务性上下文，自然无法正常使用事务管理。

基于上述原因，通常情况下人们更愿意在具体的类或其方法上使用@Transactional 注解，而不是在接口上使用。

步骤 1：定义业务逻辑接口 ManageTeacher、ManageCollegeInfo，具体代码如下所示。

```
package business;
import org.springframework.transaction.annotation.Isolation;
import org.springframework.transaction.annotation.Propagation;
import org.springframework.transaction.annotation.Transactional;
@Transactional(propagation = Propagation.REQUIRED, isolation = Isolation.READ_COMMITTED)
public interface ManageTeacher {
  //向指定学院增加一名教师
      public Long createNewTeacher(Long collegeId,String teacherName);
}
package business;
public interface ManageCollegeInfo {
      //修改指定学院的教师数
      public void modifyTeacherCount(Boolean increase,Long collegeId);
}
```

此处在接口 ManageTeacher 上使用了注解@Transactional，则该接口上的所有方法都应用统一的事务语义，即“传播策略为 REQUIRED，隔离级别为 READ_COMMITTED”。

步骤 2：创建业务逻辑的实现类 ManageCollegeInfoImpl，具体代码如下所示。

```
package business;
import org.springframework.beans.factory.annotation.Autowired;
import org.springframework.stereotype.Service;
import org.springframework.transaction.annotation.Isolation;
import org.springframework.transaction.annotation.Propagation;
import org.springframework.transaction.annotation.Transactional;
import persistence.mybatis.mapper.CollegeInfoMapper;
@Service
public class ManageCollegeInfoImpl implements ManageCollegeInfo {
    @Autowired
    CollegeInfoMapper collegeInfoMapper;  //省略了 setter、getter
    @Override
    @Transactional(propagation = Propagation.REQUIRES_NEW,
                    isolation = Isolation.READ_COMMITTED)
    public void modifyTeacherCount(Boolean increase, Long collegeId) {
        Integer oldCount=collegeInfoMapper.queryByCollegeId(collegeId).getTeacherCount();
        System.out.println("&&&&&&&&&&&更新前="+oldCount);
        if(increase==true) {
            collegeInfoMapper.increaseTeacherCount(collegeId);
        }else {
            collegeInfoMapper.decreaseTeacherCount(collegeId);
        }
        // 查询一下新的教师数，防止并发事务时发生问题
        Integer newCount = collegeInfoMapper.queryByCollegeId(collegeId).getTeacherCount();
        System.out.println("@@@@@@@@@@@更新后="+newCount);
        if (newCount > 8) {
            throw new TeacherCountExceedException("最大人数 8");
        }
    }
}
```

ManageCollegeInfoImpl 中涉及的注解内容如下所示。

① 使用@Service 注解对 ManageCollegeInfoImpl 类进行了标记，表明这是一个业务逻辑组件，通过@ComponentScan 扫描后成为 Spring 容器中的一个 Bean。

② 该类具有一个 CollegeInfoMapper 类型的属性，@Autowired 注解表明 Spring 会自动将容器中已有的类型匹配的 Bean 注入这个属性。

③ modifyTeacherCount 方法则利用 collegeInfoMapper 属性对指定学院的教师数进行增加或减少，操作结束后检查学院的总教师数是否超过上限 8 人，如果超出则抛出一个 TeacherCountExceedException 异常，并导致事务回滚。按照 Spring 中声明式事务的“回滚规则”，任何运行时异常和不受查的异常都会触发回滚，而任何受查的 Exception 都不会触发回滚。在这里之所以进行一次检查，主要是出于对并发处理的考虑（后面有相应的测试环节）。

④ 在 modifyTeacherCount 方法上使用了@Transactional(propagation=Propagation.REQUIRES_

NEW, isolation = Isolation.READ_COMMITTED)，这表明该方法执行时需要一个事务语义，即“传播策略为 REQUIRES_NEW，隔离级别为 READ_COMMITTED”。

TeacherCountExceedException 是一个自定义的异常类，代码如下。

```
package business;
public class TeacherCountExceedException extends RuntimeException {
    public TeacherCountExceedException(String message) {
        super("教师数已达最大值:"+message+"!");
    }
}
```

步骤 3：编写业务逻辑实现类 ManageTeacherImpl，代码如下。

```
package business;
import org.springframework.beans.factory.annotation.Autowired;
import org.springframework.stereotype.Service;
import org.springframework.transaction.annotation.Isolation;
import org.springframework.transaction.annotation.Propagation;
import org.springframework.transaction.annotation.Transactional;
import persistence.mybatis.mapper.CollegeInfoMapper;
import persistence.mybatis.mapper.CollegeMapper;
import persistence.mybatis.mapper.TeacherMapper;import persistence.mybatis.model.Teacher;
@Service
public class ManageTeacherImpl implements ManageTeacher {
    @Autowired
    TeacherMapper teacherMapper;//一个 Mapper
    @Autowired
    ManageCollegeInfo manageCollegeInfo;//另一个 Service 组件
    //篇幅所限，省略了所有 setter、getter，请读者自行补充
    @Override
    public Long createNewTeacher(Long collegeId, String teacherName) {
        Long newTeacherId = null;
        Teacher t = new Teacher();// 插入一条 Teacher 记录
        t.setCollegeId(collegeId);
        t.setTeacherName(teacherName);
        teacherMapper.insertTeacher(t);
        newTeacherId = t.getTeacherId();
        manageCollegeInfo.modifyTeacherCount(true, collegeId);
        return newTeacherId;// 返回新的教师 ID
    }
}
```

ManageTeacherImpl 类中涉及的注解内容如下。

① 此处使用@Service 注解对 ManageTeacherImpl 类进行了标记，表明这是一个业务逻辑组件，通过@ComponentScan 扫描后成为 Spring 容器中的一个 Bean。该类具有一个 TeacherMapper 类型的属性，以及一个 ManageCollegeInfo 类型的属性。前者是一个 Mapper，后者则是另一个业务逻辑接口 ManageCollegeInfo 的实例。@Autowired 注解表明 Spring 会自

动将容器中符合类型要求的 Bean 注入这两个属性。

② createNewTeacher 方法创建了一个 Teacher 对象，并利用 teacherMapper 将其保存到数据库，另一个业务逻辑组件对象 manageCollegeInfo 则负责更新指定学院的教师数。

③ 应当注意的是，createNewTeacher 方法已经具有一个事务语义（接口 ManageTeacher 使用了@Transactional 注解），而 manageCollegeInfo 的 modifyTeacherCount 方法也需要一个事务语义（modifyTeacherCount 方法使用了@Transactional 注解）。此时，两个事务语义之间的关系则取决于 modifyTeacherCoun 方法上@Transactional 注解的 propagation 属性（本例使用了 Propagation.REQUIRES_NEW，即要求使用一个全新的事务，并对当前已有事务进行挂起）。

6. 编写配置类

创建配置类 Config4SpringMybatisTransaction，代码如下。

```
package learn.spring.transaction;
//篇幅原因，这里省略了所有 import 语句
@Configuration
@EnableTransactionManagement //启用 Spring 的注释驱动的事务管理功能
@MapperScan("persistence.mybatis.mapper")//自动扫描 Mapper 接口
@ComponentScan("business")//自动扫描 Service 组件
public class Config4SpringMybatisTransaction {
    @Bean("dataSource")
    public DataSource dbcpDataSource() {    DataSource dataSource=null;
        try {  //从 properties 创建 Data Source
            InputStream inputStream=Config4SpringMybatisTransaction.class.getClassLoader().
                    getResourceAsStream("learn/spring/transaction/dbcp.properties");
            Properties props = new Properties();    props.load(inputStream);
            dataSource= BasicDataSourceFactory.createDataSource(props);
        } catch (Exception e) {    e.printStackTrace();    }
        return dataSource;
    }
    @Bean("sqlSessionFactory")
    public SqlSessionFactory sqlSessionFactory() throws Exception {
        ResourcePatternResolver resolver = new PathMatchingResourcePatternResolver();
        SqlSessionFactoryBean sqlSessionFactoryBean = new SqlSessionFactoryBean();
        sqlSessionFactoryBean.setDataSource(dbcpDataSource() );//注入 DataSource
        //MyBatis 的基础配置文件
        sqlSessionFactoryBean.setConfigLocation(resolver.getResource
                ("classpath:learn/spring/transaction/spring-mybatis-config.xml"));
        //mapper 的 XML 文件，可以使用通配符
        Resource mappers[]=resolver.getResources("classpath:persistence/mybatis/mapper/*.xml");
        sqlSessionFactoryBean.setMapperLocations(mappers);
        return sqlSessionFactoryBean.getObject();
    }
    @Bean("transactionManager")
    public TransactionManager dataSourceTransactionManager() {
        DataSourceTransactionManager dstm=new DataSourceTransactionManager
                                                (dbcpDataSource());
```

```
            return dstm;
        }
}
```

该配置类中的绝大多数内容在 3.4 节中已经讨论过，此处不再累述。仅将与本例相关的内容解释如下。

① @EnableTransactionManagement 注解：启用 Spring 的注释驱动的事务管理功能，会在当前应用程序上下文中的 Bean 上查找@Transactional 标记，并使这些 Bean 实例具有事务性。

② @Bean("transactionManager")注解：定义了一个 TransactionManager 类型的实例，这里使用的是 DataSourceTransactionManager 类对象（该对象需要注入一个 DataSource 对象）。

7．简单的事务测试

创建一个测试类 TestConfig4SpringMybatisTransaction，并编写一个测试方法 testManageTeacherService，具体代码如下。

```
package learn.spring.transaction;
//省略了 import
public class TestConfig4SpringMybatisTransaction {
    @Test
    public void testManageTeacherService() {
        int re = 0;
        ApplicationContext ac = new AnnotationConfigApplicationContext(
                learn.spring.transaction.Config4SpringMybatisTransaction.class);
        ManageTeacher mt = ac.getBean(ManageTeacher.class);
        Long teacherId = mt.createNewTeacher(1L, "Tom Cruise" + new Date().getTime());
        assertThat(teacherId, notNullValue());// 应当更新一条记录
    }
}
```

测试方法 testManageTeacherService 中，首先从容器中获得一个业务逻辑类型 ManageTeacher 对象（来自@Service 注解），然后调用 ManageTeacher 中的 createNewTeacher 方法向数据库写入教师数据（包含了更新院部教师数的功能）。

运行该测试后，在控制台得到如下输出。

```
Creating a new SqlSession
Registering transaction synchronization for SqlSession [org.apache.ibatis.session.defaults. DefaultSqlSession@2f162cc0]
JDBC Connection [858423246, URL=jdbc:mysql://localhost:3306/myhomework, UserName=root@localhost, MySQL Connector/J] will be managed by Spring
==> Preparing: insert into teacher(teacher_name,college_id) values (?, ?)
==> Parameters: Tom Cruise1606135305606(String), 1(Long)
<== Updates: 1
Releasing transactional SqlSession [org.apache.ibatis.session.defaults.DefaultSqlSession@2f162cc0]
Transaction synchronization suspending SqlSession [org.apache.ibatis.session.defaults.DefaultSqlSession@2f162cc0]
Creating a new SqlSession
```

```
Registering transaction synchronization for SqlSession [org.apache.ibatis.session.defaults.DefaultSqlSession@1eba372c]
JDBC Connection [1584918772, URL=jdbc:mysql://localhost:3306/myhomework, UserName=root@localhost, MySQL Connector/J] will be managed by Spring
==>  Preparing: SELECT * FROM college_info where college_id=?
==> Parameters: 1(Long)
<==      Columns: college_id, teacher_count
<==          Row: 1, 3
<==        Total: 1
Releasing transactional SqlSession [org.apache.ibatis.session.defaults.DefaultSqlSession@1eba372c]
&&&&&&&&&&&更新前=3
Fetched SqlSession [org.apache.ibatis.session.defaults.DefaultSqlSession@1eba372c] from current transaction
==>  Preparing: update college_info set teacher_count=teacher_count+1 where college_id=?
==> Parameters: 1(Long)
<==      Updates: 1
Releasing transactional SqlSession [org.apache.ibatis.session.defaults.DefaultSqlSession@1eba372c]
Fetched SqlSession [org.apache.ibatis.session.defaults.DefaultSqlSession@1eba372c] from current transaction
==>  Preparing: SELECT * FROM college_info where college_id=?
==> Parameters: 1(Long)
<==      Columns: college_id, teacher_count
<==      Row: 1, 4
<==        Total: 1
Releasing transactional SqlSession [org.apache.ibatis.session.defaults.DefaultSqlSession@1eba372c]
@@@@@@@@@@@更新后=4
Transaction synchronization committing SqlSession [org.apache.ibatis.session. defaults.DefaultSqlSession@1eba372c]
Transaction synchronization deregistering SqlSession [org.apache.ibatis.session.defaults.DefaultSqlSession@1eba372c]
Transaction synchronization closing SqlSession [org.apache.ibatis.session.defaults.DefaultSqlSession@1eba372c]
Transaction synchronization resuming SqlSession [org.apache.ibatis.session.defaults.DefaultSqlSession@2f162cc0]
Transaction synchronization committing SqlSession [org.apache.ibatis.session.defaults.DefaultSqlSession@2f162cc0]
Transaction synchronization deregistering SqlSession [org.apache.ibatis.session.defaults.DefaultSqlSession@2f162cc0]
Transaction synchronization closing SqlSession [org.apache.ibatis.session.defaults.DefaultSqlSession@2f162cc0]
```

分析上述输出内容，可以梳理出一个基本的执行顺序。

① ManageTeacher 接口的 createNewTeacher 方法调用时，该方法运行在一个事务 A 中。

② createNewTeacher 方法又调用了 manageCollegeInfo 对象的 modifyTeacherCount 方法，该方法将事务 A 挂起，并开启了一个新的事务 B。

③ modifyTeacherCount 方法在执行过程中没有抛出异常，所以事务 B 自动提交。

④ 继续执行事务 A，createNewTeacher 方法也没有抛出异常，所以事务 A 自动提交。

将上述测试重复运行多次后，当学院的教师数大于 8 后，就会抛出 TeacherCountExceedException 异常，从而导致插入教师和更新教师数操作的回滚，在控制台输出中也无法看到事务提交的部分，如下所示。

```
Transaction synchronization deregistering SqlSession [org.apache.ibatis.session.defaults.DefaultSqlSession@1eba372c]
Transaction synchronization closing SqlSession [org.apache.ibatis.session.defaults.DefaultSqlSession@1eba372c]
Transaction synchronization resuming SqlSession [org.apache.ibatis.session.defaults.DefaultSqlSession@2f162cc0]
Transaction synchronization deregistering SqlSession [org.apache.ibatis.session.defaults.DefaultSqlSession@2f162cc0]
Transaction synchronization closing SqlSession [org.apache.ibatis.session.defaults.DefaultSqlSession@2f162cc0]
```

8．多线程并发测试

在方法 modifyTeacherCount 的最后，对教师数是否超过最大上限（8 人）进行了判断，在并发事务的情况下，这种判断是非常有必要的。

下面编写一个多线程的控制台程序来演示一下这个过程，具体代码如下。

```
package learn.spring.transaction;
import java.util.Date;
import java.util.Random;
import org.springframework.context.ApplicationContext;
import org.springframework.context.annotation.AnnotationConfigApplicationContext;
import business.ManageTeacher;
public class MultiThreadTransactionTest {
    public static void main(String[] args) {
        ApplicationContext ac = new AnnotationConfigApplicationContext(
                learn.spring.transaction.Config4SpringMybatisTransaction.class);
        ManageTeacher mt = ac.getBean(ManageTeacher.class);
        /** 启动 8 个线程，每个线程创建 1 个老师 */
        int k = 0;
        for (; k < 8; k++) {
            System.out.println("启动线程" + k);
            new Thread(() -> {
                Random r = new Random();
                Long id1 = mt.createNewTeacher(1L, "Thread Teacher" + r.nextInt());
                System.out.println("Thread   Teacher=" + id1);
            }).start();
        }
    }
}
```

这个控制台程序启动了 8 个线程调用 createNewTeacher 方法，由于控制台输出较多，下面仅截取了比较重要的部分进行说明。

```
[org.apache.ibatis.session.defaults.DefaultSqlSession@1b9a5efe]
[org.apache.ibatis.session.defaults.DefaultSqlSession@328fcd87]
[org.apache.ibatis.session.defaults.DefaultSqlSession@152688fa]
[org.apache.ibatis.session.defaults.DefaultSqlSession@21beb971]
[org.apache.ibatis.session.defaults.DefaultSqlSession@554ceff8]
[org.apache.ibatis.session.defaults.DefaultSqlSession@3e10b8e2]
[org.apache.ibatis.session.defaults.DefaultSqlSession@28e58b8c]
[org.apache.ibatis.session.defaults.DefaultSqlSession@3c9b9a2a]
&&&&&&&&&&&更新前=1
&&&&&&&&&&&更新前=1
&&&&&&&&&&&更新前=1
@@@@@@@@@@@更新后=2
@@@@@@@@@@@更新后=3
@@@@@@@@@@@更新后=4
&&&&&&&&&&&更新前=3
&&&&&&&&&&&更新前=3
&&&&&&&&&&&更新前=3
&&&&&&&&&&&更新前=3
&&&&&&&&&&&更新前=3
@@@@@@@@@@@更新后=5
@@@@@@@@@@@更新后=6
@@@@@@@@@@@更新后=7
@@@@@@@@@@@更新后=8
@@@@@@@@@@@更新后=9
```

通过分析上述控制台输出，能明显看出以下两点。

① 虽然在 8 个线程中使用的是同一个 ManageTeacher 类型的对象 mt，但调用 createNewTeacher 方法会在各自独立的线程中使用独立的事务。

② 在 modifyTeacherCount 方法执行时，多个线程所获得的“更新前”的值都相同（具体哪几个线程会相同则毫无规律）。因此，在更新完成之后检查一下是否达到了上限，是十分必要的。本例中，最终会有一个线程抛出异常，从而导致回滚。

如果不是在更新教师数之后检查，而是在更新教师数之前检查人数上限，例如将 modifyTeacherCount 方法改为如下代码。

```
public void modifyTeacherCount(Boolean increase, Long collegeId) {
    Integer oldCount = collegeInfoMapper.queryByCollegeId(collegeId).getTeacherCount();
    System.out.println("&&&&&&&&&&&更新前="+oldCount);
    if (oldCount >= 8) {
        throw new TeacherCountExceedException("最大人数 8");
    }
    if(increase==true) {
        collegeInfoMapper.increaseTeacherCount(collegeId);
    }else {
        collegeInfoMapper.decreaseTeacherCount(collegeId);
    }
```

```
        // 查询一下新的教师数，防止并发事务时发生问题
        Integer newCount = collegeInfoMapper.queryByCollegeId(collegeId).getTeacherCount();
        System.out.println("@@@@@@@@@@@@更新后="+newCount);
    }
```

再次运行这个控制台程序后，会发现并没有收到抛出异常的报告，自然也不会回滚增加教师和修改教师人数的操作。检查数据库，会发现数据库中保存了 9 条教师记录，且学院的教师数也会变为 9。这显然是违背了将教师人数上限设为 8 的业务规则。

3.6 本章小结

本章介绍了 Spring 框架及其使用方法。通过本章的学习，需要掌握 Spring 中的 Bean 装配过程、AOP 的基本概念、Spring AOP 的机制，以及 Spring 框架中常用的 JdbcTemplate，能够在实际问题中把 MyBatis 整合到 Spring 框架中实现数据库读写。

习题

1．简述 AOP 的基本概念。
2．简述 Spring 中的事务管理。
3．简述 Spring IoC 的基本概念。
4．简述 Spring 中 Bean 的基本装配过程。

第 4 章　Spring MVC

本章主要内容

本章首先对 Spring MVC 处理用户请求的流程和基本用法进行介绍，然后通过示例详细介绍控制器的开发细节和异常处理机制，最后对 Spring MVC 中消息转换、视图及其解析器、拦截器、国际化、文件上传等高级应用进行讲解。

4.1　Spring MVC 入门

Spring MVC 是在 Servlet API 上构建的原始 Web 框架，其源包名称为 spring-webmvc-xxx.jar，所以它的正式名称应该叫作“Spring Web MVC”，不过人们经常称其为“Spring MVC”。

从 Spring MVC 的名称上就可以知道这是一个基于 MVC 模型的框架。因此 Spring MVC 捕获用户请求后，会将用户请求分发给控制器（controller）处理，控制器会调用业务逻辑模型（model）并获得处理结果，再根据处理结果获得指定的视图（view），最后 Spring MVC 将特定视图渲染后返回给客户浏览器。

4.1.1　Spring MVC 中的基本处理流程

理解 Spring MVC 中的处理流程，是正确使用 Spring MVC 框架的基础。因此非常有必要对 Spring MVC 中的基本处理过程进行说明，具体内容如图 4-1 所示。

DispatcherServlet 类是部署在 Web 容器中的一个 Servlet 组件，也是 Spring MVC 的前端控制器。因此它的输入为 HttpServletRequest request、HttpServletResponse response。当 DispatcherServlet 开始处理后，在图中用 10 个步骤标识了处理过程中的主要节点，解释如下。

① DispatcherServlet 遍历其成员属性 handlerMappings（List<HandlerMapping>类型），从而找到一个 HandlerMapping 类型的对象 mapping。默认情况下 handlerMappings 中包含 BeanNameUrlHandlerMapping、RequestMappingHandlerMapping、RouterFunctionMapping 三个 HandlerMapping 对象。

② 调用 HandlerMapping 类型对象 mapping 的 getHandler 方法，得到 HandlerExecutionChain 类型的对象 mappedHandler。

③ 调用 HandlerExecutionChain 类型对象 mappedHandler 的 getHandler 方法，得到 Object 类型的对象 handler。

④ DispatcherServlet 遍历其成员属性 handlerAdapters（List<HandlerAdapter>类型），找到与 handler 对象匹配的 HandlerAdapter 类型对象 ha。默认情况下，handlerAdapters 中包含四个 HandlerAdapter 类型对象 HttpRequestHandlerAdapter、SimpleControllerHandlerAdapter、

RequestMappingHandlerAdapter、HandlerFunctionAdapter。

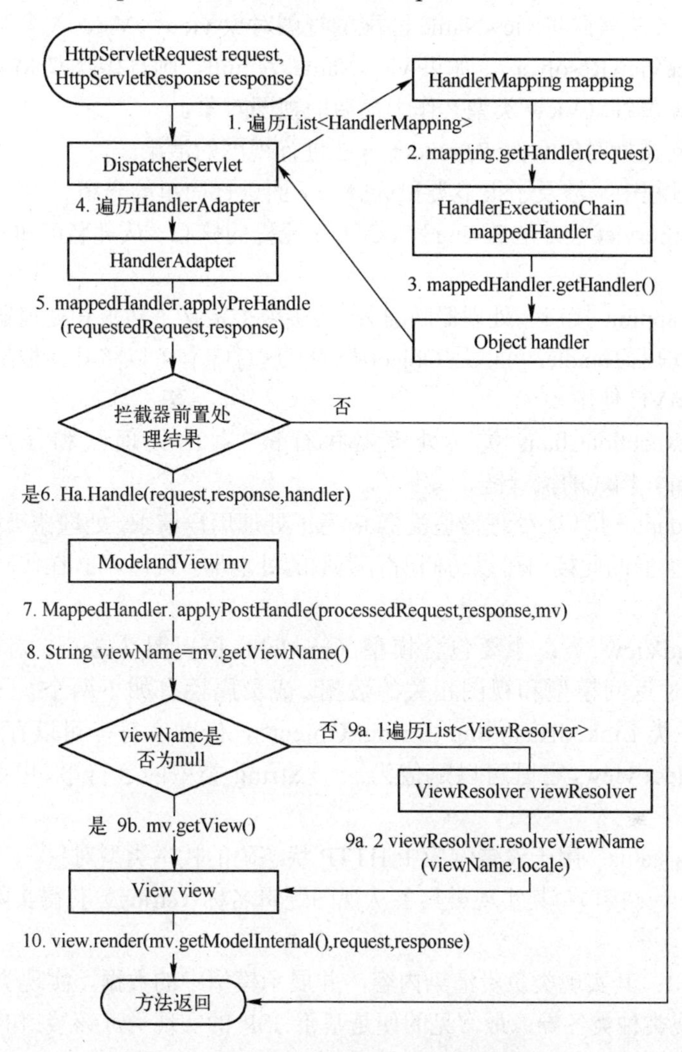

图 4-1　Spring MVC 处理请求的基本流程

⑤ 调用 HandlerExecutionChain 类型对象 mappedHandler 的 applyPreHandle 方法，该方法会依次调用已注册的拦截器的前置方法。当某一个拦截器的前置方法返回 false 后，后续的拦截器不再执行，applyPreHandle 方法直接返回 false。

⑥ 对拦截器前置方法的结果进行判断，当为 false 时，直接结束处理。当为 true 时，调用 HandlerAdapter 类型对象 ha 的 handle 方法，该方法使用前面得到的 Object 类型对象 handler 进行实际的请求处理操作，并得到 ModelAndView 类型的对象 mv。

⑦ 调用 HandlerExecutionChain 类型对象 mappedHandler 的 applyPostHandle 方法，该方法会依次调用已注册的拦截器的后置方法。

⑧ 判断 ModelAndView 类型对象 mv 中的 viewName 属性是否为 null（实际上在此之前还有一个是否存在异常的判断，如果存在异常则会替换 mv 的实际内容）。

⑨ 如果 viewName 不为 null，则遍历 DispatcherServlet 的成员属性 viewResolvers

（List<ViewResolver>类型），找到 ViewResolver 类型的 viewResolver 对象，并调用其 resolveViewName 方法获得与 viewName 匹配的视图对象 view（View 类型），（默认情况下使用 InternalResourceViewResolver）。如果 viewName 为 null，则直接获取 ModelAndView 类型对象 mv 中的 view 属性（View 类型）作为最后的视图对象。

⑩ 调用 View 类型对象 view 的 render 方法进行视图的渲染。

在上述处理过程中，涉及了很多类和接口，下面进行简单的介绍。

① DispatcherServlet 类：是 Spring MVC 工作流程的核心，从类名可知，这是一个负责用户请求分发的类。

② HandlerMapping 接口（处理器映射）：其实现类定义了请求和处理器（handler）之间的映射关系。（处理器 Handler 可以是 Object 类型，这意味着可以将其他框架中的控制器作为处理器在 Spring MVC 使用。）

③ HandlerExecutionChain 类（处理器执行链）：由处理器和任意数量的拦截器（HandlerInterceptor）构成的执行链。

④ HandlerAdapter 接口（处理器适配器）：为了处理用户请求，处理器类必须实现此接口。DispatcherServlet 类借助此接口可以访问所有类型的处理器，同时不必在代码中绑定处理器的类型。

⑤ ModelAndView 类：主要包含模型（model）和视图（view）对象，这样在处理器处理后可以同时返回模型和视图相关的数据。成员属性有如下两个。一个是 ModelMap model，它继承了类 LinkedHashMap<String, Object>，借助字符串可以存取任意类型的对象。另一个是 Object view，它既可以赋值为一个 String 类型的字符串，也可以赋值为 View 类型对象。

⑥ HttpStatus status：用于设置响应中 HTTP 状态码的枚举类型对象。

⑦ ViewResolver 接口：其实现类具备从视图逻辑名称（string）获得实际视图（view）对象的能力。

⑧ View 接口：其实现类负责渲染内容，并展示模型中的数据，实现类应当是线程安全的。该接口的实现类种类各异，最常见的便是基于 JSP 的实现类。该接口的设计初衷是尽量避免对实现细节做过多的限制。在 Spring MVC 中，View 类型的对象被 ViewResolver 对象初始化，并作为 Bean 来使用。

4.1.2 Spring MVC 的简单应用

本节给出一个简单的应用实例。

1. 引入依赖

为了引入依赖，在工程的 pom.xml 中添加如下依赖。

```
<!-- https://mvnrepository.com/artifact/org.springframework/spring-webmvc -->
<dependency>
    <groupId>org.springframework</groupId>
    <artifactId>spring-webmvc</artifactId>
    <version>5.2.8.RELEASE</version>
```

```
</dependency>
<!-- https://mvnrepository.com/artifact/org.springframework/spring-web -->
<dependency>
    <groupId>org.springframework</groupId>
    <artifactId>spring-web</artifactId>
    <version>5.2.8.RELEASE</version>
</dependency>
```

在接下来的简单应用中，希望当访问 http://localhost:8080/myhomework/mvc/hello/world 时，在页面上输出字符串“Hello World!”，以及一些 SpringIoC 容器中 Bean 的信息。

2．上下文层次结构

DispatcherServlet 作为 Spring MVC 中的核心部件，需要一个 WebApplicationContext 对象用于自身的配置。该 WebApplicationContext 对象可以获得与之关联的 ServletContext 和 Servlet 对象，此外 ServletContext 对象也可以获得与之关联的 WebApplicationContext 对象。

在有些应用中，会遇到多个 Servlet（或者是 DispacherServlet）共享一个根 WebApplicationContext 对象（Root 层次），而每个 Servlet 又拥有自己的子 WebApplicationContext 对象（Servlet 层次）的情况。此时会形成上下文的层级关系，Spring 官方文档给出了这种上下文层次，如图 4-2 所示。该图来自 Spring 官方文档。

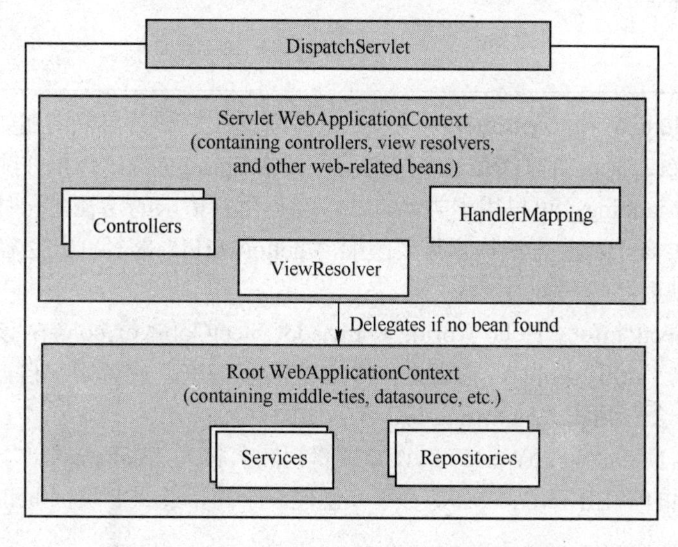

图 4-2　DispatcherServlet 中的上下文层次结构

在 Root WebApplicationContext 对象中包含具备基础功能的 Bean，例如 DAO 对象、业务逻辑对象等（需要被多个 Servlet 实例共享访问）。在 Servlet WebApplicationContext 对象中通常仅包含仅供当前 Servlet 对象使用的 Bean，例如控制器、视图解析器等。Servlet WebApplicationContext 对象中的 Bean，继承自 Root WebApplicationContext 对象（当然也可以覆盖它们）。

3．创建控制器和 JSP 页面

新建控制器类 HelloWorldController，代码如下。

```
package learn.springwebmvc;
import java.awt.Color;
import org.springframework.beans.factory.annotation.Autowired;
import org.springframework.beans.factory.annotation.Qualifier;
import org.springframework.stereotype.Controller;
import org.springframework.web.bind.annotation.RequestMapping;
import org.springframework.web.servlet.ModelAndView;
@Controller
@RequestMapping("/hello")
public class HelloWorldController {
    @Autowired
    @Qualifier("blueColor")
    Color mycolor;//篇幅原因省略了 setter，getter
    @RequestMapping("/world")
    public ModelAndView sayHello() {
        ModelAndView mv=new ModelAndView();
        mv.addObject("info", "Hello World!");
        mv.addObject("obj",mycolor);
        mv.setViewName("helloWorld");
        return mv;
    }
}
```

在控制器类 HelloWorldController 中，涉及一些新的注解和对象，简述如下。

① @Controller：标识当前类是一个控制器，可由 Spring MVC 扫描并注册为控制器。

② @RequestMapping：可以用于类或方法，当与用户请求的路径匹配时执行特定类中的特定方法。本例中 sayHello 方法执行需要匹配“/hello/world”路径（此路径不包含主机名、工程名和 Servlet 映射路径部分）。

③ mv.addObject("info", "Hello World!")、mv.addObject("obj",mycolor)：该两条语句向模型中插入了两个对象“info”“obj”，前者是一个普通的字符串，后者则来自自动装配的 Color 对象（在后续部分会看到相关的 Spring IoC 容器的配置）。

④ mv.setViewName("helloWorld")：设置逻辑视图名称为“helloWorld”。

接下来在工程的 WEB-INF/pages/路径下，创建一个简单的 JSP 页面 helloWorld.jsp，代码如下所示。

```
<%@page contentType="text/html" pageEncoding="UTF-8"%>
<%@page isELIgnored="false" %>
<%@ taglib uri="http://java.sun.com/jsp/jstl/core" prefix="c"%>
<!DOCTYPE html>
<html>
  <head>
    <meta charset="ISO-8859-1">
    <title>Insert title here</title>
  </head>
  <body>
```

```
        ${requestSession.info}
        ${obj}
    </body>
</html>
```

此处使用了两个 EL 表达式，从 request 作用域获取存放的模型数据。

4．利用 XML 配置 SpringMVC

（1）修改 web.xml

在 web.xml 中，将 DispatcherServlet 配置为 Servlet，并提供相应的映射路径，具体代码如下所示。

```
<!DOCTYPE web-app PUBLIC
 "-//Sun Microsystems, Inc.//DTD Web Application 2.3//EN"
 "http://java.sun.com/dtd/web-app_2_3.dtd" >
<web-app>
    <display-name>Archetype Created Web Application</display-name>
    <!-- 初始化 SpringIoc 的配置文件（可以有多个，逗号分隔即可）-->
    <!-- 默认为 applicationContext.xml -->
    <context-param>
        <param-name>contextConfigLocation</param-name>
        <param-value>classpath:learn/springwebmvc/iocConfig.xml</param-value>
    </context-param>
    <!-- 初始化 SpringIoC 容器 -->
    <listener>
        <listener-class>org.springframework.web.context.ContextLoaderListener</listener-class>
    </listener>
    <!-- SpringMVC 中的 DispatcherServlet -->
    <servlet>
        <servlet-name>webmvc</servlet-name>
        <servlet-class>org.springframework.web.servlet.DispatcherServlet</servlet-class>
        <init-param>
          <!-- DispatcherServlet 的配置信息 -->
            <param-name>contextConfigLocation</param-name>
            <param-value>classpath:learn/springwebmvc/mvcConfig.xml</param-value>
        </init-param>
        <load-on-startup>2</load-on-startup>
    </servlet>
    <!-- SpringMVC 中的 DispatcherServlet 的映射路径 -->
    <servlet-mapping>
        <servlet-name>webmvc</servlet-name>
        <url-pattern>/mvc/*</url-pattern>
    </servlet-mapping>
</web-app>
```

在 web.xml 中配置如下信息。

① <context-param>标签创建了名为 contextConfigLocation 的 ServletContext 参数，该参数

的值为 Spring IoC 容器的配置文件名称，即 classpath:learn/springwebmvc /iocConfig.xml。

② <listener>标签将 ContextLoaderListener 配置为侦听器，作用是在 Web 应用程序启动时初始化 IoC 容器。ContextLoaderListener 会读取名为 contextConfigLocation 的 ServletContext 参数作为 IoC 容器的配置文件，并获得一个 WebApplicationContext 对象（Root 层次的）。Root WebApplicationContext 对象被存储在 ServletContext 对象的属性中（默认情况下该属性名为 org.springframework.web.context. WebApplicationContext.ROOT）。

③ <servlet>标签将 DispatcherServlet 配置为名为“webmvc”的 Servlet，同时配置了初始化参数 contextConfigLocation，参数值为 classpath:learn/springwebmvc/mvcConfig. xml。该参数指向的 XML 文件将被用于初始化 Spring MVC 的 WebApplicationContext 对象（Servlet 层次），该对象存储在 ServletContext 对象的属性中（默认情况下该属性名为 org.springframework.web. servlet.FrameworkServlet.CONTEXT.{servletName}，本例中的 servletName 为“webmvc”）。

④ <servlet-mapping>标签将 DispatcherServlet 的映射路径设置为“/mvc/*”。

两个不同的 WebApplicationContext 分别在不同时刻进行初始化，而且采用的具体方法不同，现通过表 4-1 进行总结。

表 4-1　不同的 WebApplicationContext 初始化过程

层次对象	初始化的途径	具体过程
Root WebApplicationContext 对象（表中简称 root-wac）	借助侦听器。通过侦听 ServletContext 对象的创建事件，调用 ServletContextListener 接口的 contextInitialized()方法来完成	ContextLoaderListener 继承自 ContextLoader，并实现了 ServletContextListener 接口的 contextInitialized()方法。 在 contextInitialized()方法中调用了父类 ContextLoader 的 initWebApplicationContext()方法，父类的这个方法不仅创建了 root-wac 对象，而且将其存放在 ServletContext 的属性中
Servlet WebApplicationContext（表中简称 servlet-wac）	借助 DispatcherServlet 的初始化方法 init()来完成	FrameworkServlet 是 DispatcherServlet 的父类，FrameworkServlet 类的 createWebApplicationContext()方法负责创建 servlet-wac 对象，而 initWebApplicationContext()方法则将已创建的 servlet-wac 对象存储在 ServletContext 的属性中。 调用关系为：init()方法->initServletBean()方法->initWebApplicationContext()方法->createWebApplicationContext()方法

（2）编写 Root WebApplicationContext 和 Servlet WebApplicationContext 的配置文件

在包路径 learn.springwebmvc 下建立 iocConfig.xml，内容如下所示。

```
<?xml version="1.0" encoding="UTF-8"?>
<beans xmlns="http://www.springframework.org/schema/beans"
xmlns:xsi="http://www.w3.org/2001/XMLSchema-instance"
xmlns:c="http://www.springframework.org/schema/c"
xmlns:p="http://www.springframework.org/schema/p"
xmlns:util="http://www.springframework.org/schema/util"
xsi:schemaLocation="http://www.springframework.org/schema/beans
      https://www.springframework.org/schema/beans/spring-beans-4.1.xsd
      http://www.springframework.org/schema/util
      https://www.springframework.org/schema/util/spring-util-4.1.xsd">
<util:constant id="mygreen"
      static-field="java.awt.Color.green" />
```

```
<bean id="blueColor" class="java.awt.Color" c:r="0.0" c:_1="0.0" c:_2="1.0" />
</beans>
```

iocConfig.xml 的内容符合 Spring IoC 容器的配置要求，该文件配置两个 Bean，类型均为 Color。在包路径 learn.springwebmvc 下建立 mvcConfig.xml，内容如下所示。

```
<?xml version="1.0" encoding="UTF-8"?>
<beans xmlns="http://www.springframework.org/schema/beans"
    xmlns:xsi="http://www.w3.org/2001/XMLSchema-instance"
    xmlns:context="http://www.springframework.org/schema/context"
    xmlns:tx="http://www.springframework.org/schema/tx"
    xmlns:mvc="http://www.springframework.org/schema/mvc"
    xsi:schemaLocation="http://www.springframework.org/schema/beans
        http://www.springframework.org/schema/beans/spring-beans.xsd
        http://www.springframework.org/schema/context
        http://www.springframework.org/schema/context/spring-context.xsd
        http://www.springframework.org/schema/tx
        http://www.springframework.org/schema/tx/spring-tx.xsd
        http://www.springframework.org/schema/mvc
        http://www.springframework.org/schema/mvc/spring-mvc.xsd">
    <!-- 开启注解驱动 -->
        <mvc:annotation-driven />
    <!-- 配置需要扫描的包 -->
        <context:component-scan base-package="learn.springwebmvc.**" />
    <!-- 视图解析器 -->
    <bean
        class="org.springframework.web.servlet.view.InternalResourceViewResolver">
        <property name="prefix" value="/WEB-INF/pages/"></property>
        <property name="suffix" value=".jsp"></property>
    </bean>
</beans>
```

mvcConfig.xml 的内容也需要符合 Spring IoC 容器的配置规范，本例中的有些内容属于 Spring MVC 范畴，现解释如下。

① <mvc:annotation-driven />标签：开启 Spring MVC 的注解驱动，Spring 会自动注册若干个组件到“Web 应用上下文”，这些组件是 SpringMVC 得以正常工作的基础组件。感兴趣的读者可以查看 org.springframework.web.servlet.config.AnnotationDrivenBeanDefinitionParser 的源代码。

② <context:component-scan/>标签：配置组件扫描的路径。

③ InternalResourceViewResolver 类型的 Bean：定义了一个 InternalResourceViewResolver 类型的视图解析器，prefix 为解析时使用的前缀，suffix 为解析时使用的后缀。

InternalResourceViewResolver 解析器可将逻辑视图名解析为一个 InternalResourceView 类型的视图。例如，当控制器返回的逻辑视图名为 helloWorld，则解析后的 URL 为 /WEB-INF/pages/helloWorld.jsp，该 URL 保存在 InternalResourceView 对象中。此外还将 ModelAndView 中的模型数据（键—对象）存储到 InternalResourceView 对象中。

在后续的视图渲染过程中，InternalResourceView 视图对象将获得的模型数据存储到 request 作用域，并向解析得到的 URL 做请求转发（细节可参见 InternalResourceView 的 renderMergedOutputModel 方法），最后由 helloWorld.jsp 页面生成响应信息并发往客户浏览器。

启动工程后，在浏览器地址栏输入http://localhost:8080/myhomework/mvc/hello/world，可得到如图 4-3 所示的结果。

http://localhost:8080/myhomework/mvc/hello/world

Hello World! java.awt.Color[r=0,g=0,b=255]

图 4-3　helloWorld.jsp 页面执行结果

5．利用配置类配置 Spring MVC

在支持 Servlet 3.0+的 Web 容器中，Web 容器会搜索注册的 javax.servlet.ServletContainerInitializer 接口的实现类进行初始化，负责初始化的类除了要实现 ServletContainerInitializer 接口外，还需要在其 jar 文件的 META-INF/services/javax.servlet.ServletContainerInitializer 文件中明确给出负责初始化的类名。

在 spring-web-5.2.8.RELEASE.jar 的 META-INF/services/javax.servlet.ServletContainerInitializer 文件中就给出了如下内容：org.springframework.web.SpringServletContainerInitializer。这表明 SpringServletContainerInitializer 将实际负责 Web 容器的初始化。

在 SpringServletContainerInitializer 类的内部，将调用 WebApplicationInitializer 接口对象的 onStartup 方法完成实际的初始化。Spring 提供了 WebApplicationInitializer 接口的若干个实现类，并形成了如下的层次关系，如图 4-4 所示。

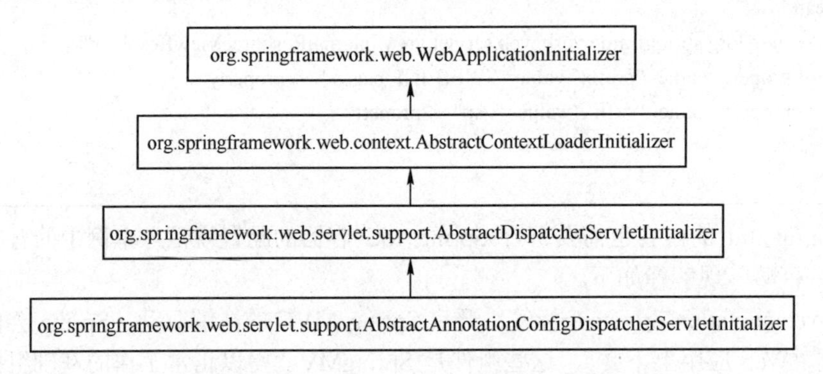

图 4-4　WebApplicationInitializer 接口的实现类

① AbstractContextLoaderInitializer 类：在 onStartup()方法中调用 registerContextLoaderListener()方法，后者不仅负责将 ContextLoaderListener 类注册为当前 Servlet Context 对象的侦听器，还会调用一个抽象方法 createRootApplicationContext()来创建 Root WebApplicationContext 对象。

② AbstractDispatcherServletInitializer 类：在 onStartup()方法中除了调用父类的 onStartup()方法外，还调用了 registerDispatcherServlet()方法，后者不仅将 DispatcherServlet 注册为一个 Servlet，还会调用一个抽象方法 createServletApplicationContext()来创建 Servlet WebApplicationContext 对象。

③ AbstractAnnotationConfigDispatcherServletInitializer 类：具体实现了 createRootApplication-

Context()方法和 createServletApplicationContext()方法。这两个方法会使用给定的配置类数组向 WebApplicationContext 对象注册 Bean。抽象方法 getRootConfigClasses()和 getServletConfigClasses()，分别用于获取 Root 配置类数组和 Servlet 配置类数组。

因此通常情况下，我们只需要继承父类 AbstractAnnotationConfigDispatcherServletInitializer，并提供方法 getRootConfigClasses()和 getServletConfigClasses()即可获得一个用于初始化 Servlet 容器的类（此时可以去掉 web.xml 文件了）。

（1）编写 Web 容器初始化类

新建一个类 MyWebAppInitializer，用于对 Web 容器初始化，具体代码如下。

```
package learn.springwebmvc;
import org.springframework.web.servlet.support.AbstractAnnotationConfigDispatcherServletInitializer;
public class MyWebAppInitializer extends AbstractAnnotationConfigDispatcherServletInitializer {
    @Override
    protected Class<?>[] getRootConfigClasses() {
        //Spring IoC 容器的配置类
        return   new Class[] {IocConfig.class};
    }
    @Override
    protected Class<?>[] getServletConfigClasses() {
        //DispatcherServlet 的配置类
        return new Class[] {MvcConfig.class};
    }
    @Override
    protected String[] getServletMappings() {
        //DispatcherServlet 的映射路径
        return new String[] {"/mvc/*"};
    }
}
```

类 MyWebAppInitializer 继承自 AbstractAnnotationConfigDispatcherServletInitializer 并覆盖了若干个方法，解释如下。

① getRootConfigClasses：该方法需要返回由若干个配置类的 Class 对象构成的数组，父类中 createRootApplicationContext 方法会使用这些配置类初始化一个 WebApplicationContext 对象（即 ROOT WebApplicationContext 对象），该对象被存储在 ServletContext 对象的属性中（默认情况下该属性名为 org.springframework.web.context.WebApplicationContext.ROOT）。后续将创建配置类 IocConfig。

② getServletConfigClasses：该方法需要返回由若干个配置类的 Class 对象构成的数组，父类中 createServletApplicationContext 方法会使用这些配置类初始化一个 WebApplicationContext 对象（即 Servlet WebApplicationContext 对象）。默认情况下，该属性名为 org.springframework.web.servlet.FrameworkServlet.CONTEXT.{servletName}，默认时 servletName 为 dispatcher。后续将创建配置类 MvcConfig。

③ getServletMappings：该方法返回一个 String 数组，数组中字符串代表了 DispatcherServlet 的映射路径。本例仍然设置 DispatcherServlet 的映射路径为"/mvc/*"。

（2）编写 Spring IoC 配置类和 Spring MVC 配置类

新建一个类 IocConfig 作为 Spring IoC 配置类，用于初始化 Root WebApplicationContext 对象。代码如下所示。

```
package learn.springwebmvc;
import java.awt.Color;
import org.springframework.context.annotation.Bean;
import org.springframework.context.annotation.Configuration;
@Configuration
public class IocConfig {
	@Bean(name="mygreen")
	public Color getMyGreen() {
		return Color.green;
	}
	@Bean(name="blueColor")
	public Color aBlueColor(){
		return new Color(0.0f,0.0f,1.0f);
	}
}
```

该配置类定义了两个 Bean，代码中的相关内容在 Spring 学习时已经介绍过，此处不再累述。

新建一个类 MvcConfig 作为 Spring MVC 配置类，用于初始化 Servlet WebApplicationContext 对象。代码如下所示。

```
package learn.springwebmvc;
import org.springframework.context.annotation.ComponentScan;
import org.springframework.context.annotation.Configuration;
import org.springframework.context.support.ClassPathXmlApplicationContext;
import org.springframework.web.servlet.config.annotation.EnableWebMvc;
import org.springframework.web.servlet.config.annotation.ViewResolverRegistry;
import org.springframework.web.servlet.config.annotation.WebMvcConfigurer;
@Configuration
@EnableWebMvc
@ComponentScan("learn.springwebmvc")
public class MvcConfig implements WebMvcConfigurer    {
	@Override
	public void configureViewResolvers(ViewResolverRegistry registry) {
		registry.jsp("/WEB-INF/pages/", ".jsp");
	}
}
```

下面对代码中的内容进行解释。

① WebMvcConfigurer 接口：该接口定义了若干个回调方法，当使用配置类来配置 Spring MVC 时，可以借助这些回调方法对 Spring MVC 进行便捷的配置。

② @EnableWebMvc：该注解实际引入了配置类 DelegatingWebMvcConfiguration，该类

的父类为 WebMvcConfigurationSupport。WebMvcConfigurationSupport 类中使用@Bean 向“Web 应用上下文”中注册了若干个对象，这些对象是 SpringMVC 得以正常工作的基础组件。

③ @ComponentScan("learn.springwebmvc")：该注解会对指定路径进行扫描，并从中找出需要装配的类（默认会装配标识了@Controller，@Service，@Repository，@Component 注解的类），并自动装配到“Web 应用上下文”。

④ configureViewResolvers(ViewResolverRegistry registry)方法：配置视图解析器（ViewResolver），用于将基于字符串的视图名称转换为具体的视图（view）。本例通过调用 ViewResolverRegistry 的 jsp 方法注册了一个用于 JSP 的视图解析器，并提供了该解析器所需的前缀和后缀参数。（jsp 方法内部仍然是创建了一个 InternalResourceViewResolve 对象，并添加到 ViewResolverRegistry 的视图解析器列表中。）

启动工程后，在浏览器地址栏输入http://localhost:8080/myhomework/mvc/hello/world，可得到如图 4-5 所示的结果。

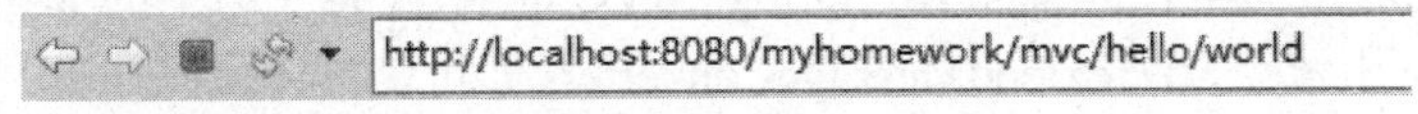

Hello World! java.awt.Color[r=0,g=0,b=255]

图 4-5　helloWorld.jsp 页面执行结果

4.1.3 常用配置信息

本节介绍常用的配置信息。

1．添加对 JSON 的支持

在很多实际应用中，从前后端传递的都是 JSON 串，因此需要 Spring MVC 能够对 JSON 提供支持，涉及的配置信息如下所示。

（1）添加 com.fasterxml.jackson.core 依赖

Jackson 库是一个开源的 JSON 格式解析工具，其包含 3 个 jar 包。

① jackson-core.jar——核心包，提供了基于“流模式”解析的功能。

② jackson-databind——数据绑定包，提供基于“对象绑定”和“树模型”的功能。

③ jackson-annotations——注解包，提供了注解的功能。

在由 Maven 管理的工程中，可打开 pom.xml 文件向其中添加如下依赖项。

```
<!-- 使用 json 所依赖的 jar 包 -->
    <dependency>
        <groupId>com.fasterxml.jackson.core</groupId>
        <artifactId>jackson-core</artifactId>
        <version>2.9.8</version>
    </dependency>
    <dependency>
        <groupId>com.fasterxml.jackson.core</groupId>
        <artifactId>jackson-databind</artifactId>
        <version>2.9.8</version>
    </dependency>
```

```
<dependency>
    <groupId>com.fasterxml.jackson.core</groupId>
    <artifactId>jackson-annotations</artifactId>
    <version>2.9.8</version>
</dependency>
```

（2）修改 StringHttpMessageConverter 的默认字符集

在编写控制器的处理方法时，如果使用了@ResponseBody 注解，而方法的返回值只是一个普通的字符串时，SpringMVC 会使用 StringHttpMessageConverter 进行消息的转换。

但 StringHttpMessageConverter 类默认使用“iso-8859-1”字符集，因此会导致中文乱码的情况发生，所以有必要对 Spring MVC 默认创建的 StringHttpMessageConverter 类对象（感兴趣的读者可参阅 WebMvcConfigurationSupport 类的 addDefaultHttpMessageConverters 方法）进行替换，以防止浏览器收到包含乱码的字符串。

替换过程也非常简单，只需要在 Spring MVC 的配置类（例中的/learn/springwebmvc/MvcConfig.java）中覆盖方法 extendMessageConverters 即可，具体代码如下。

```
@Override
public void extendMessageConverters(List<HttpMessageConverter<?>> converters) {
    for (int i = 0; i < converters.size(); i++) {
        if (converters.get(i) instanceof StringHttpMessageConverter) {// 换掉它
        converters.set(i, new StringHttpMessageConverter(StandardCharsets.UTF_8));
        //在使用@ResponseBody 返回普通的字符串时，
        //会使用这个 Converter，需要设置一下编码方式。防止乱码
        System.out.println("===替换使用默认字符集 iso-8859-1 的 StringHttpMessageConverter!");
    }
}
```

2．利用过滤器设置请求的编码方式

有些时候客户浏览器使用了不正确的编码方式，此时需要在 DispathcerServlet 处理请求之前调整请求的编码方式，通常的做法是使用过滤器（Filer），并调用语句 response.setCharacterEncoding()。

Spring MVC 中提供了专门解决上述请求编码的问题的类 CharacterEncodingFilter，这样就省去了自己编写过滤器的过程，只需要在 DispatcherServlet 之前部署这个过滤器即可，做法是在 Web 容器初始化类（例中为/learn/springwebmvc/MyWebAppInitializer.java）中覆盖 getServletFilters 方法即可，具体代码如下。

```
@Override
protected Filter[] getServletFilters() {
    CharacterEncodingFilter filter=new CharacterEncodingFilter();//配置一个过滤器进行转码
    filter.setEncoding("UTF-8");
    return new Filter[] {filter};
}
```

4.2 控制器的实现

本节介绍控制器的设计与实现。

4.2.1　控制器的格式

Spring MVC 提供了一个基于注释的编程模型，开发时只需要使用@Controller（或@RestController）组件就可以将一个普通的 Java 类作为控制器类在 Spring MVC 中使用。此外还可以利用注解来配置请求映射、读取请求中的参数、配置异常处理等，而不要实现特殊的接口或者继承父类。

因此只需要编写几个用于处理请求的方法即可，整个控制器的编写十分灵活、简洁。控制器的基本格式如下。

```
@Controller
@RequestMapping("/mycontroller")
public class 类名 {
    @RequestMapping("/hello")
    public 返回值 处理方法 1(参数列表) {
        …//必要的处理
        return result;
    }
    public 返回值 处理方法 2(参数列表) {
        …//必要的处理
        return result;
    }
}
```

4.2.2　请求映射的编写

@RequestMapping 注解可以在类级别使用，以表示类内所有方法的共享映射；也可以标注在控制器的处理方法上，来缩小到特定的处理方法的映射。@RequestMapping 注解包含多种属性，即可以通过 URL、HTTP 方法、请求参数、报头和媒体类型进行精确的匹配。

在默认情况下，@RequestMapping 注解标记的方法可以适用于所有类型的 Http Method，但当仅仅需要匹配特定的 Http Method 时，则可以使用@GetMapping、@PostMapping、@PutMapping、@DeleteMapping、@PatchMapping 注解（但在控制器类上仍然只能使用@RequestMapping）。

1．URI 模式匹配

在编写请求映射的路径时，可以使用如下内容。

① ?：用于匹配一个字符。例如路径"/ mycontroller /t?o " 可以匹配 "/ mycontroller /too "，也可以匹配"/ mycontroller /two "。

② *：用于一个路径片段中，可以匹配 0 个或多个字符。例如 "/ mycontroller /*world" 和 "/ */helloworld"，都可以匹配"/ mycontroller /helloworld"。但是"/ */helloworld"不能用于匹配"/ my/controller /helloworld"（*号只能用于一个路径片段）。

③ **：从当前位置一直到路径结束，可以匹配 0 个或多个字符。例如"/ my/**"可以匹配"/ my/controller /helloworld"，也可以匹配"/ my/ helloworld "。

④ {var}：匹配某一个路径片段，并将真实的路径片段的内容赋值给路径变量 var。后续可以在处理方法的形参中配合@PathVariable 使用，下面就是一个例子。

```
@RequestMapping("/loginURL_path/{userName}/{userPass}")
//使用@PathVariable 注解符号，从 URL 中获取形参 userName、userPass 的值
public ModelAndView urlPathParam(@PathVariable("userName") String userName,
        @PathVariable("userPass") String userPass) {
    ModelAndView mv = new ModelAndView();
    mv.addObject("get_loginInfo_userName",userName).addObject("get_userPass",
            userPass).setViewName("showAllScope");
    //get_loginInfo_userName 会被放在 Session 中，因为 get_loginInfo_userName
    return mv;
}
```

⑤ {var: regular}：匹配某一个路径片段，用于匹配正则表达式 regular，并将匹配的内容赋值给路径变量 regular，后续配合@PathVariable 使用。

需要说明的是：路径变量会自动转换为适当的类型，如果不能正常转换则会引发 TypeMismatchException。在默认情况下，自动转换支持简单类型（int、long、Date 等），如果需要对其他数据类型进行转换，请参阅有关类型转换和数据绑定的有关内容。

2．借助请求中的信息来匹配

在 URI 匹配基础上，可以根据请求中包含的信息来进一步缩小匹配的范围，@RequestMapping 注解中的属性如表 4-2 所示。

表 4-2　@RequestMapping 注解中的属性

@RequestMapping 中的属性	说　明	举　例
consumes	利用请求头中的 Content-Type 来进行匹配（可用于控制器类或某个处理方法）。支持！作为否定表达式。MediaType 为常用的媒体类型提供常量	@PostMapping(path = "/hello", consumes = "application/json")
produces	利用请求头中的 Accept 来进行匹配（可用于控制器类或某个处理方法）。支持！作为否定表达式。MediaType 为常用的媒体类型提供常量	@GetMapping(path= "/hello/{userId}",produces = "application/json") @RequestMapping(path = "/loginForm_normal", produces = MediaType.APPLICATION_JSON_VALUE)
params	利用请求中是否包含某一个参数，或者参数值是否符合要求来进行匹配	@GetMapping(path="/hello", params= "userName "), 包含参数 userName 时匹配 @GetMapping(path="/hello", params = "!userName "), 不包含参数 userName 时匹配 @GetMapping(path="/hello}", params="username= Tom")，参数 userName 的值为 Tom 时匹配
headers	利用请求头中是否包含某一个属性，或者属性值是否符合要求来进行匹配	用法与 params 类似，不再累述

4.2.3　保存数据到模型

在控制器处理用户请求的过程中，必然会涉及数据的获取和存储操作，这其中有很多数据需要提供给视图进行渲染。

1．数据存储方式简介

在 Spring MVC 中，可以将数据对象存储在 ModelAndView、Model、ModelMap、Map 类

型的对象中，以供视图渲染时使用。使用时主要有以下两种方法。

① 在处理方法的形参列表中加入 Model、ModelMap、Map 类型的对象，然后在方法体内向其加入数据对象。

② 在处理方法内部实例化一个 ModelAndView 的对象，并加入数据对象。

下面通过类图的方式给出上述几个类型之间的关系，如图 4-6 所示。

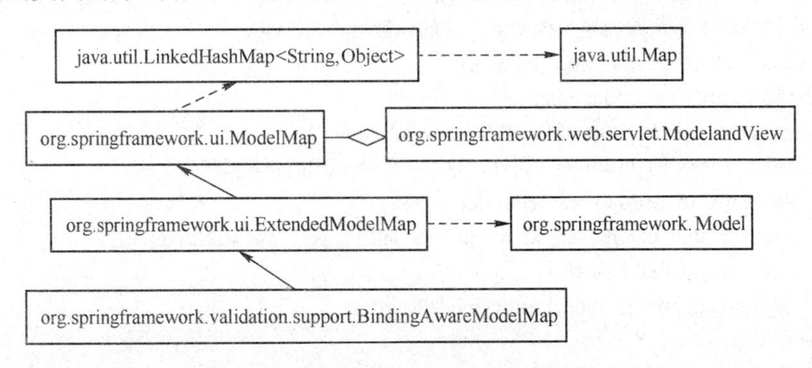

图 4-6　ModelAndView、Model、ModelMap、Map 之间的关系

① ModelMap 类是 LinkedHashMap<String,Object>的子类，因此也实现了 Map 接口。

② Model 接口是 Spring MVC 推荐使用的模型接口。

③ 类 ExtendedModelMap 及其子类 BindingAwareModelMap 是 Model 接口的实现者，同时也是 ModelMap 的子类。

④ ModelAndView 类内部包含了一个 ModelMap 类型的模型对象（名为 model）和一个 Object 类型的视图对象（名为 view），以方便处理方法同时返回模型和视图。视图对象（view）可以是一个字符串（String 类型），也可以是一个真正的视图对象（View 接口类型）。当视图对象为字符串时，需要由 ViewResolver 进一步处理，从而找到真正的 View 类型的对象。

下面通过两个例子来进一步解释上述几个类型的基本用法，新建一个控制器类 TestModelAttributeController，并使用注解 @Controller、@RequestMapping("/modelAttribute") 标记该类。

2．使用 Model、ModelMap、Map 保存模型数据

新建一个处理方法 test，该方法的返回值为一字符串（视图名称，会被解析为“/WEB-INF/pages/视图名.jsp”），代码如下。

```
//请求 URL // http://localhost:8080/myhomework/mvc/modelAttribute/test
@RequestMapping("/test")
//验证 ModelAndView 与 Model,Map,ModelMap 三个形参的关系。
public String test(Map<String, Object> map,Model model,ModelMap modelMap) {
        if(map==model) {System.out.println("map==model");}
        if(map==modelMap) {System.out.println("map==modelMap");}
        if(modelMap==model) {System.out.println("modelMap==model");}
        //model,modelMap,map 实际引用了同一个对象
        System.out.println("map is "+map.getClass().toString());
        System.out.println("model is "+model.getClass().toString());
        System.out.println("modelMap is "+modelMap.getClass().toString());
```

```
        map.put("mycolor", "map_color");
        model.addAttribute("mycolor", "model_color");
        modelMap.addAttribute("mycolor","modelMap_color");
        //所以这条语句会覆盖前面的重名属性
        //与 ModelAndView 中的模型不是一个对象
        ModelAndView mv=new ModelAndView();
        //不会被保存下来，因为这个控制器方法的返回值不是 MV
        mv.addObject("mycolor4","MV_color");
        //实际调用 mv 的 getModelMap();
        ModelMap mv_model_map=(ModelMap) mv.getModel();
        //实际返回了 mv 的 this.model 属性，这是一个 ModelMap 类型
        ModelMap mv_modelMap=mv.getModelMap();
        System.out.println("mv_modelMap is"+mv_modelMap.getClass().toString());
        if(model==mv_modelMap) {
            System.out.println("model==mv_modelMap");
        }else {
            System.out.println("model!=mv_modelMap");
        }
        return "modelAttribute/read_model";
    }
```

具体细节解释如下。

① 方法形参中包含了 Map<String, Object> map、Model model、ModelMap modelMap 三个不同类型的模型对象，这三个对象将由 Spring MVC 实例化，开发人员可以直接使用 put 和 addAttribute 等方法向模型中加入数据，但当对象名称重复时，只有最后一条语句生效(modelMap.addAttribute("mycolor","modelMap_color ");)。

② 利用“==”操作符，验证 map、model、modelMap 实际引用了一个模型对象，且对象类型为 org.springframework.validation.support.BindingAwareModelMap。

③ 实例化一个 ModelAndView 类型的对象 mv，mv 的 getModel()方法和 getModelMap()方法得到的是同一个 ModelMap 类型对象，即 mv 内部保存的模型对象（mv_modelMap）。

④ 利用“==”操作符验证了 mv_modelMap 与 model（也就是 map，modelMap）对象并非同一个对象，mv_modelMap 的类型为 org.springframework.ui.ModelMap。

⑤ 利用 ModelAndView 的 addObject()方法可以向其内部的模型对象增加数据。

⑥ 由于该处理方法返回的不是 ModelAndView 类型的对象，因此语句 mv.addObject("mycolor4","MV_color")所添加的名为“mycolor4”对象并不会被保存在模型中。

为了验证上述分析，在路径“/WEB-INF/pages/”下新建一个 JSP 文件，名为 read_model.jsp。基本代码如下所示。

```
mycolor1=${requestScope.mycolor1}<br/>//本例中未用到
mycolor2=${requestScope.mycolor2}<br/>//本例中未用到
mycolor3=${requestScope.mycolor3}<br/>//本例中未用到
<hr/>
    mycolor4=${requestScope.mycolor4}<br/>
<hr/>
```

```
mycolor=${requestScope.mycolor}<br/>
```

运行工程后，在浏览器中访问目标 URL http://localhost:8080/myhomework/mvc/modelAttribute/test，浏览器中获得如图 4-7 所示的显示结果。

```
localhost:8080/myhomework/mvc/modelAttribute/test
mycolor1=
mycolor2=
mycolor3=
mycolor4=
mycolor=modelMap_color
```

图 4-7　test 方法的执行结果

从图 4-7 中可见，只有“modelMap.addAttribute("mycolor","modelMap_color");”语句添加的对象被保存下来，前面的重名对象都被覆盖了。同时，利用 ModelAndView 对象 mv 所添加的对象并没有保存下来[mv.addObject("mycolor4","MV_color");]。

在控制台中，可以看到如下的输出结果，这与前面的分析也是一致的。

```
map==model
map==modelMap
modelMap==model
map is class org.springframework.validation.support.BindingAwareModelMap
model is class org.springframework.validation.support.BindingAwareModelMap
modelMap is class org.springframework.validation.support.BindingAwareModelMap
mv_modelMap isclass org.springframework.ui.ModelMap
model!=mv_modelMap
```

3．使用 ModelAndView 保存模型数据

在控制器类 TestModelAttributeController 中新建一个处理方法 testMV，具体代码如下。

```
//http://localhost:8080/myhomework/mvc/modelAttribute/testMV
@RequestMapping("/testMV")
//验证 ModelAndView 与 Model,Map,ModelMap 三个形参的关系。
public ModelAndView testMV(Map<String, Object> map,Model model,ModelMap modelMap) {
    //存储三个对象到模型中
    map.put("mycolor1", "map_color");
    model.addAttribute("mycolor2", "model_color");
    modelMap.addAttribute("mycolor3","modelMap_color");
    //与 ModelAndView 中的模型不是一个对象
    ModelAndView mv=new ModelAndView();
    mv.addObject("mycolor4", "mv_color");//会被保存下来
    mv.setViewName("modelAttribute/read_model");
    return mv;//如果不返回 ModelAndView，则 MV 中加入的对象不会保存下来
}
```

与前面的 test 方法返回一个字符串不同，testMV 方法返回值类型为 ModelAndView，这意味着方法体中利用 ModelAndView 存储的数据会被保存到模型中（mv.addObject ("mycolor4", "mv_color")），模型中实际存储了 4 个对象：mycolor1、mycolor2、mycolor3 和 mycolor4。

运行工程后，在浏览器中访问目标 URL http://localhost:8080/myhomework/mvc/modelAttribute/testMV，在浏览器中获得的结果如图 4-8 所示，这与前面的分析是一致的。

```
localhost:8080/myhomework/mvc/modelAttribute/testMV

mycolor1=map_color
mycolor2=model_color
mycolor3=modelMap_color

mycolor4=mv_color
```

图 4-8 testMV 方法的执行结果

4.2.4 处理方法的形参类型

处理方法的形参类型十分丰富（后续的代码除非明确说明，否则均出自控制器类 ArgumentsController），下面列举了主要常用的形参类型及基本用法。

1．WebRequest 和 NativeWebRequest

WebRequest 是 Web 请求的通用接口，允许访问请求中的元数据，但又不必使用 Servlet API。NativeWebRequest 继承了 WebRequest 接口，并提供了若干个 getNativeXXX 方法，用于获得本地的 Servlet API 对象。基本用法如下。

```
@RequestMapping("/webRequest")
@ResponseBody
public String handler_WebRequest(WebRequest wr,NativeWebRequest nwr) {
    String l=wr.getSessionId();//获得 SessionID
    //获得实际的 HttpServletRequest 对象
    HttpServletRequest hsr=(HttpServletRequest)nwr.getNativeRequest();
    String s=l+","+hsr.getContextPath();
    return s;
}
```

2．ServletRequest 和 ServletResponse

可以使用 ServletRequest、ServletResponse 的特定子类型，例如 HttpServletRequest 或 MultipartRequest 等。基本用法如下。

```
@RequestMapping("/servlet_Request_Response")
@ResponseBody
//使用实际的 ServletReqest、ServletResponse 或它们的子类型对象
public String handler_ServletRequest(HttpServletRequest request,HttpServletResponse response){
    return request.getPathInfo()+","+response.getCharacterEncoding();
}
```

3．HttpSession

强制使用 Session 对象，但需要注意对 Session 的访问不是线程安全的。基本用法如下。

```
@RequestMapping("/session")
@ResponseBody
public String handler_session(HttpSession session) {//使用实际的 Session 对象
        session.setAttribute("time", new Date());
        return session.getAttribute("time").toString();
}
```

4．HttpMethod

用于读取请求中的 method 属性，可以是 GET，HEAD，POST，PUT，PATCH，DELETE，OPTIONS，TRACE。基本用法如下。

```
@RequestMapping("/method")
@ResponseBody
public String handler_method(HttpMethod method) {
        return method.toString();
}
```

5．Locale、TimeZone 和 ZoneId

当前请求中的对象 Locale，TimeZone 和 ZoneId 由 LocaleContextResolver 或 LocaleResolver 提供。基本用法如下。

```
@RequestMapping("/locale_timeZone")
@ResponseBody
public String handler_locale(Locale locale,TimeZone timeZone,ZoneId zoneId)   {
        //地区和时区等信息，由 LocaleContextResolver 确定
        return locale.getCountry()+","+timeZone.toString()+","+zoneId.getId();
}
```

6．InputStream 或 Reader，OutputStream 或 Writer

ServletAPI 的请求和响应中的原始输入和输出对象。基本用法如下。

```
@RequestMapping(path="/input_output",method=RequestMethod.POST)
public void handler_locale(InputStream input,Writer writer) throws Exception {
        //请求和响应中的原始输入和输出对象
        StringBuffer sb = new StringBuffer() ;
        BufferedReader br = new BufferedReader(
                        new InputStreamReader(input,"utf-8"));    //直接从输入对象读取信息
        String s;
        while((s=br.readLine())!=null){
        sb.append(s) ;
        }
        String str =sb.toString();
        writer.write(str);//直接向输出对象写入内容
}
```

7. HttpEntity<B>

HttpEntity 是一个请求头和请求体的容器类，因此它与@RequestBody 有些类似。基本用法如下。

```
//AJAX 提交 JSON 数据，脚本内容如下
var toURL = './mvc/arguments/httpEntity';
data =   {"userName" : "Tom","userPass" : "123"};
var jsonstr = JSON.stringify(data);//形如{"userName":"Tom","userPass":"123"}
$.ajax({
type : "Post",//get 无法获得请求体
url : toURL,
data : jsonstr,
contentType : 'application/json',//发送的数据类型
dataType : "json",//准备接受的数据类型
success : function(data) { console.log(data); }
});
//处理方法编写
@RequestMapping("/httpEntity")
// http://localhost:8080/myhomework/mvc/arguments/httpEntity
@ResponseBody
public String handler_httpEntity(HttpEntity<LoginInfo> entity) {
        LoginInfo info=entity.getBody();//获取请求体
        HttpHeaders headers=entity.getHeaders();//获取请求头
        List<MediaType> accept=headers.getAccept();
        //将请求体转换为 LoginInfo 类型的对象，赋值给形参 info
        System.out.println(entity.toString());
        System.out.println(info.toString());
        System.out.println(accept.toString());
        return entity.toString();
}
//LoginInfo 类的代码如下
package learn.springwebmvc;
import org.springframework.web.bind.annotation.SessionAttributes;
public class LoginInfo {
        private String userName;
        private String userPass;
        //省略了所有 setter,getter
        @Override
        public String toString() {
                return "LoginInfo [userName=" + userName + ", userPass=" + userPass + "]";
        }
}
```

运行后，在控制台会分别输出获得的 HttpEntity、请求体和指定的请求头信息，具体内容如下。

```
<LoginInfo [userName=Tom, userPass=123],[content-type:"application/json", accept:"application/json, text/javascript, */*; q=0.01", x-requested-with:"XMLHttpRequest", referer:"http://localhost:8080/myhomework/loginForm.html", accept-language:"zh-Hans-CN,zh-Hans;q=0.5", ua-cpu:"AMD64", accept-encoding:"gzip, deflate", user-agent:"Mozilla/5.0 (Windows NT 6.2; Win64; x64; Trident/7.0; rv:11.0) like Gecko", host:"localhost:8080", content-length:"35", connection:"Keep-Alive", cache-control:"no-cache"]>
LoginInfo [userName=Tom, userPass=123]
[application/json, text/javascript, */*;q=0.01]
```

8．Map、Model、ModelMap

在处理方法中可以通过 java.util.Map、org.springframework.ui.Model、org.springframework.ui.ModelMap 存放数据模型，这些数据模型可以在视图渲染时提供给模板使用（展示模型数据）。基本用法如下。

```
// http://localhost:8080/myhomework/mvc/arguments/model
@RequestMapping("/model")
public String handler_model(Map<String,Object> map,Model model,ModelMap modelMap) {
    map.put("info0", "通过 Map 添加");
    model.addAttribute("info1", "通过 Model 添加");
    modelMap.addAttribute("info2", "通过 ModelMap 添加");
    return "showModel";//访问/WEB-INF/pages/showModel.jsp
}
// showModel.jsp 的主要内容是访问 request 作用域内的对象（使用的 EL 表达式）
${requestScope.info0}
${requestScope.info1}
${requestScope.info2}
```

9．RedirectAttributes

该类型可以设置重定向时要使用的属性（即附加到查询字符串中），以及临时存储的 Flash 属性，这些属性可以在重定向后的请求中使用。基本用法如下。

```
@RequestMapping("/redirect")
public String redirectTo(RedirectAttributes ra) {
    //设置 Attribute 属性，会出现在查询字符串中.不会放在 request 作用域中
    ra.addAttribute("userName", "Tom");
    //设置 Flash Attribute，会放在重新向后的 request 的作用域中
    ra.addFlashAttribute("userPass", "123456789");
    return "redirect:redirect_result";//redirect: 开头的字符串，表明这是一个重定向
}
@RequestMapping("/redirect_result")//重定向的目标
public String redirect_result(@RequestParam("userName") String name) {
    System.out.println("redirect 传过来的请求参数  userName ="+name);
    return "result_redirect";//访问/WEB-INF/pages/result_redirect.jsp
}
// result_redirect.jsp 的主要内容
requestScope.userName=${requestScope.userName}<br/>
requestScope.userPass=${requestScope.userPass}<br/>
```

工程运行后，通过浏览器访问如下地址：http://localhost:8080/myhomework/mvc/arguments/redirect，之后服务器会要求浏览器进行重定向，浏览器地址栏及其内容如图 4-9 所示。

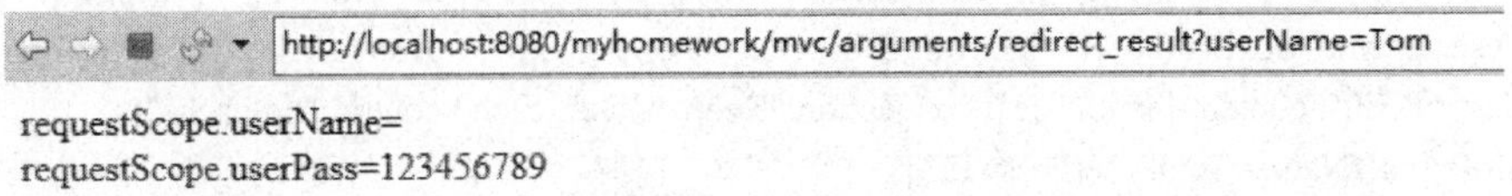

图 4-9 重定向后的结果

我们看到利用 RedirectAttributes.addAttribute 方法添加的属性出现在了查询字符串中，而且无法利用 EL 表达式从 request 作用域中获取。RedirectAttributes. addFlashAttribute 方法添加的 Flash 属性则存放在 request 作用域中，可以被正常读取。

10．UriComponentsBuilder

可以利用该类构建相对于当前 Servlet 映射路径的 URI，基本用法如下。

```
// http://localhost:8080/myhomework/mvc/arguments/uriComponentsBuilder
@RequestMapping("/uriComponentsBuilder")
@ResponseBody
public String modelAttr_set(UriComponentsBuilder uri) {//形参中给出 Model 对象
        URI uri1=uri.build().encode().toUri();
        //得到当前 Servlet  映射下的路径  http://localhost:8080/myhomework/mvc
        URI uri2=uri.path("/addedPath").build().encode().toUri();//增加了一个路径
        //添加了两个参数，并使用了变量进行替换
        URI uri3=uri.queryParam("name", "Tom").queryParam("pass", "{pass}").build().
                        expand("123456").encode().toUri();
        System.out.println(uri1.toString());
        //输出 http://localhost:8080/myhomework/mvc
        System.out.println(uri2.toString());
        //输出 http://localhost:8080/myhomework/mvc/addedPath
        System.out.println(uri3.toString());
        //输出 http://localhost:8080/myhomework/mvc/addedPath?name=Tom&pass=123456
        return uri3.toString();//
}
```

4.2.5 处理方法的参数注解

处理方法的参数上可以使用如下注解，从而获取特定的参数值。

1．@PathVariable

将路径中的特定部分作为参数的值。基本用法如下。

```
@RequestMapping("/pathVariable/{userId}")
@ResponseBody
public String handler_pathVariable(@PathVariable("userId") long id){
        //获取路径参数作为参数的值
        return "userId="+id;
}
```

当访问http://localhost:8080/myhomework/mvc/agrguments/pathVariable/153 时，会将 153作为路径参数 userId，经过转换后赋值给处理方法的形参 long id。

2．@MatrixVariable

在路径中的若干个“名字-值”对，可以组成一个矩阵变量。它可以出现在任何路径片段中，每个变量用分号分隔，多个值用逗号分隔。为了启用矩阵变量，在 MVC Java 配置中，需要将 UrlPathHelper 的 removeSemicolonContent 设置为 false。具体代码如下。

```
@Override //在 Spring MVC 的配置类中，覆盖如下方法
public void configurePathMatch(PathMatchConfigurer configurer) {
    // 为了启用矩阵变量，在 MVC Java 配置中，
    // 需要将 UrlPathHelper 的 removeSemicolonContent 设置为 false
    UrlPathHelper urlPathHelper = new UrlPathHelper();
    urlPathHelper.setRemoveSemicolonContent(false);
    configurer.setUrlPathHelper(urlPathHelper);    }
```

如果使用 XML 配置文件，则可以使用<mvc:annotation-driven enable-matrix-variables="true"/>。此外，在处理方法的请求映射中必须包含路径参数。基本用法如下。

```
// http://localhost:8080/myhomework/mvc/arguments/matrixVariable/153;name=test;age=22
@RequestMapping("/matrixVariable/{userId}")
@ResponseBody
public String handler_matrixVariable(@PathVariable("userId") long id, @MatrixVariable String name,
@MatrixVariable int age) {
    // 获取路径参数作为参数的值，获取矩阵变量，转换后赋值给 name、age 形参
    return "userId=" + id + " name=" + name + " age" + age;
}
```

@MatrixVariable 注解还支持读取特定路径片段中的矩阵变量，也可以将所有的矩阵变量读取到指定的 MultiValueMap 类型对象中。具体用法如下。

```
//http://localhost:8080/myhomework/mvc/arguments/matrixVariable/153;name=test;age=22/386;name=admin;
dep=HR
@RequestMapping("/matrixVariable/{userId}/{roleId}")
@ResponseBody
public String handler_matrixVariable2(@PathVariable("userId") long uid, @PathVariable("roleId") long rid,
    @MatrixVariable(name = "name", pathVar = "userId") String name,//获取指定路径的矩阵变量
    @MatrixVariable(name = "age", pathVar = "userId") int age,
    //不同路径的矩阵变量可以重名
    @MatrixVariable(name = "name", pathVar = "roleId") String role_name,
    @MatrixVariable(name = "dep", pathVar = "roleId") String department,
    @MatrixVariable MultiValueMap<String, Object> matrixVars,
    @MatrixVariable(pathVar="roleId") MultiValueMap<String, String> roleMatrixVars) {
        System.out.println("<"+uid+","+rid+">"+name+"-"+age+"-"+role_name+"-"+department);
        System.out.println(matrixVars);
        System.out.println(roleMatrixVars);
        return "<"+uid+","+rid+">"+name+"-"+age+"-"+role_name+"-"+department;
}
```

上面的代码中分别读取了{userId}、{roleId}两个路径片段中的 name、age 和 name、dep 矩阵变量（允许重名）。除此之外还将所有的矩阵变量存放在 MultiValueMap<String，Object> matrixVars 对象中，将{roleId}路径片段中的所有的矩阵变量存放在 MultiValueMap<String，String> roleMatrixVars 对象中。运行后，在控制台得到如下输出结果。

```
<153,386>test-22-admin-HR
{name=[test, admin], age=[22], dep=[HR]}
{name=[admin], dep=[HR]}
```

当矩阵变量可以缺失时，可以设置 required 属性为 false，并通过 defaultValue 属性设置其默认值，例如 @MatrixVariable(required=false, defaultValue="John")。

3．@RequestParam

用于获取请求中的参数（当参数名称匹配时，可以不使用该注解）。具体用法如下。

```
//http://localhost:8080/myhomework/mvc/arguments/requestParam?userName=Tom&userPass=123
@RequestMapping("/requestParam")
@ResponseBody
// 当请求参数与形参的名称不一致时，使用@RequestParam 注解
public String formParamUnmatch(@RequestParam("userName") String name, String userPass) {
    return "userName=" + name + " userPass=" + userPass;
}
```

4．@RequestHeader 和@CookieValue

这两个注解用于将指定的请求头和 Cookie 赋值给指定的参数。用法如下。

```
// http://localhost:8080/myhomework/mvc/arguments/header_cookie
@RequestMapping("/header_cookie")
@ResponseBody
public String handler_header_cookie(@RequestHeader("Accept") String accept,
                                     @CookieValue("JSESSIONID") String sessionId) {
    //将请求头中的 Accept 赋值给参数 accept
    //将名为 JSESSIONID 的 Cookie 的值赋值给参数 sessionId
    return "Header Accept=" + accept+ ";;CookieValue=" + sessionId;
}
```

5．@RequestBody

用于访问 HTTP 请求体，请求体内容会被转换为处理器方法的形参（比较常用的是当请求体为 json 字符串，SpringMVC 会利用 MappingJackson2HttpMessageConverter 将请求体转换为 Java 对象）。用法如下。

```
//AJAX 提交 JSON 数据，脚本内容如下
var toURL = './mvc/arguments/requestBody';
data =  {"userName" : "Tom","userPass" : "123"};
var jsonstr = JSON.stringify(data);//形如{"userName":"Tom","userPass":"123"}
$.ajax({
   type : "Post",//get 无法获得请求体
   url : toURL,
```

```
    data : jsonstr,
    contentType : 'application/json',//发送的数据类型
    dataType : "json",//准备接受的数据类型
    success : function(data) { console.log(data); }
});
//处理方法编写
//http://localhost:8080/myhomework/mvc/arguments/requestBody
@RequestMapping("/requestBody")
@ResponseBody
public String handler_requestBody(@RequestBody LoginInfo info) {
        //将请求体转换为 LoginInfo 类型的对象，赋值给形参 info
        System.out.println(info.toString());
        return info.toString();
  }
//LoginInfo 类的代码为：
package learn.springwebmvc;
import org.springframework.web.bind.annotation.SessionAttributes;
public class LoginInfo {
    private String userName;
    private String userPass;
    //省略了所有 setter,getter
    @Override
    public String toString() {
        return "LoginInfo [userName=" + userName + ", userPass=" + userPass + "]";
    }
}
```

6．@ RequestAttribute、@SessionAttribute

使用这两个注解，可以访问预先存储在 Request 和 Session 作用域内的属性。基本用法如下。

```
//http://localhost:8080/myhomework/mvc/arguments/set_request_session_attr
@RequestMapping("/set_request_session_attr")
//设置 request、session、model 的属性
public String set_request_session_model_attr(HttpServletRequest request,HttpSession session) {
        String d1="Request";    String d2="Session";//设置作用域属性
        request.setAttribute("request_attr", d1);    session.setAttribute("session_attr", d2);
        System.out.println(d1+"-"+d2);
        return "forward:read_request_session_Attr";//表明这是一个转发，不经过视图解析器
}
@RequestMapping("/read_request_session_Attr")
//使用注解读取已有的指定作用域的属性
@ResponseBody
public String readrequest_session_Attr(@RequestAttribute("request_attr") String d1,
                                        @SessionAttribute String session_attr) {
        //当作用域内的属性名称与形参名称一致时，可以不用指定属性名称
        String s=d1+"||"+session_attr;
```

```
            System.out.println(s);
            return s;
    }
```

7. @SessionAttributes

这是一个对类进行标记的注解。使用该注解后，控制器内凡是符合条件的对象，一旦被加入到 Model 对象，则自动保存到 Session 作用域。基本用法如下。

```
    //新建一个控制器
    package learn.springwebmvc;
    //省略了所有 Import
    @Controller
    @RequestMapping("/sessionAttributes")
    // 注意是 或 的关系，只要符合的对象，一旦被加入到 Model，则会被存至 Session
    @SessionAttributes(names = {"loginInfo"}, types = { LoginInfo.class })
    public class Test_SessionAttributes_Controller {
        //http://localhost:8080/myhomework/mvc/sessionAttributes/set_attr_byname
        @RequestMapping("set_attr_byname")
        public String set_attr_byname(Model m) {        //形参列表含 Model 对象
            LoginInfo info=new LoginInfo();
            info.setUserName("Tom");    info.setUserPass("123");
            m.addAttribute("loginInfo", info);          //属性名称匹配
            return "forward:set_attr_byclass";          //第一次转发
        }
        @RequestMapping("set_attr_byclass")
        public String set_attr_byclass(Model m) {//形参列表含 Model 对象
            LoginInfo myinfo=new LoginInfo();
            myinfo.setUserName("Jerry");                myinfo.setUserPass("789");
            m.addAttribute("myinfo",myinfo);            //类型匹配
            return "forward:read_attr";                 //第二次转发
        }
        @RequestMapping("read_attr")
      //读取由@SessionAttributes 存储的属性
        public String read_attr(HttpSession session,SessionStatus status) {
            String s=session.getAttribute("loginInfo")+","+session.getAttribute("myinfo");
            System.out.println("第一次读取="+s);
            status.setComplete();                       //清除 session 中的属性值
          //访问 web-inf/pages/secondRead.jsp,应该什么都读不出来了
            return "secondReadSession";
        }
    }
```

该控制器使用了注解@SessionAttributes(names={"loginInfo"},types={LoginInfo.class})，其含义为当对象被加入到 Model 时，如果名称为 loginInfo 或者类型为 LoginInfo.class，则自动将该对象保存到 Session 作用域。

注意：SessionStatus 的 setComplete 方法会清空 session 中的属性集合。secondRead.jsp 的

主要内容如下。

```
loginInfo=${sessionScope.loginInfo}
</br> myinfo=${sessionScope.myinfo}
<hr />
<%
    java.util.Enumeration<String> session_atts = request.getAttributeNames();
out.println("<h2>Session 中的 Attribute</h2>");
while (session_atts.hasMoreElements()) {
    String att_name = session_atts.nextElement();
    out.println(att_name + "=" + session.getAttribute(att_name) + "<br/>");
}
%>
```

运行工程后，访问 http://localhost:8080/myhomework/mvc/sessionAttributes/set_attr_byname，会在控制台看到如下输出。

```
第一次读取=LoginInfo [userName=Tom, userPass=123],LoginInfo [userName=Jerry, userPass=789]
```

这说明@SessionAttributes 正常保存了“名称匹配”和“类型匹配”的两个对象。但在浏览器中会显示所有 Session 作用域的对象为 null，如图 4-10 所示。

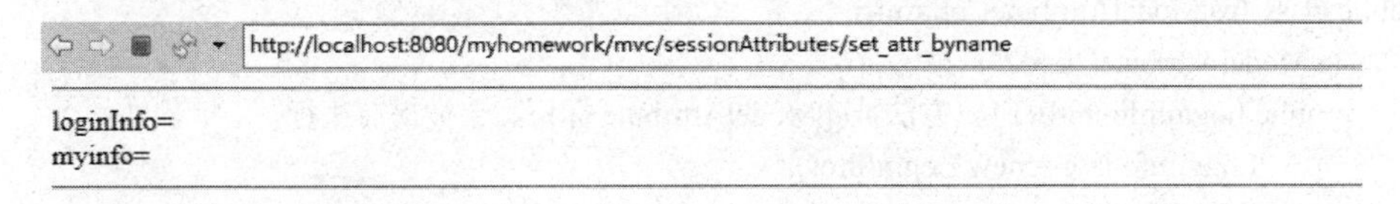

Session中的Attribute

javax.servlet.forward.request_uri=null
javax.servlet.forward.context_path=null
javax.servlet.forward.servlet_path=null
javax.servlet.forward.path_info=null
javax.servlet.forward.mapping=null
myinfo=null
org.springframework.web.context.request.async.WebAsyncManager.WEB_ASYNC_MANAGER=null
org.springframework.web.servlet.HandlerMapping.bestMatchingHandler=null
org.springframework.validation.BindingResult.myinfo=null
org.springframework.web.servlet.DispatcherServlet.CONTEXT=null
javax.servlet.jsp.jstl.fmt.localizationContext.request=null
org.springframework.web.servlet.resource.ResourceUrlProvider=null
org.springframework.web.servlet.HandlerMapping.matrixVariables=null
org.springframework.web.servlet.HandlerMapping.lookupPath=null
org.springframework.web.servlet.DispatcherServlet.THEME_SOURCE=null
org.springframework.validation.BindingResult.loginInfo=null
org.springframework.web.servlet.DispatcherServlet.LOCALE_RESOLVER=null
org.springframework.web.servlet.HandlerMapping.bestMatchingPattern=null
loginInfo=null
org.springframework.web.servlet.DispatcherServlet.OUTPUT_FLASH_MAP=null
org.springframework.web.servlet.HandlerMapping.pathWithinHandlerMapping=null
org.springframework.web.servlet.DispatcherServlet.FLASH_MAP_MANAGER=null
org.springframework.web.servlet.HandlerMapping.uriTemplateVariables=null
org.springframework.web.servlet.DispatcherServlet.THEME_RESOLVER=null
org.springframework.core.convert.ConversionService=null
javax.servlet.jsp.jstl.fmt.locale.request=null

图 4-10 set_attr_byname 映射路径的执行结果

这是因为在转发给 secondRead.jsp 页面之前，清空了 Session 的作用域。

8．@ModelAttribute

该注解可以用于以下几种场合，不同的场合功能不尽相同。

① 用于处理方法的参数时，@ModelAttribute 用于访问 Model 中的对象或者由@SessionAttributes 标记的对象。如果不存在该对象，则将其实例化并存于 Model 中。（可以自动将路径参数和请求参数转换为被@ModelAttribute 标记的对象的属性值。）

② 用于普通方法时，一个控制器可以有任意数量的由@ModelAttribute 注解的方法。在@RequestMapping 标记的方法执行之前，会调用所有这些方法。这些方法的返回值会被自动加入到 Model 中。

③ 与@RequestMapping 配合使用时，会将@RequestMapping 标记的方法的返回值加入到 Model 中。

通过下面的一个例子来解释上述三种用法。

步骤 1：修改已有的控制器类 TestModelAttributeController，增加如下代码。

```
package learn.springwebmvc;//篇幅所限，取消所有 Import
@Controller
@RequestMapping("/modelAttribute")
// 只要符合的对象，一旦被加入到 Model，则会被存至 Session
@SessionAttributes(names = {"info_session"})
public class TestModelAttributeController {
    @ModelAttribute("info2")
    public LoginInfo initB() {// 方法被@ModelAttribute 标记，会被提前执行
        LoginInfo info = new LoginInfo();
        info.setUserName("Jerry");    info.setUserPass("789123");
        System.out.println("initB");     return info;// 返回值会被自动增加到 Model
    }
    @ModelAttribute
    public void initA(Model m) {//方法被@ModelAttribute 标记，会被提前执行
        LoginInfo info1 = new LoginInfo();
        info1.setUserName("Tom");             info1.setUserPass("123");
        System.out.println("initA");
        //模型中的属性名由对象的类型转换而来，因此此处为"loginInfo"
        m.addAttribute(info1);
        //如果不使用@ModelAttribute 标记方法的话，仅仅使用 Model.addAttribute 方法，
        //后面的@ModelAttribute("loginInfo") LoginInfo info1 无法取出对象
    }
    //http://localhost:8080/myhomework/mvc/modelAttribute/read_attr
    @RequestMapping("read_attr")
    //形参列表加入 Model 对象
    public String read_attr(@ModelAttribute("loginInfo") LoginInfo info1,
                        @ModelAttribute("info2")LoginInfo info2,Model m) {
    String s = info1 + "," + info2;
    LoginInfo info_session = new LoginInfo();
    _session.setUserName("info_session");
    info_session.setUserPass("info_session");
```

```
        //虽然没有使用@ModelAttribute 注解，但是符合@SessionAttributes 的条件。
        m.addAttribute("info_session",info_session);
        System.out.println("read_attr=" + s);
        return "forward:second_read_attr";// 做个转发
    }
    //由于和@ModelAttribute 配合使用，所以接下来会由
    // /myhomework/WEB-INF/pages/modelAttribute/second_read_attr.jsp 负责生成响应
    @RequestMapping("second_read_attr")
    @ModelAttribute("info3")//会将返回值放置在模型属性中 "info3"=returnObject
    // 读取由 Model 和 Session 中存储的属性
    public LoginInfo second_read_attr(@ModelAttribute("info_session") LoginInfo info_session) {
        LoginInfo info = new LoginInfo();
        info.setUserName("Kevin");
        info.setUserPass("456");
        System.out.println("second_read_attr:"+info_session);
        return info;
    }
    // http://localhost:8080/myhomework/mvc/modelAttribute/byPath/Jackson/7658
    @RequestMapping("byPath/{userName}/{userPass}")
    //由于@ModelAttribute("info_byPath")并不存在，
    //所以会创建和初始化（利用路径参数或请求参数），并自动存于 Model
    public String byPath(@ModelAttribute("info_byPath") LoginInfo info) {
        info.setUserName("info_byPath");
        info.setUserPass("info_byPath");
        return "modelAttribute/second_read_attr";
    }
    //   http://localhost:8080/myhomework/mvc/modelAttribute
    //   /byParam?userName=Simth&userPass=15985
    @RequestMapping("byParam")
    //由于@ModelAttribute("info_byPath")并不存在，
    //所以会创建和初始化（利用路径参数或请求参数），并自动存于 Model
    public String byParam(@ModelAttribute("info_byParam") LoginInfo info) {
        info.setUserName("byParam");
        info.setUserPass("byParam");
        return "modelAttribute/second_read_attr";
    }
}
```

对 TestModelAttributeController 类解释如下。

① 类上使用了@SessionAttributes(names = {"info_session"}) 注解：当名为 info_session 的对象被加入到 Model 中时，会被存至 Session。

② public LoginInfo initB()方法：使用了@ModelAttribute("info2")注解，因此该方法的返回值会存储在 Model 中，属性名为“info2”。会在@RequestMapping 注解的方法调用前执行。

③ public void initA(Model m)方法：使用了@ModelAttribute 注解，方法体中向 Model m 对象中添加了一个属性，属性名默认由类型名给出，即为 loginInfo。会在@RequestMapping

注解的方法调用前执行。

④ public String read_attr(@ModelAttribute("loginInfo") LoginInfo info1, @ModelAttribute("info2") LoginInfo info2,Model m)方法：包含两个@ModelAttribute 注解的形参，用于从 Model 中获取已经存在的对象（属性名分别为“loginInfo”“info2”），并将得到的对象赋值给形参。方法体中使用 Model 的 addAttribute 方法，向 Model 中加入了名为“info_session”的一个对象，按照@SessionAttributes 注解的要求，该对象同时会被存储在 Session 中。

⑤ public LoginInfo second_read_attr(@ModelAttribute("info_session") LoginInfo info_session)方法：该方法同时被@RequestMapping 和@ModelAttribute("info3")注解标记，因此方法的返回值会存储在 Model 中，属性名为“info3”，而且接下来会由 /myhomework/WEB-INF/pages/modelAttribute/second_read_attr.jsp 负责生成响应（当前的请求路径为/myhomework/WEB-INF/pages/modelAttribute/second_read_attr）。方法的形参使用了@ModelAttribute("info_session")，目的是获取 Model 中属性名为“info_session”的对象，并赋值给形参。

⑥ public String byPath(@ModelAttribute("info_byPath") LoginInfo info)：方法的形参使用了@ModelAttribute("info_byPath")，而该属性并不存在，因此会初始化一个 LoginInfo info 对象并保存在 Model 中，属性名为“info_byPath”。该方法使用了注解@RequestMapping("byPath/{userName}/{userPass}")，其中包含了路径参数，因此当访问 URL 形如：http://localhost:8080/myhomework/mvc/modelAttribute/byPath/Jackson/7658 时，会自动将 Jackson 赋值给 info.userName，将 7658 赋值给 info.userPass，即利用路径参数初始化对象 info。

⑦ public String byParam(@ModelAttribute("info_byParam") LoginInfo info)：方法的形参使用了@ModelAttribute("info_byParam")，而该属性并不存在，因此会初始化一个 LoginInfo info 对象并保存在 Model 中，属性名为“info_byParam”。该方法使用了注解@RequestMapping("byParam")，因此当访问 URL 形如：http://localhost:8080/myhomework/mvc/modelAttribute/byParam?userName=Simth&userPass=15985 时，会自动将 Simth 赋值给 info.userName，将 15985 赋值给 info.userPass，即利用请求参数初始化对象 info。

步骤 2：在 WEB-INF/pages/modelAttribute/路径下编写 second_read_attr.jsp 页面。

该页面主要是利用 EL 标识访问 request，session 作用域内的对象，从而验证 TestModelAttributeController 中的各个处理方法。主要代码如下所示。

```
loginInfo=${requestScope.loginInfo}<br/>
info2=${requestScope.info2}<br/>
info3=${requestScope.info3}<br/>
(request 作用域)info_session=${requestScope.info_session}<br/>
<hr/>
    info_byPath=${requestScope.info_byPath}<br/>
    info_byParam=${requestScope.info_byParam}<br/>
<hr/>
(session 作用域)info_session=${sessionScope.info_session}<br/>
```

步骤 3：运行工程进行测试。

① 访问地址 http://localhost:8080/myhomework/mvc/modelAttribute/byParam?userName=Simth&userPass=15985，会在浏览器得到如图 4-11 所示的结果。

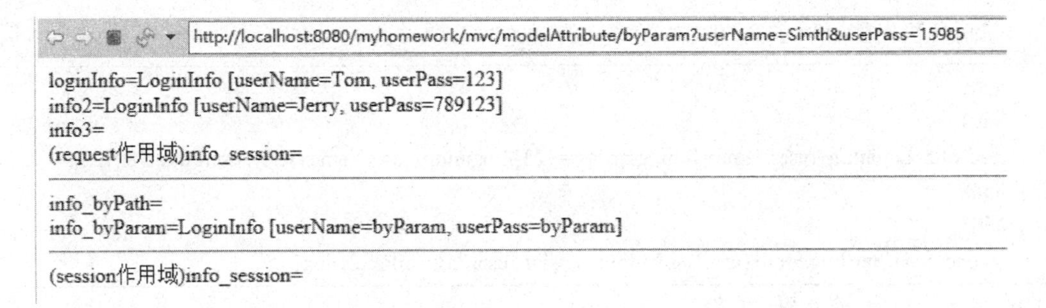
http://localhost:8080/myhomework/mvc/modelAttribute/byParam?userName=Simth&userPass=15985
loginInfo=LoginInfo [userName=Tom, userPass=123]
info2=LoginInfo [userName=Jerry, userPass=789123]
info3=
(request作用域)info_session=
info_byPath=
info_byParam=LoginInfo [userName=byParam, userPass=byParam]
(session作用域)info_session=

图 4-11　byParam?userName=Simth&userPass=15985 路径的访问结果

控制台输出如下。

```
initA
initB
```

② 访问地址 http://localhost:8080/myhomework/mvc/modelAttribute/byPath/Jackson/7658，会在浏览器得到如图 4-12 所示的结果。

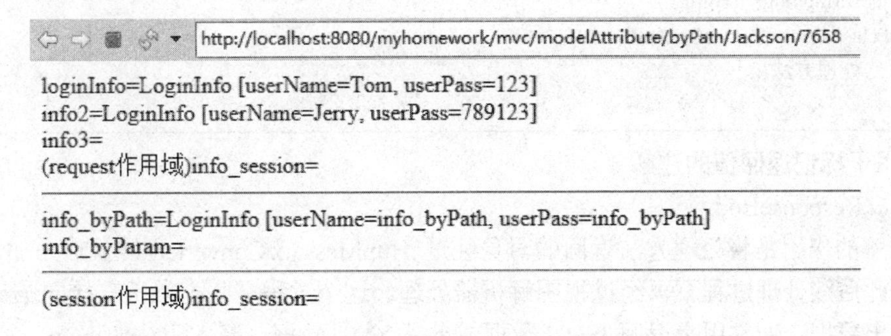
http://localhost:8080/myhomework/mvc/modelAttribute/byPath/Jackson/7658
loginInfo=LoginInfo [userName=Tom, userPass=123]
info2=LoginInfo [userName=Jerry, userPass=789123]
info3=
(request作用域)info_session=
info_byPath=LoginInfo [userName=info_byPath, userPass=info_byPath]
info_byParam=
(session作用域)info_session=

图 4-12　/byPath/Jackson/7658 路径的访问结果

控制台输出如下所示。

```
initA
initB
```

③ 访问地址 http://localhost:8080/myhomework/mvc/modelAttribute/read_attr，会在浏览器得到如图 4-13 所示的结果。

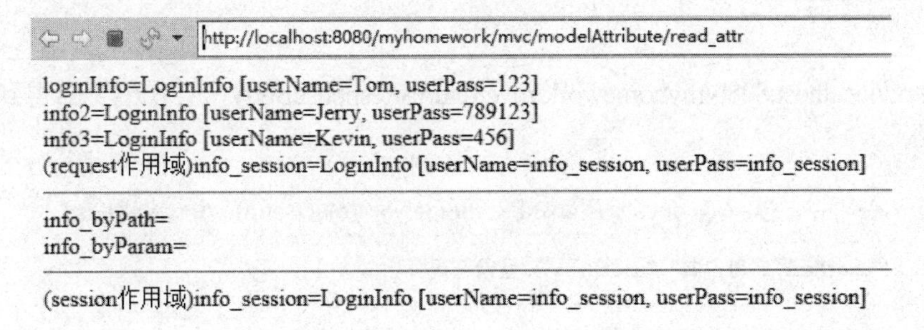
http://localhost:8080/myhomework/mvc/modelAttribute/read_attr
loginInfo=LoginInfo [userName=Tom, userPass=123]
info2=LoginInfo [userName=Jerry, userPass=789123]
info3=LoginInfo [userName=Kevin, userPass=456]
(request作用域)info_session=LoginInfo [userName=info_session, userPass=info_session]
info_byPath=
info_byParam=
(session作用域)info_session=LoginInfo [userName=info_session, userPass=info_session]

图 4-13　read_attr 路径的访问结果

控制台输出如下所示。

```
initA
initB
read_attr=LoginInfo [userName=Tom, userPass=123],LoginInfo [userName=Jerry, userPass=789123]
initA
initB
second_read_attr:LoginInfo [userName=info_session, userPass=info_session]
```

4.2.6 处理方法的返回值

处理方法的返回值相对比较简单，下面就几个常用的情况进行介绍，举例用的代码取自 ReturnValuesController 类，其基本结构如下。

```
package learn.springwebmvc;
//省略了 import
@Controller
@RequestMapping("/returns")
public class ReturnValuesController {
    …处理方法…
}
```

1. 用于标记返回值的注解

（1）@ResponseBody

该注解的作用是将处理方法返回的对象经过 HttpMessageConverter 转换后，加入到响应体中，因此后续处理过程不再经过视图解析器处理，这个过程有些类似于直接向 response 对象写入输出数据。通常用来返回 JSON 数据或者是 XML 数据，基本用法如下。

```
@RequestMapping("/responseBody")
// http://localhost:8080/myhomework/mvc/returns/responseBody
@ResponseBody
public LoginInfo responseBody() {
    LoginInfo loginInfo = new LoginInfo();
    loginInfo.setUserName("用户名");
    loginInfo.setUserPass("登录密码");
    return loginInfo;
}
```

访问http://localhost:8080/myhomework/mvc/returns/responseBody，会在浏览器得到如图 4-14 所示的结果。

```
localhost:8080/myhomework/mvc/returns/responseBody
{"userName":"用户名","userPass":"登录密码"}
```

图 4-14 @ResponseBody 示例

（2）@ModelAttribute

该注解用于返回值时，会将返回值存储在模型中，视图名则通过 RequestToViewNameTranslator 隐式确定。基本用法如下。

```
@RequestMapping("/modelAttribute")
// http://localhost:8080/myhomework/mvc/returns/modelAttribute
public @ModelAttribute LoginInfo modelAttribute() {
        LoginInfo loginInfo = new LoginInfo();
        loginInfo.setUserName("用户名");loginInfo.setUserPass("登录密码");
        return loginInfo;
}
```

在/WEB-INF/pages/returns/目录下新建一个 modelAttribute.jsp 文件，并利用 EL 表达式访问 request 作用域内名为“loginInfo”的对象，主要内容如下。

```
loginInfo=${requestScope.loginInfo}<br/>
```

访问http://localhost:8080/myhomework/mvc/returns/modelAttribute，会在浏览器得到如图 4-15 所示的结果。

localhost:8080/myhomework/mvc/returns/modelAttribute

loginInfo=LoginInfo [userName=用户名, userPass=登录密码]

图 4-15　@ModelAttribute 示例

2．返回值类型

处理方法的返回值也十分丰富，比较常用的类型如下。

（1）String

返回的字符串作为视图名称，后续则由 ViewResolver 的实现类进行实际的转换，从而得到视图。前面的例子中多次用到，此处不再给出基本用法。

（2）ModelAndView

返回的 ModelAndView 对象，不仅包含了模型数据，也包含了一个视图对象（也可以是普通的视图名称），以及一个代表了响应状态的 HttpStatus 对象。前面的例子中多次用到，此处不再给出基本用法。

（3）HttpEntity<B>、ResponseEntity<B>

HttpEntity 代表了 HTTP 中的请求或响应的实体对象，包含了头部和体两个部分。ResposneEntity 继承自 HttpEnity，并增加了状态码。它们的基本用法如下。

```
@GetMapping("/responseEntity")
//http://localhost:8080/myhomework/mvc/returns/responseEntity
//ResposneEntity 继承自 HttpEntity，并增加了状态码
public ResponseEntity<LoginInfo> responseEntity() {
        LoginInfo loginInfo = new LoginInfo();
        loginInfo.setUserName("用户名");    loginInfo.setUserPass("登录密码");
          return ResponseEntity.status(HttpStatus.FOUND).header("My-Header", "myHeader")
```

```
                                                    .body(loginInfo);
    }
    @GetMapping("/httpEntity")
    //http://localhost:8080/myhomework/mvc/returns/httpEntity
    public HttpEntity<LocalDateTime> httpEntity() {//HttpEntity 包括头和体
        LocalDateTime ldt = LocalDateTime.of(LocalDate.now(), LocalTime.now());
        HttpHeaders headers = new HttpHeaders();
        headers.put("Server", Arrays.asList("Kevin's Private Server"));
        HttpEntity<LocalDateTime> responseEntity = new HttpEntity<LocalDateTime> (ldt, headers);
        return responseEntity;
    }
```

① httpEntity()方法：返回了一个 HttpEntity 对象，其包含了一个 LocalDateTime 作为响应体，并设置了头部信息（Server: Kevin's Private Server）。访问 http://localhost:8080/myhomework/mvc/returns/ httpEntity，会在浏览器得到如图 4-16 所示的结果。

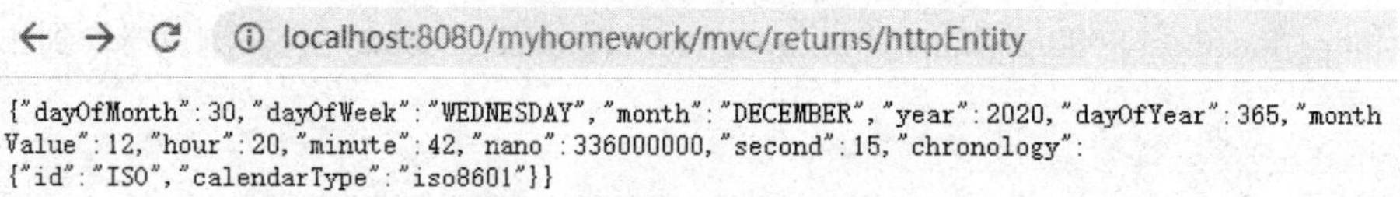

```
← → C  ⓘ localhost:8080/myhomework/mvc/returns/httpEntity
{"dayOfMonth":30,"dayOfWeek":"WEDNESDAY","month":"DECEMBER","year":2020,"dayOfYear":365,"monthValue":12,"hour":20,"minute":42,"nano":336000000,"second":15,"chronology":{"id":"ISO","calendarType":"iso8601"}}
```

图 4-16 httpEntity()方法示例

② responseEntity()方法：返回了一个 ResponseEntity 对象，其包含了一个 LoginInfo 对象作为响应体，并设置了自定义的头部信息（My-Header: myHeader），以及状态码（Status Code: 302，即 HttpStatus.FOUND）。访问 http://localhost:8080/ myhomework/mvc/returns/responseEntity，会在浏览器得到如图 4-17 所示的结果。

```
← → C  ⓘ localhost:8080/myhomework/mvc/returns/responseEntity
{"userName":"用户名","userPass":"登录密码"}
```

图 4-17 responseEntity()方法示例

（4）HttpHeaders

HttpHeaders 是用于表示 HTTP 请求或响应头的类，能够对 String 类型的头名称与 String 类型的值列表进行有效的管理。其基本用法如下所示。

```
    @GetMapping("/httpHeaders")
    //http://localhost:8080/myhomework/mvc/returns/httpHeaders
public HttpHeaders httpHeaders() {//返回一个不含响应体，只含头部的响应
    HttpHeaders headers = new HttpHeaders();
    //10 秒后向 URL 发送请求
    headers.put("Refresh",Arrays.asList("10;
                    URL=http://localhost:8080/myhomework/mvc/returns/httpEntity"));
        return headers;
    }
```

httpHeaders()方法的返回值是一个 HttpHeaders 对象，只包含了一个响应头（Refresh: 10; URL=http://localhost:8080/myhomework/mvc/returns/httpEntity），即要求浏览器 10 秒后向指定的 URL 发出请求。

（5）java.util.Map、org.springframework.ui.Model

当处理方法返回一个 Map 或者 Model 时，这个 Map 或 Model 对象会被添加到隐式模型的属性，并通过 RequestToViewNameTranslator 隐式地确定视图名。基本用法如下所示。

```
@GetMapping("/map") //http://localhost:8080/myhomework/mvc/returns/map
//返回一个 Map,会被添加到隐式模型的属性，
//并通过 RequestToViewNameTranslator 隐式地确定视图名,
//所以会转发到/WEB-INF/pages/returns/map.jsp
public Map map() {
        Map m=new HashMap<String,Object>();
        LoginInfo loginInfo = new LoginInfo();
        loginInfo.setUserName("用户名  from Map");
        loginInfo.setUserPass("登录密码  from Map");
        m.put("myinfo", loginInfo);
        return m;
}
@GetMapping("/model")
//http://localhost:8080/myhomework/mvc/returns/model
//返回一个 Model，会被添加到隐式模型的属性，
//并通过 RequestToViewNameTranslator 隐式地确定视图名，
//所以会转发到/WEB-INF/pages/returns/map.jsp
public Model model() {
        Model model=new ExtendedModelMap();
        LoginInfo loginInfo = new LoginInfo();
        loginInfo.setUserName("用户名  from Model");
        loginInfo.setUserPass("登录密码  from Model");
        model.addAttribute("myinfo", loginInfo);
        return model;
}
```

在 WEB-INF/pages/returns/下新建一个 map.jap 和 mdoel.jsp，它们的内容基本一致，即用 EL 表达式访问 request 作用域内名为 myinfo 对象，此处不再赘述。

① map()方法：返回了一个 Map 对象，其内部存储了一个名为 myinfo 的对象(loginInfo)。由于请求路径为http://localhost:8080/myhomework/mvc/returns/map，所以隐式确定的视图名称为 returns/map，最终会由 WEB-INF/pages/returns/map.jsp 页面生成实际的响应，运行结果如图 4-18 所示。

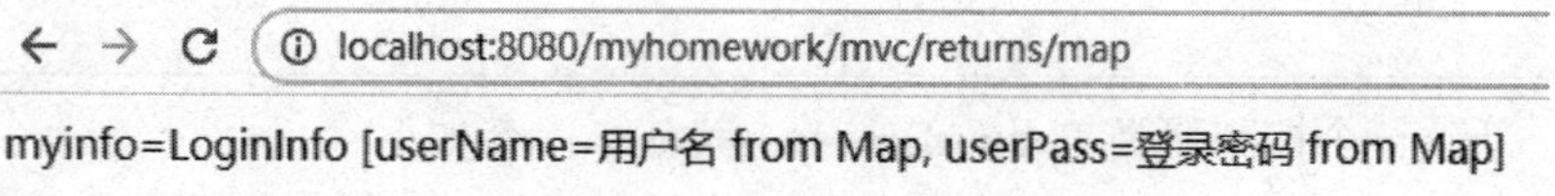

```
← → C  ⓘ localhost:8080/myhomework/mvc/returns/map

myinfo=LoginInfo [userName=用户名 from Map, userPass=登录密码 from Map]
```

图 4-18　map()方法示例

② model()方法：返回了一个 Model 对象，其内部存储了一个名为 myinfo 的对象(loginInfo)。由于请求路径为http://localhost:8080/myhomework/mvc/returns/model，所以隐式确定的视图名称为 returns/ model，最终会由 WEB-INF/pages/returns/ model.jsp 页面生成实际的响应，运行结果如图 4-19 所示。

```
← → C  ⓘ localhost:8080/myhomework/mvc/returns/model

myinfo=LoginInfo [userName=用户名 from Model, userPass=登录密码 from Model]
```

图 4-19　model()方法示例

4.2.7　数据绑定

1. @InitBinder 注解

在控制器类中可以使用@InitBinder 注解来标识方法（作用域为当前的控制器），被标识的方法可以获得一个 WebDataBinder 类型的参数，从而实现如下功能。

① 绑定请求参数（表单数据或请求字符串）到模型对象。

② 将基于字符串的请求值（如请求参数、路径变量、请求头、cookie 等）转换为控制器方法形参的类型。

③ 在渲染 HTML 表单时，将模型对象的值格式化为字符串。

@InitBinder 标记的方法通常至少具有一个 WebDataBinder 类型的形参（除了不能用@ModelAttribute 注解，其可用的形参类型与@RequestMapping 标记的处理方法可用的形参类型类似），方法的返回值必须是 void。通过调用 WebDataBinder 对象的方法，可以帮助我们添加自定义格式化器（addCustomFormatter 方法），数据校验器（addValidators 方法）和属性编辑器（registerCustomEditor）。

下面通过一个例子来讲解利用@InitBinder 注解和自定义属性编辑器进行数据绑定的基本用法。

步骤 1：新建一个类 Student，具体代码如下。

```
package learn.springwebmvc;
import java.util.Date;
public class Student {
        private String name;
        private Date birthday;
        //省略了 setter/getter
        @Override
        public String toString() {
                return "Student [name=" + name + ", birthday=" + birthday + "]";
        }
}
```

步骤 2：新建一个控制器类 TestInitBinder，其基本内容如下。

```
package learn.springwebmvc;
//省略了所有 import
```

```
@Controller
@RequestMapping("initBinder")
public class TestInitBinder {
    @RequestMapping("/testInitBinder1")//http://localhost:8080/myhomework/mvc
                /initBinder/testInitBinder1?name=张三 ab&birthday=15-08-2021
    public String testInitBinder1(@ModelAttribute("mystudent") Student student) {
        System.out.println(student);
        return "showMyStudent";
    }
}
```

处理方法 testInitBinder1 将接受 URL 中的请求参数（形如 name=张三 ab，birthday=15-08-2021），并转换为 Student 对象(存储在模型中，名为“mystudent”)。

为了能让请求参数正确转换为 Student 对象的属性，需要制定一个转换的规则。为此，需要向 TestInitBinder 类中添加如下代码。

```
@InitBinder
// 不指定'value'值，那么在每个 HTTP 请求上都会调用@InitBinder 注释的方法
public void initBinder1(WebDataBinder binder) {//
    // 提交的数据为 15-08-2021
    SimpleDateFormat dateFormat = new SimpleDateFormat("dd-MM-yyyy");
    dateFormat.setLenient(false);
    // 适用于 Date 类型
    binder.registerCustomEditor(Date.class, new CustomDateEditor(dateFormat, false));
}
@InitBinder("mystudent") // 使用 value 值，可以针对特定的对象应用这个被注释的方法
public void initBinder2(WebDataBinder binder) {
    // 指定应用于 name 属性
    binder.registerCustomEditor(String.class, "name", new PropertyEditorSupport() {
        @Override
        public String getAsText() {
            System.out.println("调用 initBinder2：mystudent.name,getAsText");
            String originalName = (String) getValue();
            // 作为字符串返回时（主要是为了便于人类阅读）调用
            // 本例中是在控件上显示，所以省去一个字
            return originalName.substring(0, originalName.length() - 1) + "*";
        }
        @Override
        public void setAsText(String text) throws IllegalArgumentException {
            System.out.println("调用 initBinder2：mystudent.name,setAsText");
            // 将文本转换为属性值时，必须去掉所有英文字母
            String newValue = text.trim().replaceAll("[a-zA-Z]", "");
            setValue(newValue);
        }
    });
}
```

在代码中添加了两个由@InitBinder 注解的方法，详细解释如表 4-3 所示。

表 4-3 @InitBinder 注解的解释

注解符号	方法名	功能说明
@InitBinder	initBinder1	注解@InitBinder 没有指定特定的对象，因此会在每个 Http 请求处理时均调用该方法。 注册了一个自定义属性编辑器，专门处理当前控制器范围内 Date 类型对象的解析，用于从形如"dd-MM-yyyy"的字符串转换为 Date 对象
@InitBinder("mystudent")	initBinder2	注解@InitBinder("mystudent")指明了将对模型中名为“mystuden t”的对象调用该方法。 为名为“name”且类型为 String 的属性，注册了一个自定义的属性编辑器。 getAsText 方法用于将 name 属性输出为文本，本例中输出的文本会将 name 属性的最后一个字符设置为*号。 setAsText 方法用于从文本中解析出 name 属性，本例中要求去掉原始文中的所有英文字符

在/WEB-INF/pages/下新建 showMyStudent.jsp 页面，页面中为了展示自定义属性编辑器的效果，使用了 SpringMVC 中的表单标签库（标签库的具体用法请参考 SpringMVC 文档），具体代码如下。

```
<%@ page language="java" contentType="text/html; charset=UTF-8"
    pageEncoding="UTF-8"%>
    <%@page isELIgnored="false" %>
    <%@taglib uri="http://www.springframework.org/tags/form" prefix="form" %>
<!DOCTYPE html>
<html>
<head>
    <meta charset="ISO-8859-1">
    <title>Insert title here</title>
</head>
<body>
    <hr/>
    <form:form modelAttribute="mystudent">
      <table>
        <tr>
            <td>Name:</td><td><form:input path="name"/></td>
            <td>birthday:</td><td><form:input path="birthday"/></td>
        </tr>
      </table>
    </form:form>
    <hr/>
        mystudent=${requestScope.mystudent}<br/>
    <hr/>
        mystudent.name=${requestScope.mystudent.name}<br/>
    <hr/>
        mystudent.birthday=${requestScope.mystudent.birthday}<br/>
    <hr/>
</body>
</html>
```

运行工程后，从浏览器中访问 http://localhost:8080/myhomework/mvc/initBinder/testInitBinder1?name=张三 ab&birthday=15-08-2021，会在浏览器得到如图 4-20 所示的结果。

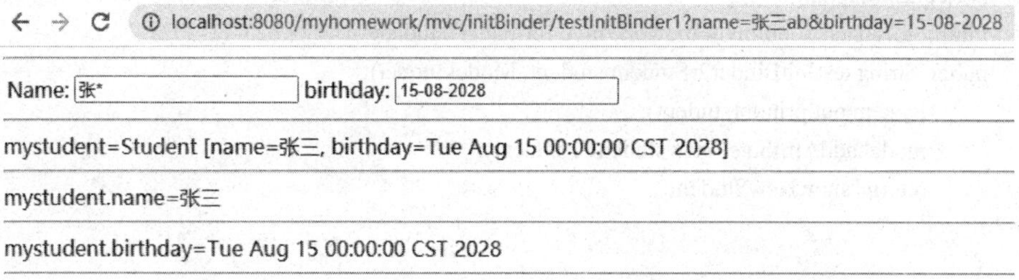

localhost:8080/myhomework/mvc/initBinder/testInitBinder1?name=张三ab&birthday=15-08-2028

Name: 张*　birthday: 15-08-2028

mystudent=Student [name=张三, birthday=Tue Aug 15 00:00:00 CST 2028]

mystudent.name=张三

mystudent.birthday=Tue Aug 15 00:00:00 CST 2028

图 4-20　@InitBinder 示例

从图中可以看到，通过@InitBinder 和@InitBinder("mystudent")注解增加的两个属性编辑器都正常工作。

① 模型中名为 mystudent 的对象，其 name 属性为 String 类型，所以在从字符串“张三ab”中获取属性值时会去掉尾部的 a、b 两个英文字母；而 name 属性绑定到表单控件进行显示时又会将最后一个汉字用*号代替。

② 控制器中所有的 Date 类型对象都会按照“dd-MM-yyyy”格式进行解析和输出，这其中自然包括 Student 类型对象中的 birthday 属性，所以模型中名为 mystudent 的对象的 birthday 属性也会按照这个规则进行解析和输出。

从 Spring 3 开始，在@InitBinder 注解的方法中可以使用 Formatter 来代替 PropertyEditor，其基本用法类似，代码结构如下。

```
@InitBinder
private void myBinding (WebDataBinder binder) {
    DateFormatter dateFormatter = new DateFormatter();
     dateFormatter.setPattern("dd-MM-yyyy ");
     binder.addCustomFormatter(dateFormatter, "birthday");
}
```

2．注册格式化器

在利用@InitBinding 注解标注方法时，我们可根据每个请求配置格式化器和属性编辑器，而且可以指定特定的字段名，甚至也可以访问请求中的动态信息（例如路径变量、请求参数等）。但是@InitBinder 注解的作用范围仅限于当前的控制器，如果希望在所有控制器上使用转换功能，则需要在 Spring MVC 的配置类中注册 Formatter 或 Converter 接口的实例。Converter 接口对象可以将一种类型转换成另一种类型，但是 Formatter 接口的源类型必须是一个 String 类型。因此在 SpringMVC 中，Formatter 接口更加常用一些。

新建一个控制器类 TestStudentFormatter，代码如下。

```
package learn.springwebmvc;
import org.springframework.stereotype.Controller;
import org.springframework.ui.Model;
import org.springframework.web.bind.annotation.RequestMapping;
@Controller
```

```
@RequestMapping("/formatter")
public class TestStudentFormatter {
    @RequestMapping
    //http://localhost:8080/myhomework/mvc/formatter?student=n 李四,b25-11-2021
    public String testInitBinder2(Student student, Model model) {
        System.out.println(student);
        model.addAttribute("newstudent", student);
        return "showNewStudent";
    }
}
```

在仅有的一个处理方法中，将接受一个形如“student=n 李四,b25-11-2021”的形参，显然这无法直接转换为 Student 对象。

为了完成这样的转换，新建一个 Formatter 接口的实现类，代码如下。

```
package learn.springwebmvc;
//省略了 import
public class StudentFormatter implements Formatter<Student> {
    @Override
    public String print(Student object, Locale locale) {//将 Student 对象进行格式化输出
        //创建 SimpleDateFormat 对象，指定样式
        SimpleDateFormat sdf=new SimpleDateFormat("yyyy 年 MM 月 dd 日");
        return String.format(locale, "学生姓名:%s, 学生出生日期:%s", object.getName(),
                    sdf.format(object.getBirthday()));
    }
    @Override
    // 输入 n 学生姓名，b 生日，解析为 Student 对象
    public Student parse(String text, Locale locale) throws ParseException {
        String[] parts = text.split(",");
        //解析姓名
        Student stu = new Student();
        stu.setName(parts[0].substring(1));
        //解析生日
        //提交的数据为// 15-08-2021
        Date d = new SimpleDateFormat("dd-MM-yyyy").parse(parts[1].substring(1));
        stu.setBirthday(d);
        return stu;
    }
}
```

① print 方法：将指定的类型的对象做格式化输出，用于在用户界面中显示特定的数据格式，本例中仅添加了一些说明性的词语。

② parse 方法：从 String 类型的字符串中解析出指定类型的对象，本例中去掉了前导字符“n”和“b”，分割字符“,”，并赋值给 Student 对象的 name 和 birthday 属性（经过了必要的日期转换）。

在 Spring MVC 的配置类 MvcConfig 中实现 WebMvcConfigurer 接口的 addFormatters 方法，

具体代码如下。

```
@Override
public void addFormatters(FormatterRegistry registry) {//注册一个 formater
        StudentFormatter sf=new StudentFormatter();
        // registry.addConverter(converter);//加入 Converter
        registry.addFormatter(sf);//加入自定义 Formatter
}
```

此处注册了一个 StudentFormatter 类型的对象作为 Formatter。

在/WEB-INF/pages/下新建一个 showNewStudent.jsp 文件，利用 Spring 标签库和 EL 表达式来检验我们的自定义格式化器，具体内容如下。

```
<%@ page language="java" contentType="text/html; charset=UTF-8" pageEncoding="UTF-8"%>
<%@page isELIgnored="false"%>
<%@taglib uri="http://www.springframework.org/tags" prefix="spring" %>
<!DOCTYPE html>
<html>
<head>
<meta charset="ISO-8859-1">
<title>Insert title here</title>
</head>
<body>
newstudent=${newstudent}   <br/>格式化后=>   <spring:eval expression="newstudent" />
<hr/>
    newstudent.name=${requestScope.newstudent.name} <br/>
<hr/>
    newstudent.birthday=${requestScope.newstudent.birthday}<br/> <br/>
</body>
</html>
```

运行工程后，在浏览器中访问，http://localhost: 8080/myhomework/mvc/formatter?student=n 李四,b25-11-2021，会得到如图 4-21 所示的结果。

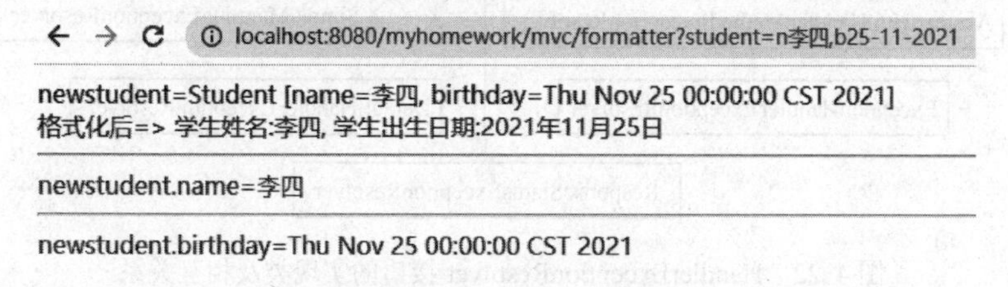

图 4-21　自定义 Formatter

① URL 中携带的参数“student=n 李四,b25-11-2021”被转换为一个 Student 对象，其间调用了自定义格式化器的 parse 方法。

② 利用 Spring 标签库显示模型中的“newstudent”对象时，调用了自定义格式化器的 print 方法。

4.3 Spring MVC 的高级应用

4.3.1 异常处理

本节介绍异常处理的方法。

1. 异常处理接口

如果在请求映射时或控制器处理时发生了异常，DispatcherServlet 会将异常委托给若干个 HandlerExceptionResolver 接口的实例来解决异常。HandlerExceptionResolver 接口的实现类具备将异常解析为错误视图的功能，该接口的定义如下。

```
public interface HandlerExceptionResolver {
    @Nullable
    ModelAndView resolveException(
    HttpServletRequest request, HttpServletResponse response, @Nullable Object handler, Exception ex);
}
```

① 形参 HttpServletRequest request：当前的 HTTP 请求。

② 形参 HttpServletResponse response：当前的 HTTP 响应。

③ 形参 Object handler：执行的处理方法对象（有可能为空，例如 multipart 解析失败）。

④ 形参 Exception ex：处理方法执行时抛出的异常。

⑤ 返回值类型 ModelAndView：接下来进行转发的 ModelAndView 对象，如果返回 null 则在异常处理链中进行默认处理。

Spring MVC 中提供了若干个 HandlerExceptionResolver 接口的实现类，它们之间的关系如图 4-22 所示。

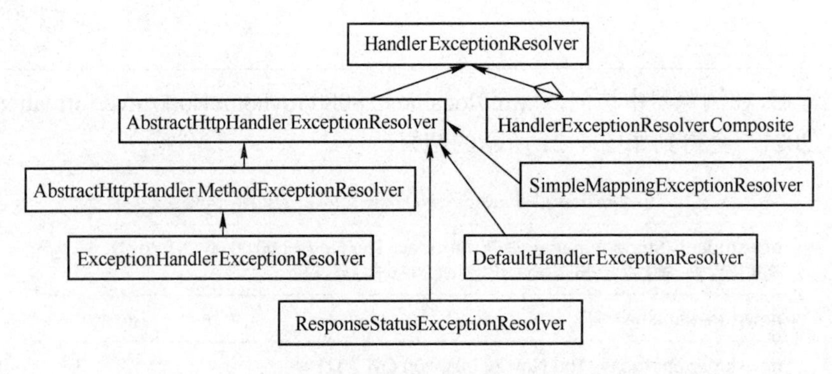

图 4-22 HandlerExceptionResolver 接口的实现类及相互关系

WebMvcConfigurationSupport 类的 addDefaultHandlerExceptionResolvers 方法维护了一个 List<HandlerExceptionResolver> 类型的列表对象，该对象作为默认的异常处理解析器列表。默认配置下会向其中添加 ExceptionHandlerExceptionResolver、ExceptionHandlerExceptionResolver 和 DefaultHandlerExceptionResolver 类的实例。

常用的异常处理解析器如表 4-4 所示。

表 4-4　常用的异常处理解析器

常用实现类	默认创建	用　途
ExceptionHandlerExceptionResolver	是	与@ExceptionHandler 注解配合使用，当异常出现时按照异常类型匹配特定的异常处理方法（这些方法需使用@ExceptionHandler 标记）
ResponseStatusExceptionResolver	是	与@ResponseStatus 注解配合使用，当在异常类上使用@ResponseStatus 后，凡是未处理的此类异常都会返回特定 HTTP 状态码
DefaultHandlerExceptionResolver	是	将 Spring 的内部异常转换为特定的 HTTP 状态码
SimpleMappingExceptionResolver	否	能将“异常类型”映射到“视图名称”，将“视图名称”映射到“HTTP 状态码”
HandlerExceptionResolverComposite	否	该解析器可以将异常委托给一个包含了若干个 HandlerExceptionResolver 实例的列表进行处理

2．ExceptionHandlerExceptionResolver

该类通过调用@Controller 或@ControllerAdvice 类中的@ExceptionHandler 方法来解决异常。在控制器中可以使用@ExceptionHandler 注解来标记处理异常的方法，这些方法不是处理用户请求的方法（没有使用@RequestMapping 注解）。

@ExceptionHandler 可以设置一个 value 属性值，其作用是指定该注解所匹配的异常类型。当遇到异常时，则利用这个 value 属性来匹配异常类型，匹配的规则为“最特殊类型优先”。假如方法 A 使用了注解@ExceptionHandler(RuntimeException.class)，而方法 B 使用了注解@ExceptionHandler(Exception.class)。则当应用程序抛出 RuntimeException 异常时，显然方法 A 更加符合“最特殊类型优先”规则。但倘若方法 A 没有使用@ExceptionHandler (RuntimeException.class)注解，由于 Exception 类是 RuntimeException 的父类，则会由方法 B 进行异常处理。

被@ExceptionHandler 标记的方法具有如下特点。

① 可以使用多种类型的形参：异常类型，ServletRequest 或 HttpServletRequest.、ServletRequest 或 HttpServletResponse、HttpSession、WebRequest 或 NativeWebRequest、Locale、InputStream 或 Reader、OutputStream 或 Writer、Model。

② 被标记的方法可以使用多种类型的返回值：ModelAndView、Model、Map、View、String、HttpEntity 或 ResponseEntity、void。

③ 可使用@ResponseBody 直接从方法返回错误响应。

④ 可使用@ResponseStatus 来指定响应状态代码。

新建一个控制器类 TestExceptionHandlerExceptionResolver，具体代码如下。

```
package learn.springwebmvc;
//省略了 import
@Controller
@RequestMapping("/exceptionHandlerExceptionResolver")
public class TestExceptionHandlerExceptionResolver {
    @ResponseStatus(HttpStatus.BAD_REQUEST)
    @ExceptionHandler(Exception.class)
    @ResponseBody
    public String exHandler1 (Exception ex) {
```

```
            return ex.getLocalizedMessage();
        }
        @ResponseStatus(HttpStatus.FORBIDDEN)
        @ExceptionHandler(MethodArgumentTypeMismatchException .class)
        public String exHandler2 (McthodArgumentTypeMismatchException    error, Model model) {
            model.addAttribute("error", error);
            return "errorPage";
        }
        @RequestMapping("/ex1/{num}")
        //http://localhost:8080/myhomework/mvc/exceptionHandlerExceptionResolver/ex1/ab
        @ResponseBody
        public Integer test (@PathVariable("num") Integer num) {
            System.out.println(num);
            if(num>100) {
            // http://localhost:8080/myhomework/mvc/exceptionHandlerExceptionResolver/ex1/1001
                throw new NumberFormatException("数字太大了！ ");
            }
            return num;
        }
    }
```

① test 方法：使用了路径参数 num，经过转换后赋值给形参 num。当使用字符串 ab 作为路径参数时，会触发 Spring 的 MethodArgumentTypeMismatchException 异常。在方法体内，对成功转换后的 num 进行判断，当大于 100 时，应用程序抛出 NumberFormatException 异常。

② exHandler1 方法：专门处理 Exception 类型（及其子类）的异常，且设置响应状态码为 HttpStatus.BAD_REQUEST（400），最终将异常的信息返回给浏览器。

③ exHandler2 方法：专门处理 MethodArgumentTypeMismatchException 类型的异常，将异常对象 error 加入模型 model，且设置响应状态码为 HttpStatus. FORBIDDEN（403），最终将向浏览器返回/WEB-INF/pages/errorPage.jsp 页面生成的响应。

errorPage.jsp 的内容比较简单，主要是 EL 表达式显示模型中的 error 对象，请读者自行编写。

运行工程后，在浏览器里访问 URLhttp://localhost:8080/myhomework/mvc/exceptionHandlerExceptionResolver/ex1/ab，由于字符串 ab 无法转换为 Integer 类型，所以 Spring 会抛出 MethodArgumentTypeMismatchException 异常，按照异常类型的匹配规则，接下来由 exHandler2 方法进行异常处理，因此在浏览器会看到如图 4-23 所示的执行结果。

localhost:8080/myhomework/mvc/exceptionHandlerExceptionResolver/ex1/ab

exception=org.springframework.web.method.annotation.MethodArgumentTypeMismatchException: Failed to convert value of type 'java.lang.String' to required type 'java.lang.Integer'; nested exception is java.lang.NumberFormatException: For input string: "ab"

图 4-23 ex1/ab 的执行结果

当将 URL 改为 http://localhost:8080/myhomework/mvc/ exceptionHandlerExceptionResolver/ex1/1001 后，字符串 1001 能够转换为 Integer 类型的形参 num，但是应用程序会抛出 NumberFormatException 异常，按照异常类型的匹配规则，接下来由 exHandler1 方法进行异常处理，在浏览器会看到如图 4-24 所示的结果。

← → C ⓘ localhost:8080/myhomework/mvc/exceptionHandlerExceptionResolver/ex1/1001

数字太大了！

图 4-24　/ex1/1001 的执行结果

3. ResponseStatusExceptionResolver

应用程序自定义异常类可以使用@ResponseStatus 注解进行标记，从而防止未处理的该类异常导致客户浏览器出现“HTTP 状态 500 - 内部服务器错误”。使用@ResponseStatus 标记异常类后，返回给客户机的未处理异常将具有指定的 HTTP 状态代码（即使这个异常类的对象被包裹在其他异常中）。该特性在 ResponseStatusExceptionResolver 中实现，所以默认情况下，不需要做任何相关的配置来使用它。

步骤 1：新建一个自定义异常类 InvalidName，代码如下。

```
package learn.springwebmvc;
import org.springframework.http.HttpStatus;
import org.springframework.web.bind.annotation.ResponseStatus;
//使用注解后，不会收到“HTTP 状态 500 - 内部服务器错误”
@ResponseStatus(HttpStatus.NOT_ACCEPTABLE)
public class InvalidName extends Exception {
    public InvalidName(String message) {
        super(message);
    }
}
```

InvalidName 类使用了@ResponseStatus(HttpStatus.NOT_ACCEPTABLE)注解，其中 HttpStatus.NOT_ACCEPTABLE 代表的响应状态码为 406。

步骤 2：新建一个控制器类 TestResponseStatusExceptionResolver，代码如下。

```
package learn.springwebmvc;
//省略了 import
@Controller
public class TestResponseStatusExceptionResolver {
    @RequestMapping("/responseStatusExceptionResolver")
    public String test(String name) throws Exception,InvalidName {
        if(name.equals("admin")){
        // http://localhost:8080/myhomework/mvc/responseStatusExceptionResolver?name=admin
            throw new InvalidName("非法用户名 A："+name); //抛出自定义异常
        }
        if(name.equals("administrator")) {
        // http://localhost:8080/myhomework/mvc/responseStatusExceptionResolver?name=
```

```
            //administrator
                throw new Exception(new InvalidName("非法用户名 B: "+name)); //包裹了自定义异常
            }
            return name;
        }
}
```

该控制器非常简单，只有一个 test 方法用于从请求中获得一个名为 name 的参数，当参数值为 admin 时抛出 InvalidName 异常，当参数值为 administrator 时抛出一个 Exception 异常，但内部包裹了一个 InvalidName 异常。

启动工程后，访问 http://localhost:8080/myhomework/mvc/responseStatusExceptionResolver?name=admin 或者 http://localhost:8080/myhomework/mvc/responseStatusExceptionResolver?name=administrator，都会在浏览器看到如图 4-25 所示的结果。

HTTP状态 406 - 不可接收

类型 状态报告

描述 根据请求中接收到的主动协商头字段，目标资源没有用户代理可以接受的当前表示，而且服务器不愿意提供缺省表示。

Apache Tomcat/8.5.61

图 4-25 使用了@ResponseStatus(HttpStatus.NOT_ACCEPTABLE)注解

如果在 InvalidName 类上取消@ResponseStatus(HttpStatus.NOT_ACCEPTABLE)注解，则在浏览器会看到图 4-26 所示的结果。

HTTP状态 500 - 内部服务器错误

类型 异常报告

消息 Request processing failed; nested exception is java.lang.Exception: learn.springwebmvc.InvalidName: 非法用户名B: administrator

描述 服务器遇到一个意外的情况，阻止它完成请求。

例外情况

```
org.springframework.web.util.NestedServletException: Request processing failed: nested exception is java.lang.Exce
        org.springframework.web.servlet.FrameworkServlet.processRequest(FrameworkServlet.java:1014)
        org.springframework.web.servlet.FrameworkServlet.doGet(FrameworkServlet.java:898)
        javax.servlet.http.HttpServlet.service(HttpServlet.java:626)
        org.springframework.web.servlet.FrameworkServlet.service(FrameworkServlet.java:883)
        javax.servlet.http.HttpServlet.service(HttpServlet.java:733)
        org.springframework.web.filter.CharacterEncodingFilter.doFilterInternal(CharacterEncodingFilter.java:201)
        org.springframework.web.filter.OncePerRequestFilter.doFilter(OncePerRequestFilter.java:119)
        org.apache.tomcat.websocket.server.WsFilter.doFilter(WsFilter.java:52)
```

根本原因。

图 4-26 未使用@ResponseStatus(HttpStatus.NOT_ACCEPTABLE)注解

需要特别说明的是，控制器抛出的自定义异常不应该由 try...catch 处理或由其他异常解析器处理（例如使用了@ExceptionHandler，就会由 ExceptionHandlerExceptionResolver 来处理），否则将覆盖由自定义异常类所使用的@ResponseStatus 注解指定的状态码。

4．DefaultHandlerExceptionResolver

DefaultHandlerExceptionResolver 解析器将 Spring MVC 的内部异常转换为特定的 HTTP

状态码，从而让基于服务器的错误页面连同状态代码和错误消息一起显示（但不会显示异常的 stacktrace）。这个异常解析器在 DispatcherServlet 中默认启用，因此不需要额外的配置。DefaultHandlerExceptionResolver 解析器支持的异常类型如表 4-5 所示。

表 4-5　DefaultHandlerExceptionResolver 解析器支持的异常类型

Spring MVC 标准异常	状态码
ExceptionHTTP	Status Code
HttpRequestMethodNotSupportedException	405 (SC_METHOD_NOT_ALLOWED)
HttpMediaTypeNotSupportedException	415 (SC_UNSUPPORTED_MEDIA_TYPE)
HttpMediaTypeNotAcceptableException	406 (SC_NOT_ACCEPTABLE)
MissingPathVariableException	500 (SC_INTERNAL_SERVER_ERROR)
MissingServletRequestParameterException	400 (SC_BAD_REQUEST)
ServletRequestBindingException	400 (SC_BAD_REQUEST)
ConversionNotSupportedException	500 (SC_INTERNAL_SERVER_ERROR)
TypeMismatchException	400 (SC_BAD_REQUEST)
HttpMessageNotReadableException	400 (SC_BAD_REQUEST)
HttpMessageNotWritableException	500 (SC_INTERNAL_SERVER_ERROR)
MethodArgumentNotValidException	400 (SC_BAD_REQUEST)
MissingServletRequestPartException	400 (SC_BAD_REQUEST)
BindException	400 (SC_BAD_REQUEST)
NoHandlerFoundException	404 (SC_NOT_FOUND)
AsyncRequestTimeoutException	503 (SC_SERVICE_UNAVAILABLE)

新建一个控制器类 TestDefaultHandlerExceptionResolver，具体代码如下。

```
package learn.springwebmvc;
@Controller
public class TestDefaultHandlerExceptionResolver {
    @RequestMapping("/exceptionHandlerExceptionResolver/{num}")
    // http://localhost:8080/myhomework/mvc/exceptionHandlerExceptionResolver/ab
     @ResponseBody
      public Integer test(@PathVariable("num") Integer num) {
         System.out.println(num);
         return num;
     }
}
```

该控制器中的 test 方法需要从路径参数 num 转换为 Integer 类型的形参，当传递一个无法转换的字符串例如 ab 作为路径参数的值时，SpringMVC 会抛出 MethodArgumentTypeMismatchException 类型的异常（其父类为 TypeMismatchException 类），因此 DefaultHandlerExceptionResolver 解析器会设置状态码为 400。

运行工程后，访问 http://localhost:8080/myhomework/mvc/exceptionHandlerExceptionResolver/ab，会在浏览器中看到如图 4-27 所示的执行结果。

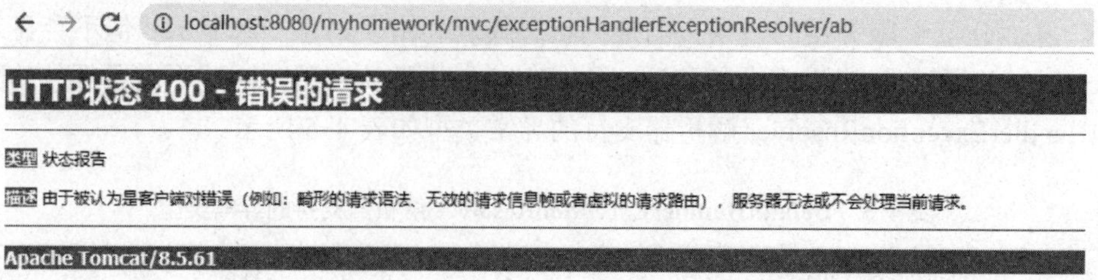

localhost:8080/myhomework/mvc/exceptionHandlerExceptionResolver/ab

HTTP状态 400 - 错误的请求

类型 状态报告

描述 由于被认为是客户端对错误（例如：畸形的请求语法、无效的请求信息帧或者虚拟的请求路由），服务器无法或不会处理当前请求。

Apache Tomcat/8.5.61

图 4-27　TypeMismatchException 异常类对应的 400 状态码

在 Tomcat 的控制台中看到如下的异常信息。

```
Resolved [org.springframework.web.method.annotation.MethodArgumentTypeMismatchException: Failed to convert value of type 'java.lang.String' to required type 'java.lang.Integer'; nested exception is java.lang.NumberFormatException: For input string: "ab"]
```

5．SimpleMappingExceptionResolver

SimpleMappingExceptionResolver 并没有在 DispatcherServlet 中默认启用，因此需要在 SpringMVC 的配置类中将其注册为一个 Bean。在注册 SimpleMappingExceptionResolver 解析器时可以配置如下信息。

① 将异常类名称映射到视图名称，同时也可指定默认异常视图。

② 映射视图名称到响应状态码，同时也可指定默认响应状态码。

步骤 1：新建一个自定义异常类 InvalidCharacterException，其具体代码如下。

```
package learn.springwebmvc;
public class InvalidCharacterException extends Exception {
    public InvalidCharacterException(String message) {
        super(message);
    }
}
```

在 SpringMVC 的配置类 MvcConfig 中增加如下代码。

```
//定义 SimpleMappingExceptionResolver 的 Bean
@Bean
HandlerExceptionResolver errorHandler () {
    SimpleMappingExceptionResolver resolver =new SimpleMappingExceptionResolver();
    resolver.setExceptionAttribute("error");//修改为模型属性“error”
    //默认情况下，使用模型属性“exception”保存异常对象。
    //定义 异常到视图名的映射
    Properties ex2view = new Properties();
    ex2view.setProperty(InvalidCharacterException.class.getName(), "errorPage");
    resolver.setExceptionMappings(ex2view);
    //定义 视图名到状态码的映射
    //400 Bad Request 客户端请求的语法错误，服务器无法理解
    resolver.addStatusCode("errorPage", 400);
    //默认的错误视图
    resolver.setDefaultErrorView("defaultErrorPage");
```

```
        //默认的状态码
        //403    Forbidden  服务器理解请求客户端的请求，但是拒绝执行此请求
        resolver.setDefaultStatusCode(403);
        return resolver;
    }
```

① 使用@Bean 标记注册一个 SimpleMappingExceptionResolver 类型的 Bean。

② errorHandler 方法内设置了 SimpleMappingExceptionResolver 对象的相关属性，主要包括异常到视图名的映射、视图名到状态码的映射，以及默认的错误视图和状态码。

③ 将 InvalidCharacterException 异常类型映射到视图名 errorPage（最终会由/WEB-INF/pages/errorPage.jsp 页面生成响应）。

④ 默认情况下，SimpleMappingExceptionResolver 会将异常对象保存到模型属性“exception”，本例中修改为 error 属性。

步骤 2：errorPage.jsp 页面的内容非常简单，主要内容是用 EL 表达式输出模型中名为 error 的异常对象，主要代码如下。

```
exception=${requestScope.error}
```

步骤 3：新建一个控制器类 TestSimpleMappingExceptionResolver，具体代码如下。

```
package learn.springwebmvc;
//省略了 import
@Controller
public class TestSimpleMappingExceptionResolver {
    @RequestMapping("/simpleMappingExceptionResolver")
    // http://localhost:8080/myhomework/mvc/simpleMappingExceptionResolver?name=a_b
    @ResponseBody
    public String test(String name) throws InvalidCharacterException {
        if(name.contains("_")) {
            throw new InvalidCharacterException("包含非法字符: _");
        }
        return name;
    }
}
```

控制器中的 test 方法会接受一个名为 name 的参数，当参数值包含下划线时，抛出一个自定义异常 InvalidCharacterException。

工程启动后，访问 http://localhost:8080/myhomework/mvc/simpleMappingExceptionResolver?name=a_b，会在浏览器看到如图 4-28 所示的执行结果。

```
← → C  ⓘ localhost:8080/myhomework/mvc/simpleMappingExceptionResolver?name=a_b

exception=learn.springwebmvc.InvalidCharacterException: 包含非法字符: _
```

图 4-28　SimpleMappingExceptionResolver 示例

6．HandlerExceptionResolverComposite

有些时候希望一个异常解析器能够同时利用多个 HandlerExceptionResolver，这时可以在 Spring MVC 中注册一个 HandlerExceptionResolverComposite 类型的解析器。HandlerExceptionResolverComposite 类的 setExceptionResolvers 方法可以设置一个 List<HandlerExceptionResolver> 类型的对象 exceptionResolvers，从而实现同时利用多个 HandlerExceptionResolver 处理异常的目的。

当 HandlerExceptionResolverComposite 实例处理异常时，会按照 exceptionResolvers 列表中解析器加入的顺序进行遍历，当某个 HandlerExceptionResolver 解析器返回 ModelAndView 实例后，终止遍历过程，否则返回 null。

（1）创建两个自定义的异常解析类（均实现 HandlerExceptionResolver 接口）

HandlerExceptionResolverA、HandlerExceptionResolverB 的具体代码如下所示。

```
package learn.springwebmvc;//省略了 import
public class HandlerExceptionResolverA implements HandlerExceptionResolver {
    @Override
    public ModelAndView resolveException(HttpServletRequest request, HttpServletResponse response,
                                         Object handler,Exception ex) {
        if (ex instanceof NumberFormatException) {//仅处理 NumberFormatException 异常
            ModelAndView model = new ModelAndView("errorPage");
            model.addObject("info", "HandlerExceptionResolverA 解析器生成");
            model.addObject("error", ex);
            return model;
        } else {
            System.out.println("HandlerExceptionResolverA 忽略异常："
                            +ex.getLocalizedMessage());
            return null;
        }
    }
}
```

HandlerExceptionResolverA 类的 resolveException 方法仅处理 NumberFormatException 异常，并返回了一个设置了模型和视图名称的 ModelAndView 对象。视图名称为 errorPage（最终会由/WEB-INF/pages/errorPage.jsp 页面生成响应），模型数据中添加了 info 属性（保存了由哪个解析器处理）和 error 属性（保存了异常对象）。

HandlerExceptionResolverB 与 HandlerExceptionResolverA 类似，区别在于只处理 NoSuchMethodException 异常。

```
package learn.springwebmvc;//省略了 import
public class HandlerExceptionResolverB implements HandlerExceptionResolver {
    @Override
    public ModelAndView resolveException(HttpServletRequest request,
            HttpServletResponse response, Object handler,Exception ex) {
        if (ex instanceof NoSuchMethodException) {//仅处理 NoSuchMethodException 异常
            ModelAndView model = new ModelAndView("errorPage");
```

```
                model.addObject("info", "HandlerExceptionResolverB 解析器生成");
                model.addObject("error", ex);
                return model;
            } else {
                    System.out.println("HandlerExceptionResolverB 忽略异常："
                            +ex.getLocalizedMessage());
                    return null;
            }
        }
}
```

errorPage.jsp 页面的内容非常简单，主要内容是用 EL 表达式输出模型中名为 error 的异常对象和名为 info 的对象，主要代码如下。

```
info=${requestScope.info}<br/>
exception=${requestScope.error}<br/>
```

（2）在 SpringMVC 的配置类 MvcConfig 中增加代码

```
@Bean
HandlerExceptionResolver exceptionResolverComposite() {
    // 创建 2 个自定义 resolver
    HandlerExceptionResolverA resolverA = new HandlerExceptionResolverA();
    HandlerExceptionResolverB resolverB = new HandlerExceptionResolverB();
    //创建一个 HandlerExceptionResolverComposite 实例，并加入 2 个 resolver
    HandlerExceptionResolverComposite resolverComposite = new
                                HandlerExceptionResolverComposite();
    resolverComposite.setExceptionResolvers(Arrays.asList(resolverA, resolverB));
    //HandlerExceptionResolverComposite 中的解析器按照 list 的插入顺序进行迭代
    resolverComposite.setOrder(-1);
    // 为 resolverComposite 设置顺序，数字越小，优先级越高;
    // >0,则排在默认的 resolver 后，<0，则排在默认的 resolver 前
    return resolverComposite;
}
```

上述代码定义了一个 HandlerExceptionResolverComposite 类型的 Bean，并维护了一个 HandlerExceptionResolver 对象构成的列表，列表中包含一个 HandlerExceptionResolverA 类型的对象 resolverA 和一个 HandlerExceptionResolverB 类型的对象 resolverB，且加入顺序为 resolverA 在前，resolverB 在后。最后将这个列表赋值给 Bean 的 exceptionResolvers 属性。

HandlerExceptionResolverComposite 类的 setOrder 方法用于设置其与默认的异常解析器之间的处理顺序，此处我们将 order 值设为-1。基本规则为：数字越小，优先级越高；大于 0，则排在默认的 resolver 后；小于 0，则排在默认的 resolver 前。

（3）查看 SpringMVC 的源代码

为了更好地理解上述内容，看一看默认的异常解析器是如何初始化的。在 Spring MVC 中，WebMvcConfigurationSupport 类中定义很多的 Bean，也包括了默认的异常解析器，其主要过程可见如下代码片段。

```
@Bean
public HandlerExceptionResolver handlerExceptionResolver(
@Qualifier("mvcContentNegotiationManager") ContentNegotiationManager contentNegotiationManager)
{
    List<HandlerExceptionResolver> exceptionResolvers = new ArrayList<>();
    configureHandlerExceptionResolvers(exceptionResolvers);
    if (exceptionResolvers.isEmpty()) {
        addDefaultHandlerExceptionResolvers(exceptionResolvers, contentNegotiationManager);
    }
    extendHandlerExceptionResolvers(exceptionResolvers);
    HandlerExceptionResolverComposite composite = new HandlerExceptionResolverComposite();
    composite.setOrder(0);
    composite.setExceptionResolvers(exceptionResolvers);
    return composite;
}
```

很显然，默认的异常解析器也是一个 HandlerExceptionResolverComposite 类型的 Bean，而且设置了其order值为0(如果不设置这个值，则默认值为Ordered.LOWEST_PRECEDENCE，即 Integer.MAX_VALUE，也就是 0x7fffffff)。

这个 Bean 也维护了一个 List<HandlerExceptionResolver>类型的列表，其中的 HandlerExceptionResolver 对象则由方法 addDefaultHandlerExceptionResolvers 添加。addDefaultHandlerException Resolvers 方法的主要内容如下。

```
protected final void addDefaultHandlerExceptionResolvers(List<HandlerExceptionResolver>
        exceptionResolvers, ContentNegotiationManager mvcContentNegotiationManager) {
    ExceptionHandlerExceptionResolver exceptionHandlerResolver =
                        createExceptionHandlerExceptionResolver();
        ……
    exceptionResolvers.add(exceptionHandlerResolver);
    ResponseStatusExceptionResolver responseStatusResolver = new
                        ResponseStatusExceptionResolver();
        …
        exceptionResolvers.add(responseStatusResolver);
        exceptionResolvers.add(new DefaultHandlerExceptionResolver());
}
```

上述代码表明，SpringMVC 中默认的异常解析器（HandlerExceptionResolverComposite 类型的 Bean）所包含的 HandlerExceptionResolver 列表顺序为：ExceptionHandlerExceptionResolver、ResponseStatusExceptionResolver、DefaultHandlerExceptionResolver。所以这个顺序也是默认的异常解析器的遍历顺序。

基于上述分析也就不难理解为什么 ExceptionHandlerExceptionResolver、ResponseStatusExceptionResolver、DefaultHandlerExceptionResolver 三个异常解析器已经由 SpringMVC 提供了默认支持，而无须开发者进行配置。

因此，本例中异常解析器的遍历顺序如表 4-6 所示。

表 4-6　异常解析器的遍历顺序

异常解析器的 Bean 名称	Bean 的来源	Order 值	遍历顺序	HandlerExceptionResolver 类型
exceptionResolverComposite	本例的配置类 MvcConfig 负责注册	−1	1	HandlerExceptionResolverA
			2	HandlerExceptionResolverB
handlerExceptionResolver	通过注解@EnableWebMvc，由 WebMvcConfigurationSupport 类负责注册	0	3	ExceptionHandlerExceptionResolver
			4	ResponseStatusExceptionResolver
			5	DefaultHandlerExceptionResolver

（4）新建一个控制器类 TestHandlerExceptionResolverComposite

```
package learn.springwebmvc;
//省略 import
@Controller
@RequestMapping("/handlerExceptionResolverComposite")
public class TestHandlerExceptionResolverComposite {
    @RequestMapping("/ex1")
    // http://localhost:8080/myhomework/mvc/handlerExceptionResolverComposite/ex1?name=admin
    @ResponseBody
    public String test1(String name) throws InvalidName    {
        if(name.equals("admin")) {
            throw new InvalidName ("无效名称");
        }
        return name;
    }
    @RequestMapping("/ex2")
    @ResponseBody
    public String test2(String ex) throws Exception {
        if(ex.equals("NumberFormatException")) {
        // http://localhost:8080/myhomework/mvc/handlerExceptionResolverComposite/ex2?ex=
        //NumberFormatException
            throw new NumberFormatException("数字格式异常");
        }
        if(ex.equals("NoSuchMethodException")) {
        // http://localhost:8080/myhomework/mvc/handlerExceptionResolverComposite/ex2?ex=
        //NoSuchMethodException
            throw new NoSuchMethodException("无此方法异常");
        }
        return ex;
    }
}
```

① test1 方法：接受请求中的 name 参数，其值为 admin 时，抛出前文已经使用过的自定义异常 InvalidName（该异常类使用了@ResponseStatus(HttpStatus.NOT_ACCEPTABLE)注解），因此该异常可由 ResponseStatusExceptionResolver 异常处理解析器进行处理（返回给客户机的未处理异常将具有指定的 HTTP 状态代码，406）。

② test2 方法：接受请求中的 ex 参数，并根据其值分别抛出 NumberFormatException 异常和 NoSuchMethodException 异常（这两个异常属于 java.lang 包，并且没有使用@ResponseStatus 注解。前面创建的自定义异常解析器 HandlerExceptionResolverA、HandlerExceptionResolverB 将分别用于处理这两类异常。

（5）验证结果

① 访问 http://localhost:8080/myhomework/mvc/handlerExceptionResolverComposite/ex1?name=admin，在浏览器内会看到如图 4-29 的执行结果。

← → C ⓘ localhost:8080/myhomework/mvc/handlerExceptionResolverComposite/ex1?name=admin

HTTP状态 406 - 不可接收

类型 状态报告

描述 根据请求中接收到的主动协商头字段，目标资源没有用户代理可以接受的当前表示，而且服务器不愿意提供缺省表示。

Apache Tomcat/8.5.61

图 4-29 ex1?name=admin 执行结果

这正是 ResponseStatusExceptionResolver 异常处理解析器处理的结果，即显示异常类型 InvalidName 的状态码。在控制台也会看到如下内容。

```
HandlerExceptionResolverA 忽略异常：无效名称
HandlerExceptionResolverB 忽略异常：无效名称
```

这也表明，HandlerExceptionResolverA、HandlerExceptionResolverB 在处理异常时排在默认的异常处理解析器 ResponseStatusExceptionResolver 之前，只不过由于类型不匹配，它们的 resolveException 方法返回了 null 值，这使得异常的处理向后继续传递。

② 访问 http://localhost:8080/myhomework/mvc/handlerExceptionResolverComposite/?ex=NumberFormatException，在浏览器内会看到如图 4-30 的执行结果。

← → C ⓘ localhost:8080/myhomework/mvc/handlerExceptionResolverComposite/ex2?ex=NumberFormatException

info=HandlerExceptionResolverA 解析器生成
exception=java.lang.NumberFormatException: 数字格式异常

图 4-30 ex2?ex=NumberFormatException 执行结果

控制台中没有任何输出，表明在处理异常时 HandlerExceptionResolverA 排在 HandlerExceptionResolverB 之前，且 HandlerExceptionResolverA 的 resolveException 方法返回了一个 ModelAndView 对象，这使得异常处理不再向后继续传递。

③ 访问 http://localhost:8080/myhomework/mvc/handlerExceptionResolverComposite/ex2?ex=NoSuchMethodException，在浏览器内会看到如图 4-31 的执行结果。

← → C ⓘ localhost:8080/myhomework/mvc/handlerExceptionResolverComposite/ex2?ex=NoSuchMethodException

info=HandlerExceptionResolverB 解析器生成
exception=java.lang.NoSuchMethodException: 无此方法异常

图 4-31 ex2?ex=NoSuchMethodException 执行结果

控制台中输出如下内容。

```
HandlerExceptionResolverA 忽略异常：无此方法异常
```

表明在处理异常时 HandlerExceptionResolverA 排在 HandlerExceptionResolverB 之前，只不过由于类型不匹配 HandlerExceptionResolverA 的 resolveException 方法返回了 null 值，这使得异常的处理向后继续传递。但后续的 HandlerExceptionResolverB 的 resolveException 方法返回了一个 ModelAndView 对象，这使得异常处理不再向后继续传递。

4.3.2 HTTP 消息转换

本节介绍 HTTP 消息转换有关的知识。

1. HttpMessageConverter 接口简介

HttpMessageConverter 接口是 SpringMVC 中用于 HTTP 请求或响应转换的接口，接口定义的基本内容如下。

```
public interface HttpMessageConverter<T> {
    //判断是否支持对特定 Class 对象的读操作
    boolean canRead(Class<?> clazz, @Nullable MediaType mediaType);
    //判断是否支持对特定 Class 对象的写操作
    boolean canWrite(Class<?> clazz, @Nullable MediaType mediaType);
    //返回支持的 MediaType 列表
    List<MediaType> getSupportedMediaTypes();
    //从输入消息中读取信息，并转换为 T 类型的对象
    T read(Class<? extends T> clazz, HttpInputMessage inputMessage)
            throws IOException, HttpMessageNotReadableException;
    //将 T 类型的对象 t 写入到输出消息中
    void write(T t, @Nullable MediaType contentType, HttpOutputMessage outputMessage)
            throws IOException, HttpMessageNotWritableException;
}
```

在类 WebMvcConfigurationSupport 中维护了一个 List<HttpMessageConverter<?>>类型的对象 messageConverters。默认情况下会向 messageConverters 中添加若干个 HttpMessageConverter 接口实现类的对象，如表 4-7 所示。

表 4-7　默认向 messageConverters 中添加的 HttpMessageConverter 接口对象

按照添加的顺序排列	支持读写的对象类型	支持的媒体类型
ByteArrayHttpMessageConverter	byte[]	"application/octet-stream"、"*/*"
StringHttpMessageConverter	String	"text/plain"、"*/*"
ResourceHttpMessageConverter	Resource	"*/*"
ResourceRegionHttpMessageConverter	Object	"*/*"
SourceHttpMessageConverter	T extends Source	application/xml"、"text/xml"、"application/*+xml"
AllEncompassingFormHttpMessageConverter	MultiValueMap<String, ?>	"application/x-www-form-urlencoded"、"multipart/form-data"、"multipart/mixed"

其中 AllEncompassingFormHttpMessageConverter 继承自 FormHttpMessageConverter，并

添加了对写 multipart 中 XML、JSON 类型的转换支持（不支持读！）。

上述实现类之间形成的关系如图 4-32 所示。

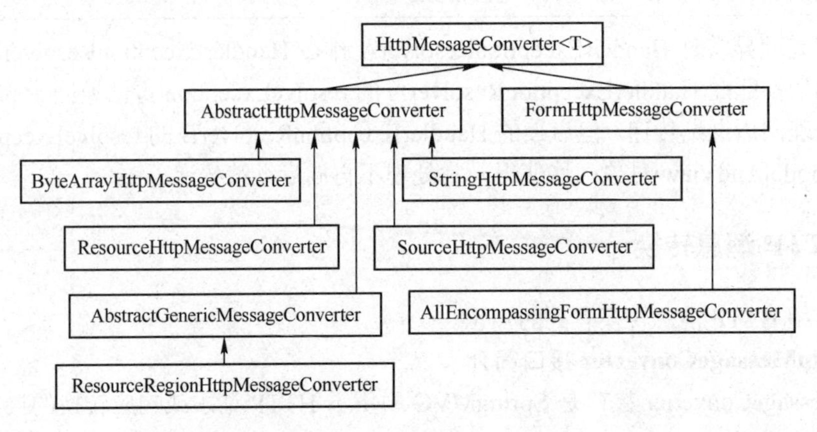

图 4-32 HttpMessageConverter 接口实现类之间的关系

此外还有一些特殊的 HttpMessageConverter 接口实现类，例如 AtomFeedHttpMessageConverter、RssChannelHttpMessageConverter、MappingJackson2XmlHttpMessageConverter、Jaxb2RootElementHttpMessageConverter、MappingJackson2HttpMessageConverter、GsonHttpMessageConverter、JsonbHttpMessageConverter、MappingJackson2SmileHttpMessageConverter、MappingJackson2CborHttpMessageConverter。这些实现类对象是否添加到 messageConverters 取决于特定的类及其依赖项是否出现在类路径。

2. 查看已添加的 HttpMessageConverter 对象

为了便于查看 SpringMVC 中添加的 HttpMessageConverter 对象，在 SpringMVC 的配置类 MvcConfig 中实现接口 WebMvcConfigurer 的 extendMessageConverters 方法，具体代码如下。

```
@Override
public void extendMessageConverters(List<HttpMessageConverter<?>> converters) {
    for (int i = 0; i < converters.size(); i++) {
            if (converters.get(i) instanceof StringHttpMessageConverter) {
                // 换掉它
                converters.set(i, new StringHttpMessageConverter(StandardCharsets.UTF_8));
                // 在使用@ResponseBody 返回普通的字符串时，
                // 会使用这个 Converter，需要设置一下编码方式。防止乱码
                System.out.println("===替换使用默认字符集 iso-8859-1
                                    的 StringHttpMessageConverter!");

            }
            System.out.println(converters.get(i).getClass().getSimpleName()+">>"
                        +converters.get(i).getSupportedMediaTypes());
    }
    // converters.add(0,new StringHttpMessageConverter(StandardCharsets.UTF_8));
}
```

在 extendMessageConverters 方法中遍历 List<HttpMessageConverter<?>> converters 对象，并打印出已经添加的 HttpMessageConverter 对象所属的类，及其支持的媒体类型。启动工程后，

会在控制台看到如下内容。

```
ByteArrayHttpMessageConverter>>[application/octet-stream, */*]
===替换使用默认字符集 iso-8859-1 的 StringHttpMessageConverter!
StringHttpMessageConverter>>[text/plain, */*]
ResourceHttpMessageConverter>>[*/*]
ResourceRegionHttpMessageConverter>>[*/*]
SourceHttpMessageConverter>>[application/xml, text/xml, application/*+xml]
AllEncompassingFormHttpMessageConverter>>[application/x-www-form-urlencoded, multipart/form-data, multipart/mixed]
Jaxb2RootElementHttpMessageConverter>>[application/xml, text/xml, application/*+xml]
MappingJackson2HttpMessageConverter>>[application/json, application/*+json]
```

除了默认添加的 HttpMessageConverter 实例外，还添加了 Jaxb2RootElementHttpMessageConverter 和 MappingJackson2HttpMessageConverter 类型的对象。这是因为在类路径中存在“javax.xml.bind.Binder”、“com.fasterxml.jackson.databind.ObjectMapper”、“com.fasterxml.jackson.core.JsonGenerator”，因此符合上述两个 HttpMessageConverter 实现类的添加条件。这两个实现类在工程中常常用于 XML 和 JSON 的转换，其基本信息如表 4-8 所示。

表 4-8　Jaxb2RootElementHttpMessageConverter 和 MappingJackson2HttpMessageConverter

按照添加的顺序排列	支持读写的对象类型	支持的媒体类型
Jaxb2RootElementHttpMessageConverter	Object	"application/xml""text/xml""application/*+xml"
MappingJackson2HttpMessageConverter	Object	"application/json""application/*+json"

3. @RequestBody、@ResponseBody 注解与 HttpMessageConverter

@RequestBody 注解用于访问 HTTP 请求体，通过使用 HttpMessageConverter 将请求体转换为处理方法的参数类型。期间会遍历一个 List<HttpMessageConverter<?>>对象，当某一个 HttpMessageConverter 实现类的 canRead 方法返回 True 后，将执行转换操作（并终止后续的遍历）。

@Responsebody 注解会将处理方法的返回值通过 HttpMessageConverter 进行转换，并写入响应中。期间会遍历一个 List<HttpMessageConverter<?>>对象，当某一个 HttpMessageConverter 实现类的 canWrite 方法返回 True 后，将执行转换操作（并终止后续的遍历）。

判断可读时（canRead 方法）使用请求中的 Content-Type 的内容，判断可写时（canWrite 方法）使用请求中的 Accept 的内容。由于不同的 HttpMessageConverter 实现类均有各自的可读、可写判断逻辑，因此无法详尽阐述，下面仅对常用的 HttpMessageConverter 实现类进行粗略的分析。

① ByteArrayHttpMessageConverter：目标类型为 byte[]且与支持的媒体类型（"application/octet-stream""*/*"）匹配（相等或通配符匹配）时可读、写。

② StringHttpMessageConverter：目标类型为 String 且与支持的媒体类型（"text/plain"、"*/*"）匹配（相等或通配符匹配）时可读、写。

③ AllEncompassingFormHttpMessageConverter：目标类型可以转换为 MultiValueMap<String,?>且与支持的媒体类型（"application/x-www-form-urlencoded"、"multipart/form-data"、 "multipart/mixed"）匹配（相等或通配符匹配）时可读、写，但不可用于读取 multipart。

④ Jaxb2RootElementHttpMessageConverter：目标类型使用了@XmlRootElement 注解或@XmlType 注解且与支持的媒体类型（application/xml"、"text/xml"、"application/*+xml"）匹配（相等或通配符匹配）时可读。当判断是否可写时则要求目标类型必须使用@XmlRootElement 注解，媒体类型匹配不变。

⑤ MappingJackson2HttpMessageConverter：目标类型可以被反序列化且与支持的媒体类型（"application/json"、"application/*+json"）匹配（相等或通配符匹配）时可读。当判断可写时，除了媒体类型匹配外，需要目标类型支持序列化。

4．请求体转换为 byte[]、String 和 MultiValueMap<String, String>

新建一个 HTML 页面，存储为 webapp/testHttpMessageConverter.html，该页面主要包含一个 form 表单，采用 POST 方式向服务器提交两个参数，即 userName、userPass。主要代码如下。

```
<form id="myform" action="./mvc/httpMessageConverter/byte" method="post">
    <label for="name">登录名</label>
    <input id="name" name="userName" /> <br />
    <label for="pass">密   码</label>
    <input id="pass" name="userPass" /><br />
    <button type="submit">Post 提交表单</button>
</form>
```

下面新建一个控制器类 TestHttpMessageConverter，其主要代码如下。

```
package learn.springwebmvc;
//省略了 import
@Controller
@RequestMapping("httpMessageConverter")
public class TestHttpMessageConverter {
    @RequestMapping(value = "/form", method = RequestMethod.POST)
    @ResponseBody
    public String receiveForm(@RequestBody byte[] bodyByte,
      @RequestBody String bodyString,@RequestBody MultiValueMap<String, String> maps) {
        // 将请求体转换为 byte[],String,MultiValueMap
        System.out.println("请求体(字节): " + bodyByte);
        System.out.println("请求体(字符串): " + bodyString);
        System.out.println("请求体(Map 字符串): " + maps);
        return "成功!";
    }
}
```

当单击提交按钮时，浏览器发出的请求中 Content-Type 为 application/x-www-form-urlencoded。而 receiveForm 处理方法的形参使用了@RequestBody 注解，这意味着请求体将通过 HttpMessageConverter 进行转换，形参的转换分析如下。

① 形参@RequestBody byte[] bodyByte：ByteArrayHttpMessageConverter 支持的媒体类型“*/*”与请求中的 Content-Type 匹配，且其支持的转换类型也为 byte[]，所以使用

ByteArrayHttpMessageConverter 将请求体转换为 byte[] bodyByte。

② @RequestBody String bodyString：StringHttpMessageConverter 支持的媒体类型“*/*”与请求中的 Content-Type 匹配，且其支持的转换类型也为 String，所以使用 StringHttpMessageConverter 将请求体转换为 String bodyString。

③ @RequestBody MultiValueMap<String, String> maps：AllEncompassingFormHttpMessageConverter 支持的媒体类型“application/x-www-form-urlencoded”与请求中的 Content-Type 一致，且目标类型 MultiValueMap<String, String>可以转换为所支持类型 MultiValueMap <String,?>，所以使用 AllEncompassingFormHttpMessageConverter 将请求体转换为 MultiValueMap<String, String> maps。

启动工程后，访问 http://localhost:8080/myhomework/testHttpMessageConverter.html 页面，输入信息，登录名“张三”，密码“123456”等类似信息。单击提交按钮后，控制台会显示如下内容。

```
请求体(字节): [B@453ad293
请求体(字符串): userName=%E5%BC%A0%E4%B8%89&userPass=123456
请求体(Map 字符串): {userName=[张三], userPass=[123456]}
```

这表明处理方法 receiveForm 的形参成功接收到了转换后的对象。浏览器会显示如图 4-33 所示的执行结果，而不是跳转到一个名为“成功”的视图资源。

localhost:8080/myhomework/mvc/httpMessageConverter/form

成功!

图 4-33　testHttpMessageConverter.html 提交后的页面

这是因为用@ResponseBody 对处理方法 receiveForm 进行了标记，且方法返回值为 String 类型，同时 StringHttpMessageConverter 支持的媒体类型(“*/*”)与所有的媒体类型都匹配（无论请求中的 Accept 是什么内容），所以会将 receiveForm 的返回值使用 StringHttpMessageConverter 转换后写入响应。

5．XML 转换为对象

对类 LoginInfo 使用@XmlRootElement 注解进行标记，并在控制器 TestHttpMessageConverter 中添加如下注解和代码。

```
@RequestMapping(value = "/xml", method = RequestMethod.POST,
                consumes = MediaType.APPLICATION_XML_VALUE)
@ResponseBody
public LoginInfo receiveXMLByAjax(@RequestBody LoginInfo loginInfo) {// 将 xml 文本转换为对象
    System.out.println(loginInfo);
    return loginInfo;
}
```

receiveXMLByAjax 方法的形参@RequestBody LoginInfo loginInfo 中目标类型 LoginInfo 已经满足了 Jaxb2RootElementHttpMessageConverter 对于转换类型的要求（使用了@XmlRootElement 注解），接下来只要请求中的 Content-Type 与其所支持的媒体类型匹配即可使用该转换器。

在 testHttpMessageConverter.html 页面创建一个按钮，并绑定如下单击事件，基本代码如下。

```
…
<button id="submitXML" type="submit">Ajax 提交,XML 数据,Content-Type: application/xml</button>
…
<script type="text/javascript">
…
$("#submitXML").click(
    function() {//异步提交 XML 数据
        var toURL = './mvc/httpMessageConverter/xml';
        var data='<?xml version="1.0" encoding="UTF-8"?><loginInfo><userName>李四
            </userName><userPass>123</userPass></loginInfo>';
        console.log("xml=" + data);
        $.ajax({
            type : "Post",
            url : toURL,
            data : data,
            contentType : 'application/xml',//发送的数据类型
            dataType : "json",//准备接收的数据类型
            processData: false,
            success : function(data) {
                alert("发送 xml 数据，接收到 JSON:"+ JSON.stringify(data));
                console.log(data);
            }
        });
    });//绑定按钮单击事件
…
</script>
```

上述代码向服务器其提交了一段 XML 数据，为了保证转换成功需要让各级元素的名称与 LoginInfo 类及其属性名匹配，XML 数据如下。

```
<?xml version="1.0" encoding="UTF-8"?>
<loginInfo>
    <userName>李四</userName>
    <userPass>123</userPass>
</loginInfo>
```

在 AJAX 方法中还设定了请求的 Content-Type 为 application/xml，属于 Jaxb2RootElementHttpMessageConverter 所支持的媒体类型。此外还设定了期望接受的媒体类型为 application/json。

运行工程后，在控制台可以看到如下信息：LoginInfo [userName=李四, userPass=123]，这表明转换工作顺利完成，请求体中的 XML 数据被成功转换为 LoginInfo 对象。

在浏览器，会看到如图 4-34 所示的弹窗信息。

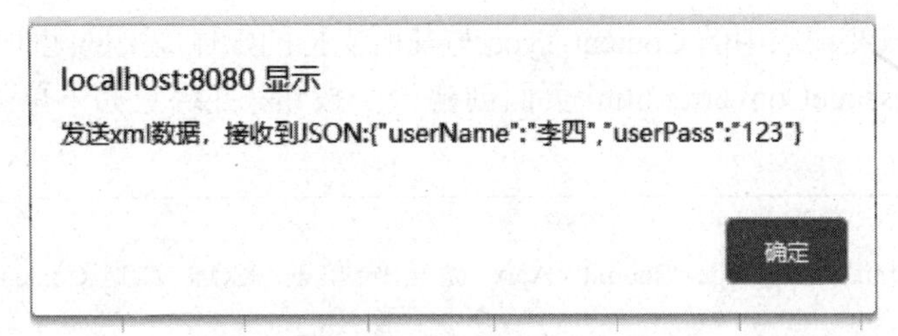

图4-34　浏览上显示的弹窗信息

实际上浏览器接收到了来自服务器返回的JSON数据，这是因为receiveXMLByAjax方法使用了@ResponseBody注解，同时请求中的Accept内容（“application/json”）与MappingJackson2HttpMessageConverter所支持的媒体类型与匹配，所以receiveXMLByAjax方法返回的LoginInfo对象会被MappingJackson2HttpMessageConverter转换为JSON数据。

有关MappingJackson2HttpMessageConverter的内容在下一节详细阐述。

6. JSON转换为对象

为了使用MappingJackson2HttpMessageConverter进行JSON数据的转换，需要在Maven的pom.xml文件中，增加如下依赖项。

```
<!-- 使用json所依赖的jar包 -->
<dependency>
    <groupId>com.fasterxml.jackson.core</groupId>
    <artifactId>jackson-core</artifactId>
    <version>2.9.8</version>
</dependency>
<dependency>
    <groupId>com.fasterxml.jackson.core</groupId>
    <artifactId>jackson-databind</artifactId>
    <version>2.9.8</version>
</dependency>
<dependency>
    <groupId>com.fasterxml.jackson.core</groupId>
    <artifactId>jackson-annotations</artifactId>
    <version>2.9.8</version>
</dependency>
```

在控制器TestHttpMessageConverter中添加如下注解和代码。

```
@RequestMapping(value = "/json", method = RequestMethod.POST,
                consumes = MediaType.APPLICATION_JSON_VALUE)
@ResponseBody
public LoginInfo receiveJSONByAjax(@RequestBody LoginInfo loginInfo) {
    System.out.println(loginInfo);
    return loginInfo;
}
```

receiveJSONByAjax方法的形参@RequestBody LoginInfo loginInfo中目标类型LoginInfo已经满足了MappingJackson2HttpMessageConverter对于转换类型的要求（可以被序列化和反

序列化），接下来只要请求中的 Content-Type 与其所支持的媒体类型匹配即可使用该转换器。

在 testHttpMessageConverter.html 页面创建一个按钮，并绑定如下单击事件，基本代码如下。

```
...
<button id="submitJSON" type="submit">Ajax 提交,表单的 JSON 数据,Content-Type: application/
json</button>
...
<script type="text/javascript">
...
$("#submitJSON").click(
        function() {//异步提交表单数据，JSON 串
            var objects = $("#myform").serializeArray();
//形如 [{"name":"userName","value":"Tom"},{"name":"userPass","value":"123"}]
            var data = {}; //声明一个对象
            $.each(objects, function(index, object) {//表单数据转化为对象
                data[object.name] = object.value;
//形如{userName":"Tom","userPass":"123"}
            })
            var jsonstr = JSON.stringify(data);
//形如{"userName":"Tom","userPass":"123"}//对象变为 JSON 串
            console.log("发送 JSON=" + JSON.stringify(data));
            var toURL = './mvc/httpMessageConverter/json';

            $.ajax({
                type : "POST",
                url : toURL,
                data : jsonstr,
                contentType : 'application/json',//发送的数据类型
                dataType : "json",//准备接收的数据类型
                success : function(data) {
                    alert("发送 JSON 数据，接收到 JSON:" + JSON.stringify(data));
                    console.log(data);
                }
            });
        });//绑定按钮单击事件
</script>
```

上述代码向服务器其提交了一个 JSON 字符串，同时还设定了请求的 Content-Type 为 application/json，属于 MappingJackson2HttpMessageConverter 所支持的媒体类型。此外还设定了期望接受的媒体类型为 application/json。

运行工程后，在页面 testHttpMessageConverter.html 输入登录名“王五”，密码“123456”等信息后，单击提交按钮，AJAX 将发送如下的 JSON 字符串。

```
{userName: "王五", userPass: "123456"}
```

在控制台可以看到如下信息：LoginInfo [userName=王五, userPass=123456]。这表明转换

工作顺利完成，请求体中的 JSON 数据被成功转换为 LoginInfo 对象。

因为 receiveXMLByAjax 方法使用了@ResponseBody 注解，同时请求中的 Accept 内容（“application/json”）与 MappingJackson2HttpMessageConverter 所支持的媒体类型与匹配，所以 receiveXMLByAjax 方法返回的 LoginInfo 对象会被 MappingJackson2HttpMessageConverter 转换为 JSON 数据，随后被写入响应中。于是在浏览器中，会看到如图 4-35 所示的弹窗信息。

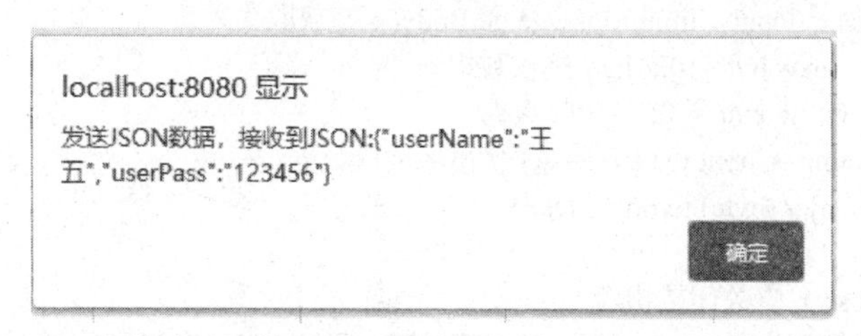

图 4-35　提交 testHttpMessageConverter.html 页面后浏览器上显示的弹窗信息

7．自定义 HttpMessageConverter 及其注册

创建一个自定义的转换器 LoginInfoConverter，该转换器继承 AbstractHttpMessageConverter，且没有覆盖 canRead 和 canWrite 方法，所其可读、可写逻辑继承了父类的规则，简述如下。

① 可读规则：目标类型匹配（由 supports 方法实现），且支持的媒体类型与请求中的 Content-Type 匹配。

② 可写规则：目标类型匹配（由 supports 方法实现），且支持的媒体类型与请求中的 Accept 匹配。

③ LoginInfoConverter 类覆盖了父类的 supports 方法、readInternal 方法和 writeInternal 方法，并提供了默认的构造函数，简述如下。

④ 构造函数：设置了支持的媒体类型为 text/loginInfo 和 text/plain，设置了默认的字符集 utf-8。

⑤ supports 方法：仅当目标类型为 LoginInfo 时返回 True。

⑥ readInternal 方法：获取输入流后，读取字节数组并转换为字符串。将字符串解析后赋值给一个新建的 LoginInfo 对象的各个属性。

⑦ writeInternal 方法：获取输出流后，将目标对象的属性和一些说明性文字进行拼接，并写入响应中。

步骤 1：创建 LoginInfoConverter 类，其具体代码如下。

```
package learn.springwebmvc;
//省略了 import
public class LoginInfoConverter extends AbstractHttpMessageConverter<LoginInfo> {
    public LoginInfoConverter() {
        super(new MediaType[] {new MediaType("text", "loginInfo"),
                                MediaType.TEXT_PLAIN});
        //当前 HttpMessageConverter 的支持 MIME 类型。text/loginInfo 和 text/plain
        this.setDefaultCharset(Charset.forName("utf-8"));//设置默认字符集
        System.out.println("LoginInfoConverter 支持的 MIME"
                + this.getSupportedMediaTypes().toString());
    }
```

```
    protected boolean supports(Class<?> class) {
        return LoginInfo.class == class;//仅支持 LoginInfo 类
    }
    protected LoginInfo readInternal(Class<? extends LoginInfo> class,
                                      HttpInputMessage inputMessage)
            throws IOException, HttpMessageNotReadableException {
        InputStream input = inputMessage.getBody(); // 获取输入流
        byte b[] = new byte[1024]; // 接收数组
        int len = 0; int temp = 0; // 接收数据
        while ((temp = input.read()) != -1) {//循环读取数据
            b[len] = (byte) temp;     len++;
        }
        input.close(); // 关闭输出流
        //变为字符串，形如 userName=%E7%8E%8B%E4%BA%94&userPass=123456
        String request = new String(b, 0, len);
        String[] paramValues = request.split("&");//进行简单的拆分
        String name = URLDecoder.decode(paramValues[0].split("=")[1], "utf-8");//解码
        String pass = URLDecoder.decode(paramValues[1].split("=")[1], "utf-8");
        LoginInfo li = new LoginInfo();//创建转换后对象
        li.setUserName(name);           li.setUserPass(pass);
        // 把 byte 数组变为字符串输出
        System.out.println("用户提交内容" + new String(b, 0, len));
        return li;
    }
    protected void writeInternal(LoginInfo t, HttpOutputMessage outputMessage)
            throws IOException, HttpMessageNotWritableException {
            OutputStream outputStream = outputMessage.getBody();
             String body ="用户名=" +t.getUserName() + ",密码=" + t.getUserPass() + "！ ";
            System.out.println("write="+body);
            outputStream.write(body.getBytes("utf-8"));
            outputStream.close();

    }
}
```

为了让 LoginInfoConverter 能够正常工作，必须将其添加到 Spring MVC 的 HttpMessageConverter 列表中。

步骤 2：编辑工程中 Spring MVC 的配置类 MvcConfig，并实现接口 WebMvcConfigurer 中的 extendMessageConverters 方法，在此方法中可以对由 WebMvcConfigurationSupport 类维护的默认的 HttpMessageConverter 列表进行编辑。具体代码如下。

```
@Override
public void extendMessageConverters(List<HttpMessageConverter<?>> converters) {
    for (int i = 0; i < converters.size(); i++) {
        if (converters.get(i) instanceof StringHttpMessageConverter) {
            converters.set(i, new StringHttpMessageConverter(StandardCharsets.UTF_8));// 换掉它
            // 在使用@ResponseBody 返回普通的字符串时，会使用这个 Converter,
            // 需要设置一下编码方式。防止乱码
            System.out.println("===替换使用默认字符集 iso-8859-1
```

```
                    的 StringHttpMessageConverter!");
        }
        System.out.println(converters.get(i).getClass().getSimpleName()+">>"
                        +converters.get(i).getSupportedMediaTypes());
    }
    converters.add(new LoginInfoConverter());//加入自定义的 Converter
}
```

代码中除了修改 StringHttpMessageConverter 的默认字符集外，还向 HttpMessageConverter 列表添加了自定义的 LoginInfoConverter 对象。

步骤 3：在控制器 TestHttpMessageConverter 中添加如下注解和代码。

```
@RequestMapping(value = "/loginInfo", method = RequestMethod.POST, consumes = "text/logininfo")
// 注意 consumes 和 AJAX 脚本中的 contentType 和 dataType 匹配
@ResponseBody
// 使用能够将对象 LoginInfo 转换为 text/plain 的 HttpMessageConverter，
// 所以会去找 LoginInfoConverter
public LoginInfo receiveLoginInfoByAjax(@RequestBody LoginInfo loginInfo) {
    System.out.println("转换后的对象=" + loginInfo);
    return loginInfo;
}
```

receiveLoginInfoByAjax 方法的形参@RequestBody LoginInfo loginInfo 中目标类型 LoginInfo 已经满足了 LoginInfoConverter 对于转换类型的要求（仅支持 LoginInfo 类），接下来只要请求中的 Content-Type 与其所支持的媒体类型匹配即可使用该转换器。

步骤 4：在 testHttpMessageConverter.html 页面创建一个按钮，并绑定如下单击事件，基本代码如下。

```
…
<button id="submitLoginInfo" type="submit">Ajax 提交,表单序列化数据,
                                    Content-Type: text/logininfo</button>
…
<script type="text/javascript">
…
$("#submitLoginInfo").click(
        function() {//异步提交表单数据，普通的序列化数据
            var toURL = './mvc/httpMessageConverter/loginInfo';
            //普通的序列化  param=value&param2=value 形式 ； 发送的不是 JSON 串
            var data=$("#myform").serialize();
            console.log("表单数据=" + data);
            $.ajax({
                type : "Post",
                url : toURL,
                contentType : 'text/logininfo',//发送的数据类型
                data : data,
                // 准备接收的数据类型，这个类型的可用值比较少
```

```
                    // 如果服务器返回的值不匹配，则进入 error 方法
                    dataType : 'text',
                    success : function(data) {
                            alert("发送表单数据，接收到:"+ data);
                            console.log(data);
                    },
                error:function(result){
                alert("error");}
            });
        });//绑定按钮单击事件
</script>
```

上述代码向服务器其提交了表单序列化后的结果，同时还设定了请求的 Content-Type 为 text/logininfo，属于 LoginInfoConverter 所支持的媒体类型。此外还设定了期望接受的媒体类型为 text/plain。

运行工程后，在 MessageConverter.html 输入登录名“赵六”，密码“789”等信息后，单击提交按钮，AJAX 发送的内容为：userName=%E8%B5%B 5%E5%85%AD&userPass =789。

在控制台可以看到如下信息。

```
用户提交内容 userName=%E8%B5%B5%E5%85%AD&userPass=789
转换后的对象=LoginInfo [userName=赵六, userPass=789]
write=用户名=赵六,密码=789!
```

这表明读取请求和写入响应的转换工作都顺利完成，请求体中的数据被成功转换为 LoginInfo 对象，处理方法返回后，由 LoginInfoConverter 将方法的返回值(LoginInfo 对象)以规定的格式写入到响应中。

① @ResquestBody 注解分析：请求中的 Content-Type 为 text/logininfo，处理方法 receiveLoginInfoByAjax 的形参类型为 LoginInfo，满足 LoginInfoConverter 的可读逻辑，于是由 LoginInfoConverter 负责将请求体转换为 LoginInfo 对象。

② @ResponseBody 注解分析：请求中的 Accept 为 text/plain，处理方法 receiveLoginInfoByAjax 的返回值类型为 LoginInfo，满足 LoginInfoConverter 的可写逻辑，于是由 LoginInfoConverter 负责将返回值写入响应。

在浏览器中会看到如图 4-36 所示的弹窗信息。

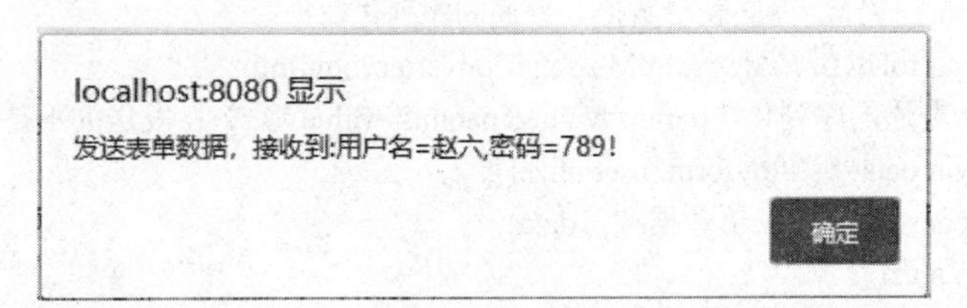

图 4-36 提交 MessageConverter.htmll 页面后浏览器上显示的弹窗信息

4.3.3 视图与视图解析器

本节介绍视图与视图解析器。

1．视图与视图解析器接口

借助 Spring MVC 中的 ViewResolver 接口和 View 接口，可以让数据的呈现不依赖特定的视图技术，其中 ViewResolver 用于视图名称和实际视图之间的映射，而 View 负责具体的渲染工作，主要负责将模型中的数据已指定方式展现给用户。

ViewResolver 接口和 View 接口的定义如下。

```
public interface ViewResolver {
@Nullable
View resolveViewName(String viewName, Locale locale) throws Exception;
}
--------
public interface View {
	String RESPONSE_STATUS_ATTRIBUTE = View.class.getName() + ".responseStatus";
	String PATH_VARIABLES = View.class.getName() + ".pathVariables";
	String SELECTED_CONTENT_TYPE = View.class.getName() + ".selectedContentType";
	@Nullable
	default String getContentType() {
		return null;
	}
	void render(@Nullable Map<String, ?> model, HttpServletRequest request,
					HttpServletResponse response) throws Exception;
}
```

① resolveViewName：从视图名称解析出视图对象。

② RESPONSE_STATUS_ATTRIBUTE：request 作用域内用于保存响应状态码的属性对象（HttpStatus 类型）的名称。

③ PATH_VARIABLES：request 作用域内用于保存所有路径变量的属性对象（Map<String, Object>类型）的名称。

④ SELECTED_CONTENT_TYPE：request 作用域内用于保存媒体类型的属性对象（MediaType 类型）的名称。

⑤ getContentType 方法：返回视图的内容类型。

⑥ render 方法：根据指定的模型渲染视图。

常见的 ViewResolver 实现类如表 4-9 所示。

表 4-9　常见的 ViewResolver 实现类

ViewResolver 实现类	说　明
AbstractCachingViewResolver	继承自 AbstractCachingViewResolver 的类具备缓存解析的视图对象的能力，缓存机制有助于提高某些视图技术的性能
XmlViewResolver	利用 XML 文件中的 Bean 定义来获得 View。XmlViewResolver 默认从/WEB-INF/views.xml 中加载 Bean
ResourceBundleViewResolver	利用 ResourceBundle 中的 Bean 定义来获得 View
UrlBasedViewResolver	将逻辑视图名直接解析为 url，而不需要显式的映射定义
InternalResourceViewResolver	继承自 UrlBasedViewResolver，支持 InternalResourceView 类型及其子类的视图（例如 JstlView，TilesView）
FreeMarkerViewResolver	继承自 UrlBasedViewResolver，支持 FreeMarkerView 类型及其子类的视图
ContentNegotiatingViewResolver	ContentNegotiatingViewResolver 可以基于请求的查询参数或 Accept 头，选择合适的视图解析器进行解析，所以其本身不解析视图，而是委托给其他的视图解析器

Spring MVC 中只需要修改配置，就可以使用多种视图技术，常见的视图技术有：JSP 和 JSTL、Thymeleaf、FreeMarker、Groovy Markup、PDF、Excel 等。

2. 修改默认添加的视图解析器

为了更好地理解 SpringMVC 中的 ViewResolver 的初始化过程，这里对 DispatherServlet 类的代码一探究竟。DispatherServlet 中包含一个私有字段 List<ViewResolver> viewResolvers，这里维护了 DispatherServlet 中可用的所有视图解析器。DispatherServlet 中的 initViewResolvers 方法用于初始化 viewResolvers，其基本过程如图 4-37 所示。

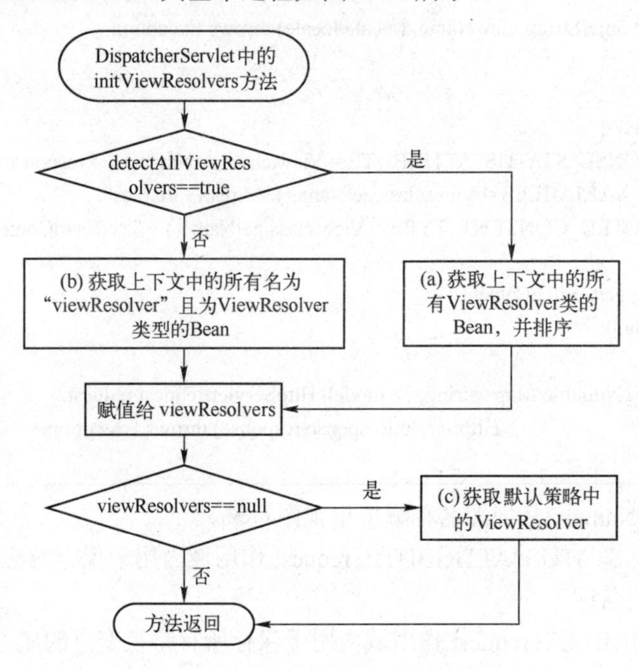

图 4-37 initViewResolvers 方法示意图

图中除了 2 个判断条件外，主要有 3 个获得 ViewResolver 的过程，每个过程的是否执行有判断条件来决定。下面对上述 3 个获得 ViewResolver 的过程简述如下。

（1）获得应用上下文中所有类型为 ViewResolver 的 Bean

这一过程会扫描应用上下文中所有的 ViewResolver 类型的 Bean，并将这些 Bean 加入到 viewResolvers 列表中，因此开发人员可以自行定义所需要的 ViewResolver 作为 Bean。此外，在为@EnableWebMvc 提供支持的 WebMvcConfigurationSupport 类中包含了众多的 Bean，这其中就包含一个 mvcViewResolver 方法，具体代码如下。

```
@Bean
public ViewResolver mvcViewResolver(@Qualifier("mvcContentNegotiationManager")
        ContentNegotiationManager contentNegotiationManager) {
    ViewResolverRegistry registry =   new ViewResolverRegistry(contentNegotiationManager,
                                          this.applicationContext);
    configureViewResolvers(registry);
    //这里会调用 SpringMVC 配置类 MvcConfig 中的 configureViewResolvers 方法，
    //向 registry 加入 ViewResovler
```

```
        if (registry.getViewResolvers().isEmpty() && this.applicationContext != null) {
            String[] names = BeanFactoryUtils.beanNamesForTypeIncludingAncestors(
                    this.applicationContext, ViewResolver.class, true, false);
            if (names.length == 1) {
                registry.getViewResolvers().add(new InternalResourceViewResolver());
                //如果目前没有任何的 ViewResolver 对象，则创建一个
                //InternalResourceViewResolver 对象，并加入到 registery
            }
        }
        ViewResolverComposite composite = new ViewResolverComposite();
        composite.setOrder(registry.getOrder());
        composite.setViewResolvers(registry.getViewResolvers());
        //将 registry 中的 ViewResolver 加入到 ViewResolverComposite 对象的列表中
        if (this.applicationContext != null) {
            composite.setApplicationContext(this.applicationContext);
        }
        if (this.servletContext != null) { composite.setServletContext(this.servletContext); }
        return composite;
    }
```

通过分析代码可以得到如下结论。

① 可以在 SpringMVC 的配置类 MvcConfig 中覆盖方法 configureViewResolvers，对 ViewResolver 进行自定义配置；如果没有覆盖该方法，则会得到一个默认配置的 InternalResourceViewResolver（默认配置下，InternalResourceViewResolver 的'suffix'和'prefix'被设置为空字符串，这意味着应用程序必须为视图使用全路径名）。

② 这个名为“mvcViewResolver”的 Bean 是 ViewResolverComposite 类型，该 Bean 维护了一个 List<ViewResolver>类型的对象 viewResolvers，而 viewResolvers 至少包含一个 InternalResourceViewResolver 实例（也可能包含更多的 ViewResolver 实例，这取决于 SpringMVC 的配置类 MvcConfig 是否覆盖了 configureViewResolvers 方法）。应当注意该 ViewResolverComposite 类型的 Bean 所返回的 order 值为 0。

需要特别说明的是，通过扫描获得的 ViewResolver 类型 Bean 在加入 DispatherServlet 中的 viewResolvers 后，会按照 Order 接口的排序规则排序，即 order 的数值越大，优先级越低。

（2）获取应用上下文中名为“viewResolver”且为 ViewResolver 类型的 Bean

这个过程相对比较简单，但需要在应用上下文中定义一个名称为“viewResolver”的 Bean，且类型为 ViewResolver，最后并将这个 Bean 加入到 viewResolvers 列表中。

（3）获取默认策略中的 ViewResolver

在 DispatcherServlet 类所在包的根目录下（/org/springframework/web/servlet/），有一个名为 DispatcherServlet.properties 的文件。该文件给出了 DispatcherServlet 策略接口的默认实现类，以备在 DispatcherServlet 的应用上下文中找不到匹配的 Bean 时使用。具体内容如下。

```
    org.springframework.web.servlet.LocaleResolver=org.springframework.web.servlet.i18n.AcceptHeaderLocaleResolver
    org.springframework.web.servlet.ThemeResolver=org.springframework.web.servlet.theme.FixedThemeResolver
    org.springframework.web.servlet.HandlerMapping=org.springframework.web.servlet.handler.BeanNameUrl
HandlerMapping,\
```

```
    org.springframework.web.servlet.mvc.method.annotation.RequestMappingHandlerMapping,\
    org.springframework.web.servlet.function.support.RouterFunctionMapping
    org.springframework.web.servlet.HandlerAdapter=org.springframework.web.servlet.mvc.HttpRequestHand
lerAdapter,\
    org.springframework.web.servlet.mvc.SimpleControllerHandlerAdapter,\
    org.springframework.web.servlet.mvc.method.annotation.RequestMappingHandlerAdapter,\
    org.springframework.web.servlet.function.support.HandlerFunctionAdapter
    org.springframework.web.servlet.HandlerExceptionResolver=org.springframework.web.servlet.mvc.method.
annotation.ExceptionHandlerExceptionResolver,\
    org.springframework.web.servlet.mvc.annotation.ResponseStatusExceptionResolver,\
    org.springframework.web.servlet.mvc.support.DefaultHandlerExceptionResolver
    org.springframework.web.servlet.RequestToViewNameTranslator=org.springframework.web.servlet.view.
DefaultRequestToViewNameTranslator
    org.springframework.web.servlet.ViewResolver=org.springframework.web.servlet.view.InternalResourceView
Resolver
    org.springframework.web.servlet.FlashMapManager=org.springframework.web.servlet.support.SessionFlash
MapManager
```

其中 ViewResolver 接口的实现类为 InternalResourceViewResolver。于是 DispatcherServlet 中的 getDefaultStrategies 方法负责创建一个 List<ViewResolver> strategies 对象，并向列表中加入了一个 InternalResourceViewResolver 对象。

基于上述的分析，总结一下在 SpringMVC 中配置 ViewResolver 的几个常用方法。需要说明的是，DispatcherServlet 中的 detectAllViewResolvers 属性默认为 True，但也可修改为 False，因此分别对两种情况进行分析。

① detectAllViewResolvers==true（自动扫描所有的 ViewResolver 类型的 Bean）：有两种情况，第一种情况，可以在应用上下文中定义 ViewResolver 类型的 Bean；第二种情况，可以在 SpringMVC 配置类（MvcConfig）中实现 configureViewResolvers 方法，配置 ViewResolver。

② detectAllViewResolvers==false：需要在应用上下文中定义一个名称为“viewResolver”的 Bean，且类型为 ViewResolver。

3. 使用 JSP 视图

虽然默认情况下会得到一个支持 JSP 视图的 InternalResourceViewResolver 视图解析器，但必须使用全路径名，显然这是非常不方便的。因此通常会明确地配置一个 InternalResourceViewResolver 对象，而不是让 SpringMVC 创建一个默认配置的 InternalResourceViewResolver 对象。

在 SpringMVC 的配置文件 MvcConfig 中，实现 WebMvcConfigurer 接口的 configureViewResolvers 方法，具体如下。

```
@Override
public void configureViewResolvers(ViewResolverRegistry registry) {
    registry.jsp("/WEB-INF/pages/", ".jsp");
}
```

代码中的 registry.jsp 方法实际上创建了一个具有指定 prefix 和 suffix 的 InternalResourceViewResolver 对象，JSP 方法的源代码如下。

```
public UrlBasedViewResolverRegistration jsp(String prefix, String suffix) {
    InternalResourceViewResolver resolver = new InternalResourceViewResolver();
    resolver.setPrefix(prefix);
    resolver.setSuffix(suffix);
    this.viewResolvers.add(resolver);
    return new UrlBasedViewResolverRegistration(resolver);
}
```

经过上述配置后，当控制器中的处理方法返回一个 String 时（且没有使用@ResponseBody 注解），就会解析为“/WEB-INF/pages/”目录下后缀为“.jsp”的文件，例如“admin”会被解析为“/WEB-INF/pages/admin.jsp”。

4．使用 Excel 视图

本节通过一个例子来讲解 Excel 视图技术的基本用法，对于其他视图技术读者可参考。为了读写 Microsoft Office 文档，可以使用 Apache POI 库，因此需要在工程的 Maven 配置文件 pom.xml 中添加如下依赖项。

```
<!-- 读写 OFFICE 文档所依赖的 jar 包 -->
<dependency>
    <groupId>org.apache.poi</groupId>
    <artifactId>poi</artifactId>
    <version>3.16</version>
</dependency>
```

步骤 1：新建一个继承类 AbstractXlsVie 的视图类 LoginInfosExcelView，类 AbstractXlsView 支持 XLS 格式的 Excel 文档，其兼容 Apache POI 3.5 及更高版本。具体代码如下。

```
package learn.springwebmvc;
import java.util.List;import java.util.Map;
import javax.servlet.http.HttpServletRequest;
import javax.servlet.http.HttpServletResponse;
import org.apache.poi.ss.usermodel.Row;
import org.apache.poi.ss.usermodel.Sheet;
import org.apache.poi.ss.usermodel.Workbook;
import org.springframework.core.Ordered;
import org.springframework.web.servlet.view.document.AbstractXlsView;
public class LoginInfosExcelView extends AbstractXlsView {
    @Override
    protected void buildExcelDocument(Map<String, Object> model, Workbook workbook,
            HttpServletRequest request, HttpServletResponse response) throws Exception {
        List<LoginInfo> list = (List<LoginInfo>) model.get("loginInfos");
        Sheet sheetA = workbook.createSheet("第一个 sheet");
        sheetA.setFitToPage(true);
        int rowCount = 0;
        Row header = sheetA.createRow(rowCount++);
        header.createCell(0).setCellValue("用户名");
        header.createCell(1).setCellValue("用户密码");
```

```
            header.createCell(2).setCellValue("备注");
            for (LoginInfo l : list) {
                Row currencyRow = sheetA.createRow(rowCount++);
                currencyRow.createCell(0).setCellValue(l.getUserName());
                currencyRow.createCell(1).setCellValue(l.getUserPass());
                currencyRow.createCell(2).setCellValue("");
            }
            Sheet sheetB = workbook.createSheet("第二个 sheet");
            sheetB.setFitToPage(true);
            response.setHeader("Content-Disposition", "attachment; filename= loginInfos.xls");
        }
    }
```

buildExcelDocument 方法读取模型中名为 loginInfos 的对象，其实际类型为 List<LoginInfo>。接下来创建两个 Sheet 对象，代表 Excel 文档中的两个工作表，并向其中添加了 loginInfos 对象中保存的内容。感兴趣的读者可以参考 Apache POI 的官方网站（https://poi.apache.org/）进行深入学习，此处不再详细展开。

步骤 2：编写一个控制器类 TestOtherView，具体代码如下所示。

```
package learn.springwebmvc;
//省略了 import
@Controller
@RequestMapping("/showOtherView")
public class TestOtherView {
    @RequestMapping("/excel")
    //http://localhost:8080/myhomework/mvc/showOtherView/excel
    public String excel(Model m) {
        List<LoginInfo> list=new ArrayList<LoginInfo>();
        Random r=new Random();

        for(int i=0;i<10;i++) {
            LoginInfo l=new LoginInfo();
            l.setUserName("用户"+i);
            l.setUserPass(""+r.nextInt());
            list.add(l);
        }
        m.addAttribute("loginInfos", list);
        return "excelView";//返回 Excel 视图的 Bean 名称
    }
}
```

该控制器比较简单，方法 excel 向模型加入了一个名为 loginInfos 的对象，这是一个 List<LoginInfo>类型的对象，其包含了一些随机生成的 LoginInfo 对象。

方法 excel 返回了一个字符串“excelView”，它实际上代表一个 Excel 视图的 Bean 名称。但如何解析这个字符串，却涉及多个 ViewResolver 优先级的问题（也可以是一个 JSP 页面的名称）。

步骤 3：在 Spring MVC 的配置类 MvcConfig 中增加如下的代码。

```
@Bean
public ViewResolver beanNameViewResolver() {
    BeanNameViewResolver resolver = new BeanNameViewResolver();
    resolver.setOrder(-1);
//设置 order 值，小于 0。这样其优先级高于 ViewResolverComposite 的 0
    return resolver;    }
@Bean("excelView")
public LoginInfosExcelView myExcelView() {
    LoginInfosExcelView view=new LoginInfosExcelView();
    return view;
}
```

上述代码定义了两个 Bean，简述如下。

① beanNameViewResolver 方法：返回一个 BeanNameViewResolver 对象，用于将视图名映射到对应的 Bean 上。此处将 BeanNameViewResolver 对象的 order 值设为-1，从而让其优先级高于 ViewResolverComposite 对象（该对象包含了一个 InternalResourceViewResolver 类型的解析器，这是因为在方法 configureViewResolvers 中调用了 registry.jsp("/WEB-INF/pages/", ".jsp")）。

② myExcelView()方法：返回一个 LoginInfosExcelView 对象，该对象注册为名为“excelView”的 Bean。

启动工程后，访问 http://localhost:8080/myhomework/mvc/showOtherView/excel 后，浏览器会下载一个 Excel 文件，用 Microsoft Office 的 Excel 软件打开后会看到如图 4-38 所示的内容。

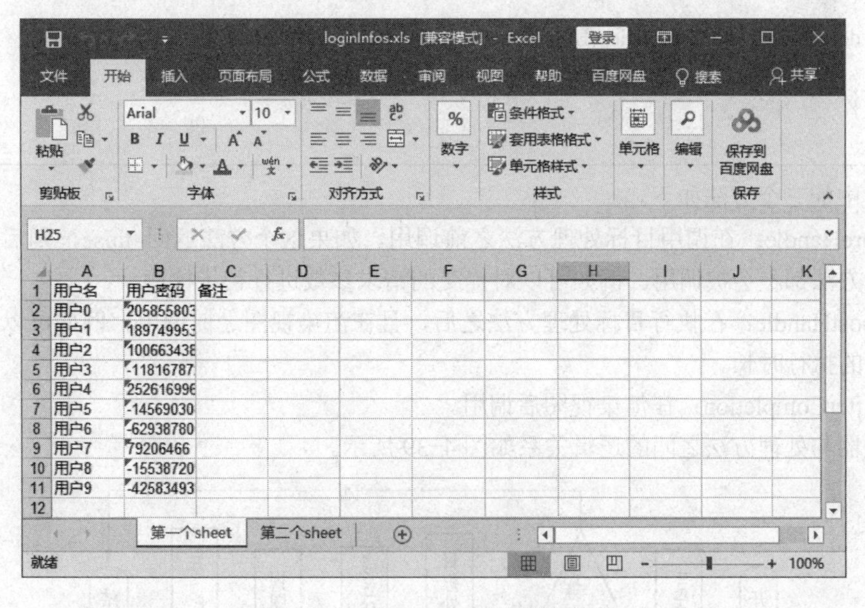

图 4-38　用 Excel 打开下载的文件

整个访问过程分析如下。

① 控制器处理：用户访问 http://localhost:8080/myhomework/mvc/showOtherView/excel，

则由 TestOtherView 控制器中的 excel 处理方法进行实际的处理，并返回字符串“excelView”。

② 解析器优先级比较：由于 BeanNameViewResolver 的优先级高于 InternalResourceViewResolver，所以由 BeanNameViewResolver 负责解析。

③ 解析视图名：视图名“excelView”与@Bean("excelView")匹配，所以由 LoginInfosExcelView 类型的 Bean 作为解析后的视图对象。

④ 渲染视图：LoginInfosExcelView 类型的 Bean 负责具体的渲染工作，浏览器接收到响应后启动下载程序。

4.3.4 拦截器

本节讨论拦截器。

1. 拦截器使用示例

拦截器可以拦截指向控制器的请求，当要对特定的请求使用某种特殊功能时，这些拦截器就非常有用。例如，对于登录信息的拦截。

拦截器需要接口 HandlerInterceptor，该接口的源代码如下。

```
public interface HandlerInterceptor {
    default boolean preHandle(HttpServletRequest request, HttpServletResponse response,
                    Object handler) throws Exception {
        return true;
    }
    default void postHandle(HttpServletRequest request, HttpServletResponse response,
            Object handler, @Nullable ModelAndView modelAndView) throws Exception {
    }
    default void afterCompletion(HttpServletRequest request, HttpServletResponse response,
                    Object handler, @Nullable Exception ex) throws Exception {
    }
}
```

接口中的三个方法如下。

① preHandle：在调用目标处理方法之前调用。如果这个方法返回 false，则后续的拦截器和处理方法都不会被调用。例如可以对提交的请求参数进行初步检测。

② postHandle：在执行目标处理方法之后，且在渲染视图之前调用。例如可以在此记录处理方法的执行时长。

③ afterCompletion：在渲染视图后调用。

拦截器与处理方法之间的逻辑关系如图 4-39 所示。

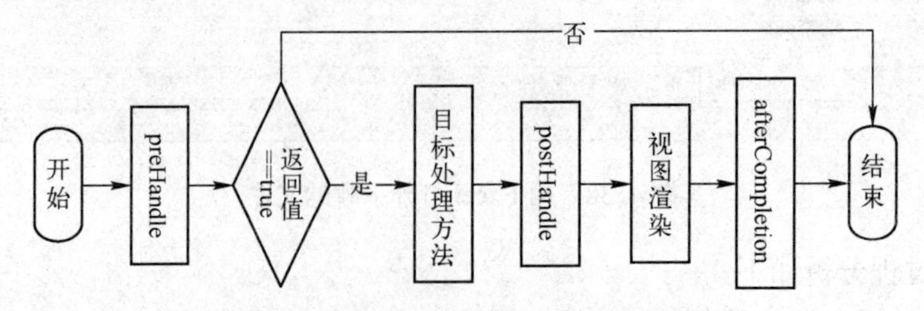

图 4-39 拦截器与处理方法之间的逻辑关系

下面通过一个登录验证的例子来说明拦截器的具体用法。

步骤 1：在路径/webapp/新建一个登录页面 loginForm.jsp，其包含了一个表单和简单 EL 表达式，其主要内容如下。

```
…
<hr/>
    <form id="myform" action="./mvc/interceptor/login" method="post">
        <label for="name">用户名</label><input id="name" name="userName" /> <br/>
        <label for="pass">密码</label><input id="pass" name="userPass" /><br/>
        <button type="submit">提交</button>
    </form>
<hr/>
Session 中保存的用户信息=${sessionScope.loginInfo}
…
```

该表单向“./mvc/interceptor/login”提交了两个参数，分别为 userName 和 userPass。如果在 session 作用域存在名为“loginInfo”的对象，则显示该对象。

步骤 2：建立 success.jsp 页面，并保存在“/webapp/WEB-INF/pages/”目录中，该页面主要内容如下。

```
<h1>Success</h1>
Session 中保存的用户信息=${sessionScope.loginInfo}<br/>
preHandleTime=${requestScope.preHandleTime}<br/>
postHandleTime=${requestScope.postHandleTime}<br/>
```

步骤 3：新建一个控制器 TestInterceptor，代码如下。

```
package learn.springwebmvc;
//省略了 import
@Controller
@RequestMapping("/interceptor")
public class TestInterceptor {
    @RequestMapping("/login")
    public String login(LoginInfo li,HttpSession session) {
    System.out.println("执行控制器中处理方法 login "+System.currentTimeMillis());
    if(session.getAttribute("loginInfo")!=null) {
        return "success";
    }
    if(li.getUserName().equals("张三")&&li.getUserPass().equals("123")) {
        session.setAttribute("loginInfo", li);//验证成功，保存到 session
        return "success";//登录成功，服务器内部转发到"/WEB-INF/pages/success.jsp"
    }else {
        return "redirect:../../loginForm.jsp";//让浏览器重新发送请求所需要的 URL
        }
    }
}
```

处理 login 方法的逻辑比较简单，简述如下。

① 如果能从 session 作用域获取对象 loginInfo，则直接返回视图名“success”，会被解析为“/webapp/WEB-INF/pages/success.jsp”页面。

② 如果能从请求中获取 userName、userPass 参数，并转换为 LoginInfo 对象 li，则对 li 的两个属性进行分别判断，以验证用户身份。验证成功后，返回视图名“success”，否则返回字符串“redirect:../../loginForm.jsp”，这代表了一次重定向（目标为/webapp/loginForm.jsp）。

在 login 方法的中，实际上假设用户每次都会提交 userName 和 userPass 参数，即用户总会通过 loginForm.jsp 来提交请求。

显然，这忽略了用户直接访问 http://localhost:8080/myhomework/mvc/interceptor/login 的可能性，如果用户直接访问控制器中的方法，会遇到 java.lang.NullPointerException，但由于当前工程配置了 SimpleMappingExceptionResolver，所以会跳转到页面/WEB-INF/pages/defaultErrorPage.jsp（内容为：${requestScope.error}）来展示错误信息，如图 4-40 所示。

localhost:8080/myhomework/mvc/interceptor/login

defaultErrorPage

java.lang.NullPointerException

图 4-40　defaultErrorPage.jsp 页面的执行结果

SimpleMappingExceptionResolver 的配置代码如如下。

```
// 定义 SimpleMappingExceptionResolver 的 Bean
@Bean
HandlerExceptionResolver errorHandler() {
    SimpleMappingExceptionResolver resolver = new SimpleMappingExceptionResolver();
    resolver.setExceptionAttribute("error");// 修改为模型属性“error”
    // 默认情况下，使用模型属性“exception”保存异常对象
    // 定义 异常到视图名的映射
    Properties ex2view = new Properties();
    ex2view.setProperty(InvalidCharacterException.class.getName(), "errorPage");
    resolver.setExceptionMappings(ex2view);
    // 定义 视图名到状态码的映射
    // 400 Bad Request 客户端请求的语法错误，服务器无法理解
    resolver.addStatusCode("errorPage", 400);
    // 默认的错误视图
    resolver.setDefaultErrorView("defaultErrorPage");
    // 默认的状态码
    // 403 Forbidden 服务器理解请求客户端的请求，但是拒绝执行此请求
    resolver.setDefaultStatusCode(403);
    // resolver 没有设置 order，所以采用默认值 即 MAX_VALUE = 0x7fffffff,
    //所以实际上排在默认的 resovler 的最后。
    return resolver;
}
```

为了应对上述情况，可以在处理方法前面加入一个拦截器，对用户提交的请求中的参数进行初步排查。分为两步，第一步就是创建拦截器类，第二步就是配置拦截器。叙述如下。

2．创建拦截器类 MyInterceptor

创建拦截器类，并覆盖接口 HandlerInterceptor 中的三个默认方法。postHandle 和 afterCompletion 方法仅仅是在控制台输出信息，preHandle 方法的主要功能如下。

① 获取 session 作用域中的已有对象，如果存在名为 loginInfo 的对象，则表明用户已经登录，允许继续执行。

② 判断请求中是否包含了必要的参数，且不为空串，否则不能继续执行。

③ 不满足条件的请求会被重定向到 loginForm.jsp，强制用户利用表单传递符合要求的参数。

```
package learn.springwebmvc;
//省略了 import
public class MyInterceptor implements HandlerInterceptor {
    private String value;
    public MyInterceptor(String value) {
        this.value = value;
    }
    @Override
    public boolean preHandle(HttpServletRequest request, HttpServletResponse response,
                    Object handler) throws Exception {
        Thread.currentThread();//为了看出执行顺序，有意让线程睡眠 1 毫秒
        Thread.sleep(1) ;
        System.out.println("执行 preHandle"+this.value+" "+System.currentTimeMillis());
    //设置 request 作用域的属性
        request.setAttribute("preHandleTime", System.currentTimeMillis());
        String name = request.getParameter("userName");//获取请求参数
        String pass = request.getParameter("userPass");
    //获取 session 作用域中的已有对象
        LoginInfo li = (LoginInfo) request.getSession().getAttribute("loginInfo");
        if (li != null) {//session 中已存在指定对象，表明用户已经登录
            return true;
        } else if (name != null && pass != null) {//请求中包含了两个参数
            if (name.trim().length() != 0 && pass.trim().length() != 0) {//两个参数均不为空串
                return true;
            } else {
                //参数有空串，直接重定向
                response.sendRedirect(request.getContextPath() + "/loginForm.jsp");
                System.out.println("preHandle"+this.value+"  返回 false "
                        +System.currentTimeMillis());
                return false;
            }
        } else {//用户没登录，且没有传递必要的两个参数，直接重定向
            response.sendRedirect(request.getContextPath() + "/loginForm.jsp");
            System.out.println("preHandle"+this.value+"  返回 false "
```

```
                    +System.currentTimeMillis());
            return false;
        }
    }
    @Override
    public void postHandle(HttpServletRequest request, HttpServletResponse response,
            Object handler, ModelAndView modelAndView) throws Exception {
        Thread.currentThread();
        Thread.sleep(1) ;
        System.out.println("执行 postHandle"+this.value+" "+System.currentTimeMillis());
        modelAndView.addObject("postHandleTime", System.currentTimeMillis());
    }
    @Override
    public void afterCompletion(HttpServletRequest request, HttpServletResponse response,
            Object handler, Exception ex) throws Exception {
        Thread.currentThread();
        Thread.sleep(1) ;
        System.out.println("执行 afterCompletion"+this.value+" "
                    +System.currentTimeMillis());
    }
}
```

3．配置拦截器

在 Spring MVC 的配置类 MvcConfig 中，实现 WebMvcConfigurer 接口中的 addInterceptors 方法，代码如下。

```
@Override
public void addInterceptors(InterceptorRegistry registry) {
    //加入自定义拦截器，并且设置路径模式
    registry.addInterceptor(new MyInterceptor("A")).addPathPatterns("/interceptor/*");
}
```

上述代码添加了一个 MyInterceptor 对象作为拦截器，拦截路径为当前 DispatcherServlet 映射路径下的“/interceptor/*”请求。

启动工程后，直接访问 http://localhost:8080/myhomework/mvc/interceptor/login，之后会被重定向到 http://localhost:8080/myhomework/loginForm.jsp 页面。控制台也会输出如下内容。

```
执行 preHandleA 1610716421786
preHandleA 返回 false 1610716421786
```

这表明拦截器正常工作，并对不符合要求的请求进行重定向操作。

但当在 loginForm.jsp 输入用户名和密码，并提交表单后，控制台会输出下列内容。

```
执行 preHandleA 1610716741994
执行控制器中处理方法 login 1610716742035
执行 postHandleA 1610716742041
执行 afterCompletionA 1610716742134
```

这进一步验证了 HandlerInterceptor 接口中三个方法的执行逻辑。浏览器会展示 success.jsp 页面，如图 4-41 所示

localhost:8080/myhomework/mvc/interceptor/login

Success

Session中保存的用户信息=LoginInfo [userName=张三, userPass=123]
preHandleTime=1610716741994
postHandleTime=1610716742041

图 4-41 success.jsp 页面

4. 多拦截器执行顺序

为了更好地说明多拦截器的执行顺序，在 addInterceptors 方法中再增加一个拦截器，代码如下。

```
@Override
public void addInterceptors(InterceptorRegistry registry) {
    //加入自定义拦截器，并且设置路径模式
    registry.addInterceptor(new MyInterceptor("A")).addPathPatterns("/interceptor/*");
    registry.addInterceptor(new MyInterceptor("B")).addPathPatterns("/interceptor/*");
}
```

新增加的拦截器仍为 MyInterceptor 类型，传入构造函数的字符串设为“B”，用于与第一个拦截器进行区分，但拦截器 B 的拦截路径与拦截器 A 相同。再次从 http://localhost:8080/myhomework/loginForm.jsp 页面常提交用户名和密码后。在控制台中会得到如下输出结果。

```
执行 preHandleA 1610721372461
执行 preHandleB 1610721372468
执行控制器中处理方法 login 1610721372513
执行 postHandleB 1610721372521
执行 postHandleA 1610721372523
执行 afterCompletionB 1610721372542
执行 afterCompletionA 1610721372543
```

本例的整个执行过程如图 4-42 所示。

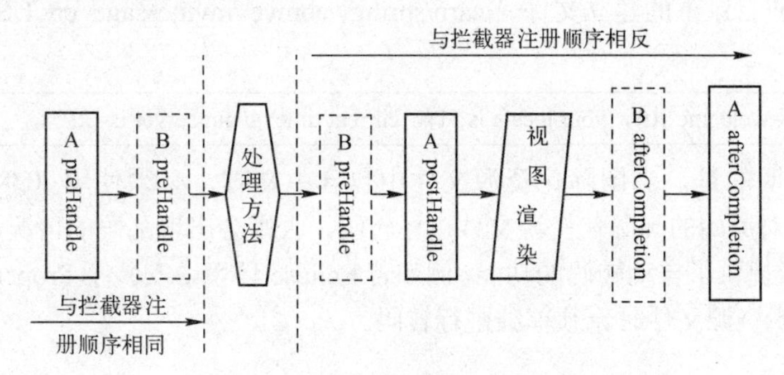

图 4-42 多拦截器执行顺序

通过该图可以得出如下多拦截器执行时的一般规律。

① 在到达“处理方法”之前：与拦截器注册顺序相同。

② 在离开“处理方法”之后：与拦截器注册顺序相反。

4.3.5 国际化

本节讨论国际化。

1. 国际化资源文件

Java 平台通过将不同语言的文本写在后缀为“.properties”的文件中，提供了应用的国际化（I18n）和本地化（L10n）的支持。后缀为“.properties”文件通常称为“国际化资源文件”，这些文件中包含众多的“键-值对”，即格式为 key=value（也可以理解为 code=message）。

国际化资源文件的命名需要遵循如下格式。

```
basename_languageCode_countryCode.properties
```

其中 basename 的名称可以自由设定，languageCode 和 countryCode 则需要符合一定的规范，例如 basename_zh_CN.properties 表明适用于汉语中中国内地的资源，而 basename_en_US.properties 适用于英语中美国地区的资源。Locale.getAvailableLocales()可以获得当前 JVM 运行的计算机上所安装的 Locale 信息，类似下面的代码可以查看当前计算机上可用的 Locale 信息。

```
Locale[] list = Locale.getAvailableLocales();
for (int i = 0; i < list.length; i++) {
        String str = list[i].getDisplayLanguage()+"_"+list[i].getDisplayCountry()+" = "
                    +list[i].getLanguage()+"_"+list[i].getCountry();
        System.out.println(str);
}
```

在开发实际应用时，对于资源文件的数量和位置没有强行限制，它们只要位于类路径中即可。但为了便于管理，可根据资源文件的实际内容，将它们分别存放在不同的子目录中。

在工程源代码目录下的建立文件“learn/springwebmvc/mymessage_zh_CN.properties”，文件内容如下。

```
index.welcome=欢迎{0}访问，您的 Locale 信息为{1},当前服务器时间为:{2}.
```

在工程源代码目录下的建立文件“learn/springwebmvc /mymessage_en_US.properties”，文件内容如下。

```
index.welcome=Welcome {0}，your locale is {1}，current time on our server is {2}.
```

需要特别说明的是，当国际化资源文件中包含中文时，必须使用 JDK bin 目录下的 native2ascii 工具对原始的国际化资源文件进行转码，否则会出现乱码的情况。但在很多集成开发环境中，已经提供了自动转码的功能，例如若 Eclipse 环境中安装了 PropertiesEditor 插件，则使用该插件编辑资源文件时无须单独进行转码。

2. MessageSource 接口及实现类

MessageSource 接口是专门用于解析消息的策略接口，其不仅支持消息参数化，也支持消息的国际化。具体源代码如下。

```
public interface MessageSource {
    @Nullable
    String getMessage(String code, @Nullable Object[] args, @Nullable String defaultMessage,
                Locale locale);
    String getMessage(String code, @Nullable Object[] args, Locale locale)
                throws NoSuchMessageException;
    String getMessage(MessageSourceResolvable resolvable, Locale locale)
                throws NoSuchMessageException;
}
```

① getMessage(String code, @Nullable Object[] args, @Nullable String defaultMessage, Locale locale)：尝试解析消息。如果找不到消息，则返回默认消息。

② getMessage(String code, @Nullable Object[] args, Locale locale) throws NoSuchMessage-Exception：尝试解析消息。如果找不到消息，则抛出异常。

③ getMessage(MessageSourceResolvable resolvable, Locale locale) throws NoSuchMessage-Exception：尝试使用 MessageSourceResolvable 参数中包含的所有属性解析消息。

上述三个方法有一些通用的参数，如表 4-10 所示。

表 4-10 getMessage 方法的通用参数及其含义

形参类型及参数名	含义	举例
String code	需要寻找的资源文件中的 key	welcome=欢迎{0}，中的 welcome
Object[] args	将 args 数组中对应值填入 value 中的占位符（基于索引）	welcome=欢迎{0}，中的{0}会被填入 args[0]的值
String defaultMessage	默认的消息值	
Locale locale	目标 Locale 对象	
MessageSourceResolvable resolvable	MessageSourceResolvable 是一个适合动态解析消息的接口	

Spring 提供了 MessageSource 接口的两个常用实现。

① ResourceBundleMessageSource：内部仍然使用 java.util.ResourceBundle 进行解析，并结合 JDK 提供的标准消息解析格式（java.text.message）。

② ReloadableResourceBundleMessageSource：能够基于时间戳从资源文件重新加载消息，而不需要重新启动应用程序。其内部不使用 ResourceBundle，而是使用自己的消息加载和解析逻辑，此外它还具备检测、加载 XML 属性文件的能力。

在 Spring MVC 的配置类 MvcConfig 中，需要定义一个 MessageSource 类型的 Bean，注意：Bean 的名称必须为 messageSource。

① 使用 ResourceBundleMessageSource 类的参考代码如下。

```
@Bean
```

```
    public MessageSource messageSource () {//配置消息源 Bean 的名称必须为 messageSource
        ResourceBundleMessageSource messageSource =
                new ResourceBundleMessageSource();
        //给出类路径中资源文件的位置
        messageSource.setBasenames("learn/springwebmvc/mymessage");
        return messageSource;
    }
```

② 使用 ReloadableResourceBundleMessageSource 类的参考代码如下。

```
@Bean
public MessageSource messageSource() {//配置消息源 Bean 的名称必须为 messageSource
    ReloadableResourceBundleMessageSource messageSource = new
                    ReloadableResourceBundleMessageSource();
    messageSource.setBasename("classpath:learn/springwebmvc/mymessage");
    messageSource.setDefaultEncoding("UTF-8");
    messageSource.setCacheMillis(60000);//每隔 60000 毫秒更新一次
    return messageSource;
}
```

3．LocaleResolver 接口及实现类

（1）LocaleResolver 接口示例

LocaleResolver 接口是专门面向 Web 应用，且用于区域解析的接口。该接口允许通过请求进行区域设置解析，以及通过请求和响应进行区域设置修改。接口的实现类使用不同的策略来解析 HTTP 请求中的区域信息，接口定义如下。

```
public interface LocaleResolver {
Locale resolveLocale(HttpServletRequest request);
void setLocale(HttpServletRequest request, @Nullable HttpServletResponse response,
            @Nullable Locale locale);
}
```

① resolveLocale：从请求中解析出 Local 对象。

② setLocale：设置请求或响应的 Local 对象。

SpringMVC 中与 LocaleResolver 接口相关的子接口及实现类之间的关系如图 4-43 所示。

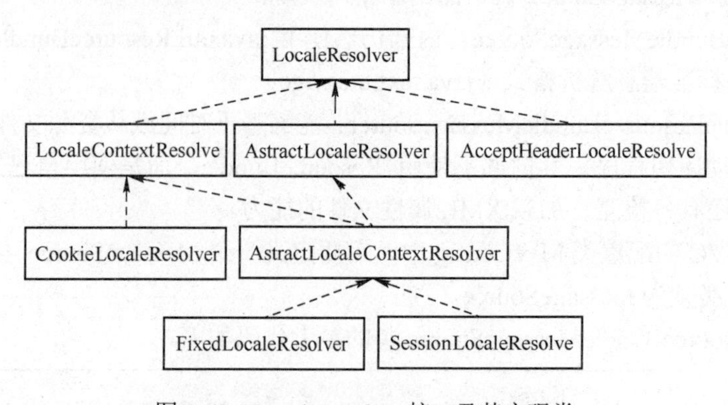

图 4-43　LocaleResolver 接口及其实现类

① AbstractLocaleResolver 抽象类：提供了默认的 Locale 支持。

② AcceptHeaderLocaleResolver 类：它只使用 HTTP 请求的“Accept-Language”头中指定的主语言环境（即客户端浏览器发送的语言环境，使用 request.getLocale()），因此并不支持 setLocale 方法。

③ LocaleContextResolver 接口：继承 LocaleResolver，增加了对丰富的语言环境上下文的支持（例如可以包括语言环境和时区信息）。

④ AbstractLocaleContextResolver 抽象类：在父类 AbstractLocaleResolver 基础上，额外提供了默认的 TimeZone 支持，即同时支持默认的 Locale 和默认的 TimeZone。

⑤ FixedLocaleResolver 类：总是使用当前 JVM 的默认 Locale 对象，因此并不支持 setLocale 方法。但可以使用可选的 TimeZone 设置。（具有一定局限性，后续不再介绍。）

⑥ SessionLocaleResolver 类：使用 Session 中存储的 Locale 对象和 TimeZone 对象，如果不可用，则使用事先定义的默认 Locale 对象和 TimeZone 对象。如果也没有默认的 Locale 对象，则使用请求中的 Accept-Language 头内容（即 request.getLocale()）。

⑦ CookieLocaleResolver 类：会检查客户端是否有 Cookie，如果存放了 Locale 或 TimeZone 信息则使用它们。如果不可用，则使用事先定义的默认 Locale 对象和 TimeZone 对象。如果也没有默认的 Locale 对象，则使用请求中的 Accept-Language 头内容（即 request.getLocale()）。

（2）默认策略中的 AcceptHeaderLocaleResolver

在 DispatherServlet 中，由 initLocaleResolver 方法负责初始化 LocaleResolver，主要过程如下。

① 首先从应用上下文搜索 Bean 名称为“localeResolver”，且类型为 LocaleResolver 的 Bean，并使用该 Bean 作为 DispatcherServlet 中的地区解析器。

② 如果无法获得名为“localeResolver”的 Bean，则将默认策略中指定的 AcceptHeader-Locale-Resolver 类实例化（默认策略见 /org/springframework/web/servlet/DispatcherServlet.properties 文件），实例化后的对象作为 DispatcherServlet 中地区解析器。

initLocaleResolver 方法的代码如下。

```
try {
        this.localeResolver = context.getBean(LOCALE_RESOLVER_BEAN_NAME,
                                            LocaleResolver.class);
        if (logger.isTraceEnabled()) {
            logger.trace("Detected " + this.localeResolver);
        }
        else if (logger.isDebugEnabled()) {
            logger.debug("Detected " + this.localeResolver.getClass().getSimpleName());
        }
}
catch (NoSuchBeanDefinitionException ex) {
    // We need to use the default.
    this.localeResolver = getDefaultStrategy(context, LocaleResolver.class);
    if (logger.isTraceEnabled()) {
        logger.trace("No LocaleResolver '" + LOCALE_RESOLVER_BEAN_NAME
                +"': using default [" + this.localeResolver.getClass().getSimpleName()+ "]");
```

```
    }
}
```

通过上述分析可知，在 Spring MVC 中即使不明确指定 LocaleResolver 类型的 Bean，也可以使用 HTTP 请求中的“Accept-Language”头内容来确定用户的 Locale 信息（利用 AcceptHeaderLocaleResolver 类）。

新建一个控制器类 TestI18NController，具体代码如下。

```
package learn.springwebmvc;
//省略了 import
@Controller
@RequestMapping("/i18n")
public class TestI18NController {
    @Autowired
    MessageSource messageSource;
    @RequestMapping("/readMessage")
    //http://localhost:8080/myhomework/mvc/i18n/readMessage
    @ResponseBody
    public String readMessage(Locale locale) {
        SimpleDateFormat df = new SimpleDateFormat("yyyy-MM-dd HH:mm:ss");//日期格式
        String date=df.format(new Date());// 获取当前系统时间并格式化
        return messageSource.getMessage(
                "index.welcome", new Object[]{"张三",locale.toString(),date}, locale);
    }
}
```

① @Autowired MessageSource messageSource 从容器中自动装配已有的 MessageSource 对象。

② readMessage 方法使用 messageSource 对象获取国际化资源文件中 key 为“index.welcome”的消息，并使用 new Object[]{"张三",date}数组填充消息的占位符，locale 给出了地区信息“zh_CN”从而可以获得国际化资源的全名。基本过程如图 4-44 所示。

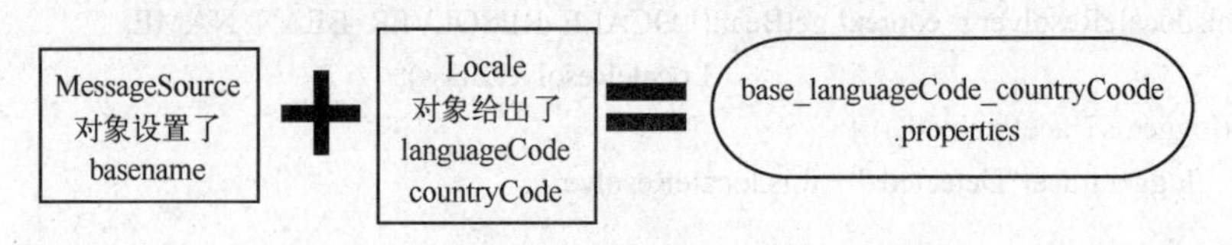

图 4-44 获得国际化资源文件全名的过程

启动工程后访问http://localhost:8080/myhomework/mvc/i18n/readMessage，会看到如图 4-45所示的结果。

localhost:8080/myhomework/mvc/i18n/readMessage

欢迎张三访问，您的Locale信息为zh_CN,当前服务器时间为:2021-01-17 16:36:38.

图 4-45 利用 AcceptHeaderLocaleResolver 进行国际化

这表明 LocalResovler 和 MessageSource 对象均正常工作，工程的国际化功能已初步完成。

（3）SessionLocaleResolver 的基本用法

当在容器定义一个名为“localeResolver”的 Bean 时（类型为 LocaleResolver），Spring MVC 就会使用该 Bean 作为地区解析器。在 Spring MVC 的配置类 MvcConfig 中，添加如下代码。

```
@Bean
   public LocaleResolver localeResolver(){
        SessionLocaleResolver r = new SessionLocaleResolver();
        r.setDefaultLocale(Locale.US);//设置默认的 Locale
        return r;
   }
```

代码中将默认的 Locale 设为 Locale.US，经过查询源代码可知其与“en_US”匹配，因此默认使用的资源文件为 mymessage_en_US.properties。

当再次访问http://localhost:8080/myhomework/mvc/i18n/readMessage 时，会看到如图 4-46 所示的执行结果。

localhost:8080/myhomework/mvc/i18n/readMessage

Welcome 张三，your locale is en_US，current time on our server is 2021-01-17 16:53:46.

图 4-46　利用 SessionLocaleResolver 进行国际化

SessionLocaleResolver 会将地区信息存储在 session 作用域的特定的属性中，属性名为 SessionLocaleResolver.LOCALE_SESSION_ATTRIBUTE_NAME。这样只要用户的 session 作用域有效，就会使用该 Locale 对象，下面通过一个简单的例子来讲解 SessionLocaleResolver 的基本用法。

新建一个 JSP 页面，路径为 webapp/language_coutry.jsp，主要代码如下。

```
<a href="./mvc/i18n/setSessionLocale?localeId=1">中文</a><br>
<a href="./mvc/i18n/setSessionLocale?localeId=2">English</a>
```

单击超链接后向指定的控制器传递了一个参数，即 localeId。在控制器 TestI18NController 中增加一个方法 setSessionLocale，代码如下。

```
@RequestMapping("/setSessionLocale")
// http://localhost:8080/myhomework/mvc/i18n/setSessionLocale
public String setSessionLocale(String localeId, Locale locale, HttpSession session) {// 获取 locale
     Locale newlocale = null;
     if (localeId.equals("1")) {
          newlocale = new Locale("zh", "CN");
     } else {
          newlocale = new Locale("en", "US");
     }
     String str = "当前的 Locale=" + locale+";修改后新的 Locale="+newlocale;
     System.out.println(str);
     session.setAttribute(SessionLocaleResolver.LOCALE_SESSION_ATTRIBUTE_NAME,
```

```
                newlocale);
        return "forward:readMessage";
    }
```

上述代码利用请求中的参数来判断用户期望的 Locale 信息，并将实例化后的 Locale 对象存储在 session 作用域（SessionLocaleResolver.LOCALE_SESSION_ATTRIBUTE_NAME）中，之后转发到路径 http://localhost:8080/myhomework/mvc/i18n/readMessage，来显示国家化信息。只要用户的 session 作用域一直有效，则用户的 Locale 信息无需再次设置，以后的每次请求均使用 session 中保存的 Locale 对象。

启动工程（注意此时的 SessionLocaleResolver 默认使用 Locale.US 作为地区信息），访问 http://localhost:8080/myhomework/mvc/i18n/readMessage，浏览器会出现如图 4-47 所示的执行结果。

← → C ⓘ localhost:8080/myhomework/mvc/i18n/readMessage

Welcome 张三，your locale is en_US，current time on our server is 2021-01-17 18:26:30.

图 4-47 默认使用 Locale.US 作为地区信息

之后，访问 http://localhost:8080/myhomework/language_coutry.jsp，结果如图 4-48 所示。

← → C ⓘ localhost:8080/myhomework/language_coutry.jsp

中文
English

图 4-48 language_coutry.jsp 页面执行结果

单击第一个超链接“中文”，随后浏览器会出现如如图 4-49 所示的执行结果。

← → C ⓘ localhost:8080/myhomework/mvc/i18n/setSessionLocale?localeId=1

欢迎张三访问，您的Locale信息为zh_CN,当前服务器时间为:2021-01-17 18:28:57.

图 4-49 指定使用 zh_CN 作为 Locale

只要不关闭浏览器，多次访问 http://localhost:8080/myhomework/mvc/i18n/readMessage，浏览器上呈现都会是中文信息。关闭浏览器后，再次访问 http://localhost:8080/myhomework/mvc/i18n/readMessage，浏览器上则重新呈现英文信息，这是因为 session 作用域被销毁了，因此使用 SessionLocaleResolver 默认的 Locale 信息（配置时设置的 Locale.US）。

（4）LocaleChangeInterceptor 的基本用法

Spring 中提供了一个拦截器类 LocaleChangeInterceptor，让请求到达控制器之前对请求的 Locale 对象进行修改或设置。LocaleChangeInterceptor 拦截器可以通过特定的请求参数（默认参数名为“locale”）解析出用户期望的 Locale 对象，并利用该 Locale 对象设置 DispatherServlet 中的 localeResolver 的 Locale 信息。如果这个特定的请求参数不存在，则仍然使用 DispatherServlet 中的 localeResolver 的原有 Locale 信息。

LocaleChangeInterceptor 的基本用法如下（在配置类 MvcConfig 的 addInterceptors 方法中

添加如下代码）。

```
LocaleChangeInterceptor localChange = new LocaleChangeInterceptor();
localChange.setParamName("customerlocale");//设置参数名
//拦截指定的处理方法
registry.addInterceptor(localChange).addPathPatterns("/i18n/interceptor/readMessage");
```

此处将 LocaleChangeInterceptor 拦截器中的地区参数名设为“customerlocale”，即拦截器会读取请求中的 customerlocale 参数并解析出 Locale 对象，并设置 DispatherServlet 中的 localeResolver 的 Locale 信息。

在控制器 TestI18NController 中增加一个方法 readMessage2，代码如下所示。

```
@RequestMapping("/interceptor/readMessage")
// http://localhost:8080/myhomework/mvc/i18n/interceptor/readMessage?customerlocale=zh_CN
@ResponseBody
public String readMessage2(Locale locale) {
        SimpleDateFormat df = new SimpleDateFormat("yyyy-MM-dd HH:mm:ss");// 日期格式
        String date = df.format(new Date());// 获取当前系统时间并格式化
        return messageSource.getMessage("index.welcome", new Object[] { "李四", locale.toString(), date },
                                locale);
}
```

上述代码仅仅是从国际化资源文件中读取信息，并返回给浏览器。

启动项目后，访问 http://localhost:8080/myhomework/mvc/i18n/interceptor/readMessage，此时由于没有提供请求参数“customerlocale”，所以仍然使用 SessionLocaleResolver 默认的 Locale 信息（配置时设置的 Locale.US）。

但当加入请求参数 customerlocale=zh_CN 后，LocaleChangeInterceptor 拦截器会解析参数 customerlocale 的值“zh_CN”，并将当前的 SessionLocaleResolver 实例的 Locale 信息设置为相应的对象。结果如图 4-50 所示。

← → C ⓘ localhost:8080/myhomework/mvc/i18n/interceptor/readMessage?customerlocale=zh_CN

欢迎李四访问，您的Locale信息为zh_CN,当前服务器时间为:2021-01-17 19:33:03.

图 4-50　利用 LocaleChangeInterceptor 进行国际化

需要注意的是，解析出来的 Locale 对象会用于设置 DispatherServlet 的 LocaleResolver 对象，在本例中（使用的是 SessionLocaleResolver）实际上在整个 session 作用域存续期间，都会将用户的 Locale 信息设置为“zh_CN”。

为了验证这一点，访问 http://localhost:8080/myhomework/mvc/i18n/readMessage，该 URL 并未被 LocaleChangeInterceptor 拦截（拦截的是“/i18n/interceptor/readMessage”），结果如图 4-51 所示。

← → C ⓘ localhost:8080/myhomework/mvc/i18n/readMessage

欢迎张三访问，您的Locale信息为zh_CN,当前服务器时间为:2021-01-17 19:38:54.

图 4-51　利用 LocaleChangeInterceptor 解析的结果会影响 LocaleResolver 对象

图中，Locale 信息为 zh_CN，而不是 en_US，这说明在 SessionLocaleResolver 的 Locale 信息已经被修改。

（5）CookieLocaleResolver 的基本用法

CookieLocaleResolver 能将 Locale 信息保存为浏览器 cookie，也能从 cookie 中解析出 Locale 信息，因此在 Session 作用域不可用时，可以使用该 LocaleResolver。

CookieLocaleResolver 会将 cookie 中解析出的 Locale 信息保存在 request 作用域中（属性名为 CookieLocaleResolver. LOCALE_REQUEST_ATTRIBUTE_NAME）备用，如果指定的 cookie（可配置的 cookie 名称）不存在则使用默认的 Locale 信息（可配置默认的 Locale 信息）。

在 SpringMVC 的配置类 MvcConfig 中，添加如下代码。

```
@Bean
public LocaleResolver localeResolver () {
    CookieLocaleResolver r = new CookieLocaleResolver();
    r.setDefaultLocale(Locale.US);
    r.setCookieName("customerLocale");
    r.setCookieMaxAge(-1);//当浏览器关闭时删除 cookie
    return r;
}
```

将代码中默认的 Locale 设为 Locale.US，经过查询源代码可知其与“en_US”匹配，因此默认使用的资源文件为 mymessage_en_US.properties。此外设置 cookie 名称为“customerLocale”，cookie 的生存期限（单位秒）为-1，即关闭浏览器时删除。

① 访问 http://localhost:8080/myhomework/mvc/i18n/interceptor/readMessage，此时由于没有提供请求参数“customerlocale”，所以仍然使用 CookieLocaleResolver 默认的 Locale 信息（配置时设置的 Locale.US），结果如图 4-52 所示。

← → C ⓘ localhost:8080/myhomework/mvc/i18n/interceptor/readMessage

Welcome 李四，your locale is en_US，current time on our server is 2021-01-17 20:29:29.

图 4-52 默认使用 Locale.US 作为地区信息

② 访问 http://localhost:8080/myhomework/mvc/i18n/readMessage（不会被拦截器拦截），由于包含不 Cookie 信息，所以仍然使用 CookieLocaleResolver 默认的 Locale 信息，结果如图 4-52 所示。

③ 访问 http://localhost:8080/myhomework/mvc/i18n/interceptor/readMessage?customerlocale=zh_CN，由于加入了请求参数 customerlocale=zh_CN，LocaleChangeInterceptor 拦截器会解析参数 customerlocale 的值“zh_CN”，并将当前的 CookieLocaleResolver 实例的 Locale 信息设置为相应的对象，同时会将特定的 cookie 写回到浏览器的。结果如图 4-53 所示。

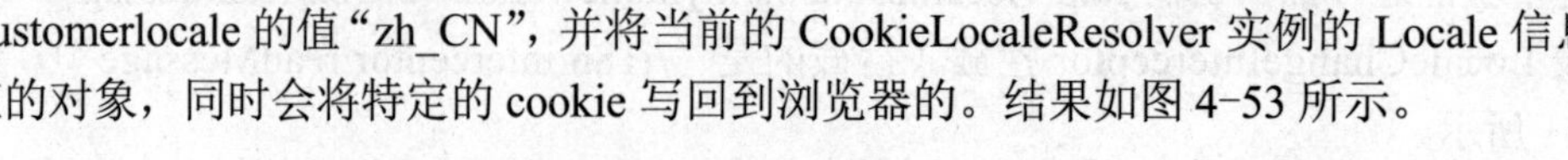

← → C ⓘ localhost:8080/myhomework/mvc/i18n/interceptor/readMessage?customerlocale=zh_CN

欢迎李四访问，您的Locale信息为zh_CN,当前服务器时间为:2021-01-17 20:34:31.

图 4-53 利用 LocaleChangeInterceptor 解析并设置 CookieLocaleResolver

同时在浏览器可以看到如图 4-54 所示的 cookie 信息。

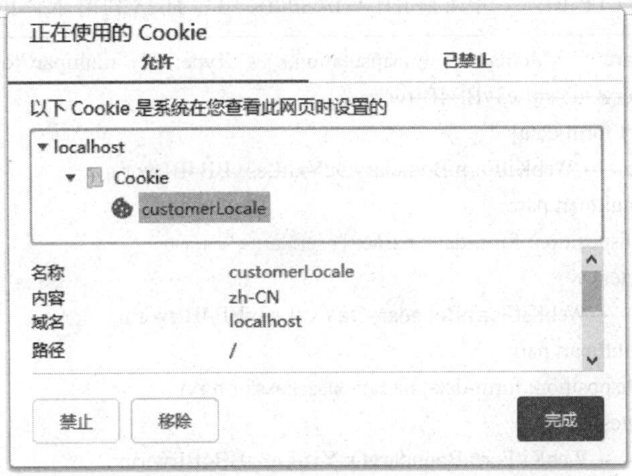

图 4-54　浏览器中查询的 Cookie 信息

需要注意的是，LocaleChangeInterceptor 拦截器解析出来的 Locale 对象(“zh_CN”)会用于设置 DispatherServlet 的 LocaleResolver 对象。本例中使用的是 CookieLocaleResolver，且设定了 cookie 的生存时间为-1（即关闭浏览器才删除该 cookie），所以只要不关闭浏览器用户的请求中都会包含这个 cookie，这也就意味着从请求中解析出来的 Locale 信息都会是“zh_CN”。

为了验证这一点，访问 http://localhost:8080/myhomework/mvc/i18n/readMessage，该 URL 并未被 LocaleChangeInterceptor 拦截（拦截的是“/i18n/interceptor/readMessage”），仍会得到如图 4-53 的信息，这说明 Locale 信息仍为 zh_CN，而不是默认的 en_US。

关闭浏览器后，再次访问 http://localhost:8080/myhomework/mvc/i18n/readMessage，又会回到默认的英文状态（即默认的 en_US）。

4.3.6　multipart 表单与文件上传

本节讨论 multipart 表单及文件上传的方法。

1. 示例

在 Web 应用中，常常需要具备上传文件的功能，此时普通的表单无法满足传输二进制数据的要求，因此就会将表单的 enctype 属性设置为“multipart/form-data”。这样的表单数据由多个部分组成（所以叫 multipart），每个部分对应一个 input 输入域，下面是一个样例表单（取自文件/webapp/uploadFile.jsp）。

```
<form action="./mvc/upload/byRequestParam" method="post" enctype="multipart/form-data">
    userName:  <input type="text" id="userName" name="userName" /><br />
    userPass:  <input type="text" id="userPass" name="userPass" /><br />
    备注:  <input type="text" id="note" name="note" /><br />
        请选择文件 1:  <input type="file" id="fileOne" name="file1"size="50" /> <br/>
        请选择文件 2:  <input type="file" id="fileTwo" name="file2"size="50" /> <br/>
    <input type="submit" value="普通提交表单_混合参数和文件_@RequestParam 读取" />
</form>
```

这个表单的 enctype 属性设置为“multipart/form-data”，表明这是一个 multipart 的表单，表单提交时会发送 HTTP 请求，我们利用 Wireshark 可以捕获到请求体的内容，如下所示。

MIME Multipart Media Encapsulation, Type: multipart/form-data, Boundary: "----~~WebKitFormBoundaryOuYxuLe3yBB4BIrw~~"

[Type: multipart/form-data]

First boundary: ------~~WebKitFormBoundaryOuYxuLe3yBB4BIrw~~\r\n

Encapsulated multipart part:

Content-Disposition: form-data; name="userName"\r\n\r\n

Data (6 bytes)

Boundary: \r\n------~~WebKitFormBoundaryOuYxuLe3yBB4BIrw~~\r\n

Encapsulated multipart part:

Content-Disposition: form-data; name="userPass"\r\n\r\n

Data (3 bytes)

Boundary: \r\n------~~WebKitFormBoundaryOuYxuLe3yBB4BIrw~~\r\n

Encapsulated multipart part:

Content-Disposition: form-data; name="note"\r\n\r\n

Data (18 bytes)

Boundary: \r\n------~~WebKitFormBoundaryOuYxuLe3yBB4BIrw~~\r\n

Encapsulated multipart part: (application/vnd.openxmlformats-officedocument.wordprocessingml.document)

Content-Disposition: form-data; name="file1"; filename="word 文件 .docx"\r\n

Content-Type: application/vnd.openxmlformats-officedocument.wordprocessingml.document\r\n\r\n

Media Type

Boundary: \r\n------~~WebKitFormBoundaryOuYxuLe3yBB4BIrw~~\r\n

Encapsulated multipart part: (text/plain)

Content-Disposition: form-data; name="file2"; filename="文本文件.txt"\r\n

Content-Type: text/plain\r\n\r\n

Line-based text data: text/plain (3541 lines)

Last boundary: \r\n------~~WebKitFormBoundaryOuYxuLe3yBB4BIrw~~--\r\n

在上面的请求体中，我们看到了很多分割用的字符串（这里用删除线做了标记，是笔者后加的，为了方便读者查看，例如 ~~WebKitFormBoundaryOuYxuLe3yBB4BIrw~~），分割字符串将请求体分成了若干个部分，每个部分都对应表单中输入域（参数名设置了字符底纹，便于读者查看）。

表单中包含如下 5 个输入域（不含提交按钮），如表 4-11 所示。

表 4-11 表单中的输入域

Input 域的 name 属性	type 类型
userName	text
userPass	text
note	text
file1	file
file1	file

2．MultipartResolver 及其实现

MultipartResolver 接口是 Spring 用于处理 Multipart 的策略型接口，专门用于解析包括文件上传在内的 Multipart 请求，然而 DispatherServlet 本身并没由实现相关功能。因此，在实际工作时 DispatherServlet 需要借助一个具体的实现来解析 Multipart 请求。常用的 MultipartResolver 实现有：Apache Commons FileUpload 实现和基于 Servlet3.0 的实现。

① Apache Commons FileUpload 实现：CommonsMultipartResolver 类，需要额外下载。

② 基于 Servlet 3.0 的实现：StandardServletMultipartResolver 类，基于 Servlet 3.0 对 multipart 请求的支持，因此在低于 Servlet 3.0 的容器中无法使用。

基于上述分析，笔者更加倾向于使用基于 Servlet 3.0 的实现，因此后续的内容均围绕 StandardServletMultipartResolver 的配置和使用展开。

为了启用 Multipart 处理，需要在 Spring MVC 的配置类中声明一个名为“multipartResolver”的 Bean，基本代码如下所示。

```
//代码取自前面的 SpringMVC 的配置类，/java/learn/springwebmvc/MvcConfig.java
@Bean // 兼容 Servlet3.0 的 StandardServletMultipartResolver
public MultipartResolver multipartResolver() {
        return new StandardServletMultipartResolver();
}
```

此外，还必须在 DispatcherServlet 初始化时对 MultipartResolver 进行必要的配置。通常只需覆盖 AbstractAnnotationConfigDispatcherServletInitializer 类的 customizeRegistration 方法即可（初始化 DispatcherServlet 类时，常常从 AbstractAnnotationConfigDispatcherServletInitializer 类扩展出一个子类，例如前面编写的 MyWebAppInitializer 类），基本代码如下所示。

```
//代码取自初始化 DispatcherServlet 类的 /java/learn/springwebmvc/MyWebAppInitializer.java
@Override
protected void customizeRegistration(Dynamic registration) {
        //配置 Multipart
        //uploadFiles 目录，文件大小为 10 MB，整个请求不超过 50 MB
        long M=(long)(Math.pow(2, 20));
        long singleFileMax=10*M;
        long totalFileMax=50*M;
        registration.setMultipartConfig(new MultipartConfigElement("d:\\uploadFiles",
                                                singleFileMax,totalFileMax,0));
}
```

当 DispatcherServlet 接收到一个 POST 请求，且 content-type 为 multipart/form-data 时，会使用 StandardServletMultipartResolver 类的对象来解析内容并将当前的 HttpServletRequest 包装为 MultipartHttpServletRequest，以提供对各个 part 的访问。

3．编写处理 Multipart 的控制器方法

下面新建一个控制器类 TestUploadController，并编写处理方法来接收 Multipart 的数据，基本代码如下。

```
package learn.springwebmvc;
```

```
import java.io.File;import java.io.IOException;import java.util.Map;
import javax.servlet.http.HttpServletRequest;
import org.springframework.jdbc.datasource.embedded.ConnectionProperties;
import org.springframework.stereotype.Controller;
import org.springframework.web.bind.annotation.RequestMapping;
import org.springframework.web.bind.annotation.RequestMethod;
import org.springframework.web.bind.annotation.RequestParam;
import org.springframework.web.bind.annotation.RequestPart;
import org.springframework.web.bind.annotation.ResponseBody;
import org.springframework.web.multipart.MultipartFile;
import com.alibaba.fastjson.JSONObject;
@Controller
@RequestMapping("/upload")
public class TestUploadController {
    @RequestMapping(path = "/byRequestParam", method = RequestMethod.POST)
    @ResponseBody
    public String upload1(@RequestParam("note") String note, LoginInfo loginInfo,
            @RequestParam Map<String, MultipartFile> files) throws IOException {
    //普通表单：含参数和文件提交到此处。一次接收多文件
        // note 是从请求参数获得，loginInfo 的各个属性值也来自请求参数
        // files 是一个 Map 类型的对象，存储了两个待上传的 MultipartFile
        StringBuilder result = new StringBuilder();
        for (String key : files.keySet()) {
                String fileName = files.get(key).getOriginalFilename();
                // 文件名，Chrome，Sogou，EDGE 浏览器获得的是不含路径的纯文件名，
                // 而 IE 会包含全部路径
                    result.append(fileName + "+");
                    System.out.println(fileName + "+");
                    files.get(key).transferTo(new File("/" + fileName));// 保存到指定路径
        }
        return loginInfo + "=" + note + ":" + result.toString();
    }
}
```

upload1 方法编写较为简单，简述如下。

① 形参@RequestParam("note") String note：利用@RequestParam 注解获取名为“note”的部分，并赋值给形参 note。

② 形参 LoginInfo loginInfo：创建一个 LoginInfo 的对象，并利用名为“userName”“userPass”的部分初始化 loginInfo 的同名属性。

③ 形参@RequestParam Map<String, MultipartFile> files：用@RequestParam 注解（而不指定参数名）标记 Map<String, MultipartFile>类型或 MultiValueMap<String, MultipartFile>类型的形参时，会将 Multipart 请求中的每个文件及其参数名，存储在形参中。

④ getOriginalFilename()方法：会返回上传文件名。

⑤ transferTo()方法：用于将文件保存到指定路径。

运行工程后，访问http://localhost:8080/myhomework/uploadFile.jsp并填写表单，提交表单

后，会看到控制器返回的信息如图 4-55 所示。

← → C ⓘ localhost:8080/myhomework/mvc/upload/byRequestParam

LoginInfo [userName=张三, userPass=123]=上传个人文件:word文件 .docx+文本文件.txt+

图 4-55　upload1 方法处理用户请求的处理结果

4．混合 JSON 数据和文件的表单提交

有时希望采用 AJAX 方式来同时提交一些 JSON 数据和上传文件，这时编写的处理方法略有不同。

首先需要编写一些 JavaScript 脚本来提交 JSON 数据和上传文件，其中涉及 FormData、JQuery 的使用，因与本书主题无关，请读者自行查阅相关资料学习。但有几点需要注意。

① JSON 字符串需要被包装成 Blob 对象，而且需要设置其 MIME 类型，例如{type: "application/json"}。

② JQuery 的 AJAX 方法提交请求时，需要将 contentType、processData 设置为 false。

③ 提交的请求中混合了序列化后的 JSON 串、普通参数、文件。

最终向 uploadFile.jsp 文件增加如下内容。

```
…
<script src="https://cdn.staticfile.org/jquery/2.1.1/jquery.min.js"></script>
<button id="Ajaxbutton" name="">Ajax 提交_混合 JSON 对象和文件对象_@RequestPart 读取
</button>
…
<script type="text/javascript">
$(function () {
    $("#Ajaxbutton").click(function () {
        var formData = new FormData();//构建 formData
        var fileOne = document.getElementById("fileOne").files[0]; //文件部分
        var fileTwo = document.getElementById("fileTwo").files[0];
        formData.append("fileOne", fileOne);//将文件加入 formData
        formData.append("fileTwo", fileTwo);
        var loginInfo = JSON.stringify({   //json 部分
            "userName": $('#userName').val(),
            "userPass": $('#userPass').val()
        });
        //json 包成对象，加入 formData
        formData.append('loginInfo', new Blob([loginInfo], {type:"application/json"}));
        formData.append('note', $('#note').val()); //普通的参数加入 formData
        $.ajax({
            url: "./mvc/upload/byRequestPart",
            type: "post",
            contentType: false, //禁用 contentType
            processData: false,// formData 已经序列化
            dataType: "json",
            data: formData,
```

```
                success: function (data) {
                    console.log(data);
                    alert(JSON.stringify(data));
                }
            });
        });
    })
</script>
```

当请求提交后，我们实际上发出了如下的请求体（通过 Wireshark 获得）。

```
MIME Multipart Media Encapsulation, Type: multipart/form-data, Boundary: "----WebKitFormBoundaryqn9wBwRZMUOZHhRF"
    [Type: multipart/form-data]
    First boundary: ------WebKitFormBoundaryqn9wBwRZMUOZHhRF\r\n
    Encapsulated multipart part: (application/vnd.openxmlformats-officedocument.wordprocessingml.document)
        Content-Disposition: form-data; name="fileOne"; filename="word 文件 .docx"\r\n
        Content-Type: application/vnd.openxmlformats-officedocument.wordprocessingml.document\r\n\r\n
        Media Type
    Boundary: \r\n------WebKitFormBoundaryqn9wBwRZMUOZHhRF\r\n
    Encapsulated multipart part: (text/plain)
        Content-Disposition: form-data; name="fileTwo"; filename="文本文件.txt"\r\n
        Content-Type: text/plain\r\n\r\n
        Line-based text data: text/plain (3541 lines)
    Boundary: \r\n------WebKitFormBoundaryqn9wBwRZMUOZHhRF\r\n
    Encapsulated multipart part: (application/json)
        Content-Disposition: form-data; name="loginInfo"; filename="blob"\r\n
        Content-Type: application/json\r\n\r\n
        JavaScript Object Notation: application/json
    Boundary: \r\n------WebKitFormBoundaryqn9wBwRZMUOZHhRF\r\n
    Encapsulated multipart part:
        Content-Disposition: form-data; name="note"\r\n\r\n
        Data (18 bytes)
    Last boundary: \r\n------WebKitFormBoundaryqn9wBwRZMUOZHhRF--\r\n
```

与前面的普通表单提交相比，这里少了 userName 和 userPass 两个普通参数，而是变成了类型为 application/json 的一个参数 loginInfo。也正是由于这种变化，在编写处理方法时需要进行细微的调整。

接下来向 TestUploadController 类增加一个方法用于接收 AJAX 提交的混合数据的处理方法 upload2，具体代码如下。

```
//AJAX：混合 Json 对象和文件提交到此处
@RequestMapping(path = "/byRequestPart", method = RequestMethod.POST)
@ResponseBody
public JSONObject upload2(@RequestParam("note") String note,
                          @RequestPart("loginInfo") LoginInfo loginInfo,
```

```
                        @RequestPart("fileOne") MultipartFile fileOne,
                        @RequestParam MultipartFile fileTwo) throws IOException {
    // @RequestParam 可以正常获取参数，
    //@RequestPart 会自动完成 loginInfo 的转换（从 JSON 串对象），
    //用@RequestPart 也可以获取 MultipartFile，用@RequestParam 也可以。
    //@RequestParam 更倾向于获取 name-value 形式的输入作用域的值
    //@RequestPart 更倾向于获取包含在 multipart 中复杂类型的数据例如 json，xml 等
    JSONObject resultJson = new JSONObject();
    //由于需要返回一个对象，这里使用阿里的 JSONObject
    resultJson.put("note 参数", note);
    resultJson.put("登录信息对象", loginInfo);
    resultJson.put("文件 1 对象", fileOne.getOriginalFilename());
    // 文件名，Chrome，Sogou，EDGE 浏览器获得的是不含路径的纯文件名，
    //而 IE 会包含全部路径
    resultJson.put("文件 2 对象", fileTwo.getOriginalFilename());
    fileOne.transferTo(new File("/" + fileOne.getOriginalFilename()));// 保存到指定路径
    fileTwo.transferTo(new File("/" + fileTwo.getOriginalFilename()));
    System.out.println(resultJson.toJSONString());
    return resultJson;
}
```

upload2 方法的编写也比较简单，下面就与 upload1 方法的差异部分进行解释。

① 形参@RequestPart("loginInfo") LoginInfo loginInfo：利用@RequestPart 获取 Multipart 数据中的 json 数据，并转换为 LoginInfo 的对象（功能上类似于注解@RequestBody，但应用场景不一样）。

② 形参@RequestPart("fileOne") MultipartFile fileOne 和 @RequestParam MultipartFile fileTwo：用@RequestPart 和 @RequestParam 都可以获取 MultipartFile 对象数据，但@RequestParam 更倾向于获取 name-value 形式的输入作用域的值，而@RequestPart 更倾向于获取包含在 multipart 中复杂类型的数据例如 json,xml 等。

③ 返回值类型 JSONObject：借助 com.alibaba.fastjson.JSONObject 类向前端返回 JSON 数据。

运行工程后，访问 http://localhost:8080/myhomework/uploadFile.jsp 并填写表单，单击按钮“Ajaxbutton”提交表单，JS 脚本会动态提交表单中的数据，之后会弹出对话框显示从控制器接收到的信息，如图 4-56 所示。

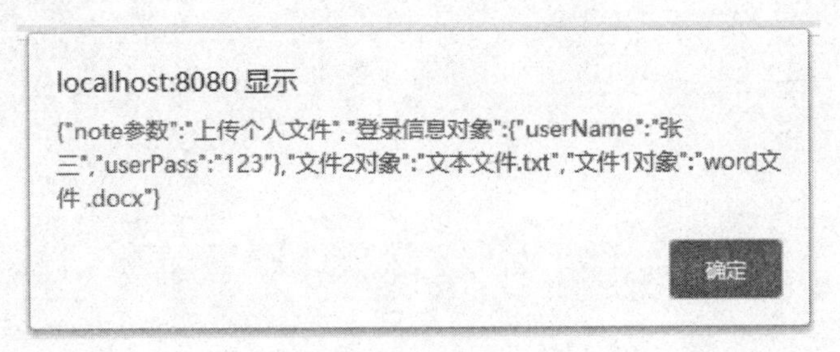

图 4-56　浏览器的弹窗信息

4.4 本章小结

本章介绍了 Spring MVC。需要掌握 Spring MVC 处理用户请求的流程和基本用法，以及控制器的开发细节和异常处理机制，和 Spring MVC 中消息转换、视图及其解析器、拦截器、国际化、文件上传等高级应用。

习题

1．简述 Spring MVC 中控制器的编写方法。
2．简述 Spring MVC 中的异常处理机制。
3．简述 Spring MVC 中 HTTP 消息转换的过程。
4．简述 Spring MVC 中加载国际化资源文件的过程。